第2版

编写整洁的Python代码

Clean Code in Python

Second Edition

【西班牙】马里亚诺·阿那亚（Mariano Anaya） 著

袁国忠 译

人民邮电出版社

北　京

图书在版编目（CIP）数据

编写整洁的Python代码：第2版 /（西）马里亚诺·
阿那亚（Mariano Anaya）著；袁国忠译. -- 北京：人
民邮电出版社，2022.9
ISBN 978-7-115-58811-1

Ⅰ. ①编… Ⅱ. ①马… ②袁… Ⅲ. ①软件工具—程
序设计 Ⅳ. ①TP311.561

中国版本图书馆CIP数据核字(2022)第044347号

版 权 声 明

◆ 著　　　　[西] 马里亚诺·阿那亚（Mariano Anaya）
　 译　　　　袁国忠
　 责任编辑　吴晋瑜
　 责任印制　王　郁　焦志炜
◆ 人民邮电出版社出版发行　　北京市丰台区成寿寺路 11 号
　 邮编　100164　　电子邮件　315@ptpress.com.cn
　 网址　https://www.ptpress.com.cn
　 北京市艺辉印刷有限公司印刷
◆ 开本：800×1000　1/16
　 印张：20.5　　　　　　　　　2022 年 9 月第 1 版
　 字数：381 千字　　　　　　　2022 年 9 月北京第 1 次印刷
　 著作权合同登记号　图字：01-2021-3949 号

定价：89.80 元
读者服务热线：(010)81055410　印装质量热线：(010)81055316
反盗版热线：(010)81055315
广告经营许可证：京东市监广登字 20170147 号

内容提要

这是一本介绍如何实现 Python 代码整洁的书，主要介绍如何使用 Python 3.9 引入的新特性提升编码技能。此外，本书还介绍了以下内容：通过利用自动化工具建立高效的开发环境，利用 Python 中的魔法方法来编写更好的代码，抽象代码复杂性并封装细节，使用 Python 特有的特性创建高级的面向对象设计，通过使用面向对象设计的软件工程原则创建强大的抽象来消除代码重复，使用装饰器和描述符创建特定于 Python 的解决方案，运用单元测试方法有效重构代码，以及通过实现整洁的代码库为构建坚实的架构打下基础等。

本书对新手程序员和有经验的程序员同样适用，也适合想通过编写 Python 代码来节省成本和提高效率的团队领导、软件架构师和高级软件工程师参考。当然在阅读本书前，读者应掌握一些 Python 基础知识。

作者简介

Mariano Anaya　专注于软件开发和指导同行的软件工程师；所涉及的主要领域包括软件架构、函数式编程和分布式系统；曾在 2016 年和 2017 年度欧洲 Python 大会及 2019 年度欧洲开源开发者会议（FOSDEM）上发表过演讲。更详细的信息请访问其 GitHub 账户（用户名为 rmariano）。

技术审核简介

Tarek Ziadé 经验丰富的 Python 开发人员；创立了法国 Python 用户组（AFPY），参与了 Python 打包功能的开发工作；使用法语（他的母语）和英语编著过 Python 图书；在 Mozilla 工作了十多年，主要从事工具和服务开发及使用 Python 开发大型项目的工作；当前为 Elastic 首席工程师。

前言

为谁而写

本书适合对软件设计感兴趣或想更深入地学习 Python 的软件工程从业人员阅读，要求读者熟悉面向对象软件设计原则，并具备一定的代码编写经验。

无论你是团队负责人、软件架构师还是资深软件工程师，也不管你从事的工作是新项目开发还是遗留系统维护，只要想学习优良的 Python 编码技巧以节省成本、提高效率，本书都很有吸引力。

本书内容按从易到难的顺序编排。前几章介绍 Python 基础知识，为学习主要的 Python 习惯用法、函数和实用程序提供了绝佳途径。重点不是使用 Python 解决问题，而是以符合 Python 语言习惯的方式解决问题。

本书介绍了一些进阶主题，如装饰器、描述符和异步编程的介绍，可惠及经验丰富的程序员。有些案例从 Python 内部工作原理的角度进行了分析，可帮助读者更深入地了解 Python。

本书多处专门探讨了如何从头到尾构建项目，涉及工具、环境配置和软件发布良好实践等方面，使用 Python 处理数据的科学家可从中受益。

需要强调的是，上面使用了"从业人员"一词，这昭示着本书奉行实用主义原则，示例以案例研究需求为限，同时兼顾真实软件项目的语境。本书并非学术著作，请谨慎对待其中的定义、评论和推荐，请以挑剔、务实的眼光看待，而非全盘接受。毕竟，实用比纯粹更重要。

涵盖的内容

第 1 章简要介绍搭建 Python 开发环境所需的主要工具，涵盖为卓有成效地使用 Python 必须具备的基础知识，提供一些确保项目代码易于阅读的指导原则，如用于静态分析、文档编写、类型检查和格式设置的工具。对编码标准有统一的认识是件好事，但从业人员往往心有余而力不足。有鉴于此，本章最后讨论了可助你更有成效地完成工作的工具。

第 2 章介绍后续章节将用到的一些重要 Python 习惯用法，探讨 Python 独有的特性及用法，并着手树立如下观念：符合 Python 语言习惯的代码通常质量高得多。

第 3 章探讨那些旨在让代码更容易维护的通用软件工程原则。在第 2 章的基础上，我们将介绍一般性整洁设计理念及如何在 Python 中实现它们。

第 4 章介绍一系列面向对象软件设计的原则。缩略语 SOLID 是软件工程领域的行业术语，指的是一系列面向对象软件设计的原则。通过阅读本章，你将知道这些原则也适用于 Python。尤其重要的是，你将学习依赖注入如何让代码更易于维护，在后续章节中，这个概念很有用。

第 5 章介绍最出色的 Python 特性之一——装饰器。我们先介绍如何创建（用于函数和类的）装饰器，再将装饰器付诸应用——使用它们来重用代码、分离职责及创建粒度更细的函数。本章另一个有趣的知识点是，如何利用装饰器来简化复杂和重复的函数签名。

第 6 章探讨让面向对象设计更上一层楼的 Python 描述符。描述符主要与框架和工具相关，但也可用来提高代码的可读性和可重用性。通过阅读本章，读者将对 Python 有更深入的认识。

第 7 章首先说明生成器是一个极其出色的 Python 特性。迭代是 Python 的核心组成部分，这可能让你认为它开辟了一条通往新编程模型的道路。通过使用生成器和迭代器，可以用不同的思路编写程序。学习有关生成器的知识后，你将学习 Python 协程以及异步编程基础知识。最后，本章阐述了用于异步编程和异步迭代的新语法（和新的魔法方法）。

第 8 章讨论单元测试在确保代码库易于维护方面的重要性。我们将讨论在代码库演进和维护过程中不可或缺的重构，还有对重构来说至关重要的单元测试。所有这一切，都离不开合适工具（主要是模块 unittest 和 pytest）的支持。最后，你将了解到，优良测试的秘诀不在于测试本身，而在于代码是可测试的。

第 9 章探讨如何在 Python 中实现常见的设计模式，但不从解决问题的角度出发，而是如何使用设计模式来给出更佳、更易于维护的问题解决方案。本章介绍了让有些设计模式不可见的 Python 独特之处，并从实用主义的角度出发实现了一些模式。最后，本章讨论了 Python 特有的设计模式。

第 10 章聚焦于"整洁代码是良好架构的基石"这一理念。在系统部署期间，第 1 章提及的所有细节以及后续章节探讨的所有内容都将发挥至关重要的作用。

阅读前提

本书要求读者具备一定的编程经验、熟悉 Python 基本语法并掌握结构化编程和面向对象设计等基本编程知识。

要测试代码，需要先下载并安装 Python。要运行代码，请使用 Python 3.9+，同时强烈建议你创建虚拟环境。你也可以在 Docker 镜像中测试代码。

体例约定

为方便阅读，本书使用了一些特殊体例格式，具体如下。

1．黑体表示新术语或需要强调的内容。

2． 表示警告或重要说明。

3． 表示提示和小窍门。

资源与支持

本书由异步社区出品，社区（https://www.epubit.com）为你提供相关资源和后续服务。

配套资源

本书为读者提供源代码。读者可在异步社区本书页面中单击 配套资源，跳转到下载界面，按提示进行操作即可。注意：为保证购书读者的权益，该操作会给出相关提示，要求输入提取码进行验证。

勘误

作者和编辑尽最大努力来确保书中内容的准确性，但难免会存在疏漏。欢迎读者将发现的问题反馈给我们，帮助我们提升图书的质量。

如果读者发现错误，请登录异步社区，搜索到本书页面，输入勘误信息，单击"提交"按钮即可。本书的作者和编辑会对读者提交的勘误进行审核，确认并接受后，将赠予读者异步社区的 100 积分（积分可用于在异步社区兑换优惠券、样书或奖品）。

扫码关注本书

扫描下方二维码，读者将会在异步社区微信服务号中看到本书信息及相关的服务提示。

与我们联系

我们的联系邮箱是 contact@epubit.com.cn。

如果读者对本书有任何疑问或建议，请发送邮件给我们，并请在邮件标题中注明本书书名，以便我们更高效地做出反馈。

如果读者有兴趣出版图书、录制教学视频，或者参与图书翻译、技术审校等工作，可以发邮件给我们；有意出版图书的作者也可以到异步社区投稿（直接访问 www.epubit.com/contribute 即可）。

如果读者所在学校、培训机构或企业想批量购买本书或异步社区出版的其他图书，也可以发邮件给我们。

如果读者在网上发现有针对异步社区出品图书的各种形式的盗版行为，包括对图书全部或部分内容的非授权传播，请将怀疑有侵权行为的链接通过邮件发给我们。这一举动是对作者权益的保护，也是我们持续为广大读者提供有价值的内容的动力之源。

关于异步社区和异步图书

"异步社区"是人民邮电出版社旗下 IT 专业图书社区，致力于出版精品 IT 图书和相关学习产品，为作译者提供优质出版服务。异步社区创办于 2015 年 8 月，提供大量精品 IT 图书和电子书，以及高品质技术文章和视频课程。更多详情请访问异步社区官网 https://www.epubit.com。

"异步图书"是由异步社区编辑团队策划出版的精品 IT 专业图书的品牌，依托于人民邮电出版社近 40 年的计算机图书出版积累和专业编辑团队，相关图书在封面上印有异步图书的 LOGO。异步图书的出版领域包括软件开发、大数据、人工智能、测试、前端、网络技术等。

异步社区

微信服务号

目录

第 1 章
简介、代码格式设置和工具

本章从整洁代码的含义入手，探索与整洁代码相关的第一个概念，主要目标是让你明白，在软件项目中，整洁代码不是锦上添花的奢侈品，而是必需品。没有高质量的代码，项目将不断累积技术债务，进而面临失败的风险（如果你没有听说过技术债务，也不用担心，本章后面会深入讨论）。

本章还将详细介绍代码格式设置、文档编写等概念。同样，这些需求或任务看似多余，却对确保代码库的可维护性和可操作性至关重要。

我们将分析遵循良好编码指南的重要性。考虑到确保代码遵循指导原则是个持续不断的过程，我们就会明白使用可简化工作的自动化工具大有裨益。有鉴于此，我们将讨论如何配置在项目构建过程中自动运行的工具。

本章的目标是让你了解如下方面：何谓整洁代码；整洁代码很重要的原因；为何给代码设置格式和编写文档至关重要；如何实现这个过程的自动化。阅读本章后，你将知道如何快速地组织新项目，向代码质量上乘的目标迈进。

通过阅读本章，你将学到如下知识。

- 整洁代码确实意味着比格式设置更重要的东西。
- 制定代码格式设置标准对确保软件项目易于维护至关重要。
- 如何使用 Python 提供的特性实现代码文档的自动生成。
- 如何配置工具以自动对代码进行静态验证。

1.1 简介

我们首先要理解何谓整洁代码及其对软件工程项目的成功至关重要的原因。在 1.1.1 小节和 1.1.2 小节中，我们将了解保持良好的代码质量对于高效工作是多么重要。

然后，我们将讨论这些规则的例外情况，即在什么情况下，不为偿还所有技术债务而重构代码更合算。毕竟，不存在放之四海皆准的规则，总会有例外存在。这里的重点是，正确地理解破例的原因，并确定在哪些情况下需要破例，避免在应该改进的情况下却认为不需要改进。

1.1.1　整洁代码的含义

对于整洁代码，不存在唯一或严格的定义，也不存在衡量代码整洁程度的正式标准，因此无法通过对代码库运行工具来判断代码的优劣和可维护性。诚然，你可以运行检查器、代码校验器（linter）、静态分析器等必不可少的工具，这些工具可提供极大的帮助，但光有它们还不够，代码整洁与否并非机器或脚本能够判断（到目前为止），但专业人士能够判断。

术语"编程语言"使用了几十年，以前大家认为，借助编程语言可将想法传达给机器，让它们能够运行程序。这种想法不完全对，准确地说，编程语言中的语言是开发人员用于彼此交流想法的途径。

这也是整洁代码的真谛所在，它有赖于其他工程师能够阅读并维护代码，因此只有专业人士才能对代码整洁与否做出判断。开发人员阅读代码的时间比实际编写代码的时间多得多。每当要修改代码或添加新特性时，都必须先阅读与之相关的所有代码。我们使用编程语言（Python）来相互沟通。

有鉴于此，本书没有给出整洁代码的定义。你需要通过阅读本书，去熟悉符合 Python 语言习惯的代码，明了优质代码和拙劣代码之间的差别，发现良好代码和良好架构的特征，进而自己对整洁代码做出定义。阅读本书后，你将能够对代码做出自己的判断和分析，并对整洁代码有更清晰的认识。你将知道何谓整洁代码及其意味着什么，而不关心整洁代码的定义。

1.1.2　整洁代码的重要性

为什么保持代码整洁如此重要？原因有很多，但大都旨在提高可维护性、减少技术债务、有效地配合敏捷开发及成功地管理项目。

这里首先探讨与敏捷开发和持续交付相关的理念。项目要以稳定且可预测的速度不断地成功交付特性，一个必要的条件是代码库良好且易于维护。

假设你正驾车前往某个目的地，并要在特定时间到达。你必须对到达时间进行估算，以便告知等待的人。如果车况良好、道路平坦，那么估算时间通常会八九不离十。但如果路况不佳，必须时不时停下来将石头移走或避开裂缝，或者每行驶几千米就必须停下来检查发动机，那么就很难确切地知道到达时间，甚至都不知道能不能到达。这个比喻明确易懂，这里的道路就相当于代码。要以稳定、恒定和可预测的速度向前推进项目，代码必须易于维护和理解，否则，每当产品管理人员要求新增特性时，都必须停下来重构代码并偿还技术债务。

技术债务指的是因妥协或糟糕的决策导致的软件问题。可从两个不同的角度看待技术债务。一是从现在看过去，即当前面临的问题是否是以前编写的代码不佳导致的；二是从现在看将来，即如果我们现在决定走捷径，而不投入时间来开发合适的解决方案，将给未来带来什么样的问题。

"债务"一词恰如其分。为什么说是债务呢？因为以后再修改代码比现在就修改更难，其中增加的成本就是债务的利息。背上技术债务意味着明天修改代码比今天更难、成本更高（增加的成本甚至是可度量出来的），而等到后天再修改，成本会更高，以此类推。

每当团队不能按时交付，而必须停下来去修复和重构代码时，都是在为欠下的技术债务付出代价。

有人甚至认为，如果团队拥有的代码库欠下了技术债务，那么他们采用的就不是敏捷软件开发方法，因为这与敏捷开发背道而驰。严格地说，确实如此。充斥着"坏味"的代码难以修改，因此在需求发生变化时，团队将无法快速做出响应，也就无法实现持续交付。

有关技术债务，最糟糕的一点是，它意味着存在长期而根本的问题。这种问题不会发出警告，而是沉默不语；它分散在项目的各个部分，但终将在某一天某个特定的时间暴露出来，让项目无法再进行下去。

在有些更可怕的情况下，说技术债务都有点轻描淡写了，因为问题要严重得多。在前面说到的场景中，技术债务只是让团队的未来之路更为艰难，但如果实际情况要危险得多呢？假设由于走捷径导致代码非常脆弱，一个这样的简单示例是，函数中可修改的默认参数导致内存泄漏（这将在本书后面介绍）。你可以部署这些代码，而它们将在相当长的一段时间内正常运行（条件是这种缺陷没有暴露），但这实际上是一个定时炸弹，不知道在哪一天，代码满足了特定的条件，就会导致应用程序在运行时出现问题。

显然，我们要避免这样的情形。使用自动化工具是一项不错的投资，虽然它们并不能捕获所有的问题。为弥补自动化工具的这种缺陷，必须配以详尽的代码审核和良好的自动化测试。

软件有多大的用途取决于它有多容易修改。我们开发软件是为了满足某种需求，如购买飞机票、在线购物、欣赏音乐等，但需求很少是固定不变的，这意味着最初编写软件的情况发生变化时，必须及时地更新软件。如果代码无法修改（我们知道现实情况是可以修改），那么代码将毫无用处。代码库要易于修改，整洁是一个必须满足的前提条件，因此代码整洁至关重要。

1.1.3　一些例外情况

在 1.1.2 小节中，我们探讨了整洁代码库在确保软件项目成功方面扮演的重要角色。然而，本书是为软件开发从业人员编写的，因此务实的读者可能正确地指出，这回避了一个问题："存在合理的例外情况吗？"

如果不允许读者对某些假设提出挑战，本书就算不上一本真正的实用指南。

实际上，在有些情况下，你可能考虑放宽整洁代码库给出的某些限制。下面列出了部分这样的情形，在这些情形下，你可能跳过某些质量检查。

- 黑客马拉松。
- 编写一次性使用的简单脚本。
- 编程竞赛。
- 编写概念证明代码。
- 开发原型（条件是它确实是原型，将被丢弃）。
- 在短暂的时间内维护将被摒弃的遗留项目（同样，条件是这一点是确定的）。

在这些情形下，你可根据常识处理。例如，如果项目将在几个月后退役，那么很可能不值得为偿还其所有技术债务而排除千难万险，相反，等待它被归档可能是更好的选择。

注意到前面列出的情形有一个共同之处，那就是它们都假定代码可以不按照高质量标准编写，这也是我们根本不会再回头去多看一眼的代码。这不符合我们最初给出的前提——编写整洁代码旨在确保它们易于维护；如果代码无须维护，那么我们就可以跳过在代码上维护高质量标准的工作。

别忘了，编写整洁代码旨在让项目易于维护。这意味着我们以后能够对代码进行修改，或者代码被移交给公司的其他团队，可以使移交（和未来的维护人员的工作）更轻松。这意味着，如果项目处于维护模式，但不会被摒弃，那么也值得投入精力去偿还其技术债务。这是因为在某个我们没有想到的时点，会出现需要修复的 bug，而通过偿还技术债务，有助于最大限度地提高代码的可读性。

1.2　设置代码的格式

整洁代码只关乎代码的格式设置和结构化吗？答案是否定的。

存在一些编码标准，如 PEP-8，规定了如何编写代码及设置其格式。在 Python 中，最著名的标准是 PEP-8，这个文档提供了程序编写指南，涉及间距、命名约定、行长等方面。

然而，代码整洁远远不止编码标准、设置代码格式、校验工具和其他关于代码布局的检查。代码整洁的目标是实现高质量的软件，并打造健壮而易于维护的系统。代码片段或软件组件可能完全遵循了 PEP-8（或其他指南），但依然不满足上述要求。

虽然设置代码格式不是我们的主要目标，但不注意代码结构也会带来一定的风险。有鉴于此，我们将首先分析糟糕的代码结构带来的问题，并探讨如何解决这些问题。然后，我们将介绍如何配置和使用工具，让 Python 项目能够自动检查最常见的问题。

总之，代码整洁与 PEP-8 或编码风格毫无关系，它关乎的不是代码的格式和结构，而是代码的可维护性和软件的质量。然而，正如我们将看到的，正确地设置代码的格式对高效工作至关重要。

在项目中遵循编码风格指南

要让开发的项目符合质量标准，遵循编码指南是基本的要求。本节将探索其中的原因。在 1.4 节中，我们将介绍如何使用工具来自动遵循编码指南。

在良好的代码布局特征中，我们首先想到的是一致性。我们希望代码的结构一致，以使代码易于阅读和理解。如果代码不正确或结构不一致，且每个团队成员各行其是，会导致最终的代码更难理解。这样的代码容易出错和误导人，且其中的 bug 和微妙之处容易被人忽略。

我们要避免上述情况，并希望一眼就能读懂和理解代码。

如果开发团队的所有成员达成了一致，都采用某种结构化代码的标准方式，那么编写出来的代码看起来将熟悉得多。这让你能够快速发现模式（稍后将更详细地介绍），而将这些模式牢记在心后，将更容易理解代码和发现错误。例如，在代码不对时，你将发现到它不符合你熟悉的模式，从而引起你的注意。你将进一步观察，进而发现其中的错误。

经典著作《代码大全》（*Code Complete*）指出，有一篇名为"Perceptions in Chess"（1973）的论文对此做了有趣的分析。在这篇论文中，通过实验确定了不同的人是如何理解或记忆棋局的。实验的参与者涵盖了各种水平的棋手（新手、中级棋手和高手）以及不同的棋局。实验结果表明，在棋局随机的情况下，新手和高手的表现没什么不同，因为这只是一个记忆练习，所有人的表现都在相同的水平。当棋局符合逻辑并可能在实际对弈中出现（即符合规律）时，象棋高手的表现远胜于其他人。

这也适用于软件领域。作为 Python 软件工程专家，我们就好像是前述示例中的象棋高手。如果代码的结构是随机的，没有任何逻辑可言，或者说没有遵循任何标准，那么我们将像开发新手一样，很难发现错误。相反，如果我们习惯了阅读结构化代码，并能够根据规律快速获悉代码的意图，那么我们的表现将出色得多。

就 Python 而言，应遵循的编码风格是 PEP-8。你可以对其进行扩展或只采用其中的某些部分以适应正在参与的项目的特殊性（如行长，字符串说明等）。

如果你发现当前参与的项目没有遵循任何编码标准，请努力争取在其代码库中遵循 PEP-8。理想情况下，你所在的公司或团队应该有一个书面文档，指出大家应遵循的编码标准，这些编码标准可能是根据 PEP-8 改编而成的。

> 如果你发现团队的编码风格不一致，并在代码审核过程中就此做了多次讨论，那么再次阅读编码指南并投资购买自动验证工具可能是个不错的主意。

PEP-8 指出了项目必须具备的一些重要质量特征，如下所示。

- **可搜索性**：这指的是能够一眼识别代码中的符号，即在特定的文件（及其某个部分）中查找特定的字符串。PEP-8 的要点之一是，它区分了将值赋值给变量的方式与将关键字参数传递给函数的方式。为了更好地理解这一点，我们来看一个示例。假设我们正在调试，需要找到名为 location 的参数值的传递位置。为此，可运行下面的 grep 命令，结果指出了这是在哪个文件的哪一行中进行的：

  ```
  $ grep -nr "location=" .
  ./core.py:13: location=current_location,
  ```

  现在我们想知道这个变量在哪里被赋值，下面的命令可提供我们所需的信息：

  ```
  $ grep -nr "location =" .
  ./core.py:10: current_location = get_location()
  ```

  PEP-8 做出了这样的约定：通过关键字向函数传递参数时，不使用空格，但给变量赋值时使用。因此，我们可调整搜索条件（第一次搜索时等号两边都没有空格，而第二次搜索时等号两边都有一个空格），从而提高搜索效率。这是遵守约定带来的好处之一。

- **一致性**：如果代码的格式一致，那么阅读起来将容易得多，这对新加入项目的人来说尤其重要。如果你希望有新的开发人员加入项目，或者要聘用新的（可能经验不足）程序员，那么他们势必要熟悉代码（可能由多个代码仓库组成），这对于新手来说尤其重要。如果在所有代码仓库的所有文件中，代码布局、文档、命名约定都相同，那么他们的工作将轻松得多。

- **更好的错误处理**：PEP-8 给出的建议之一是，尽可能减少 try/except 代码块中的代码。这可缩小了错误面（error surface），因为它降低了无意间隐藏异常和 bug 的可能性。要通过自动检查实现这一点可能很难，但可在代码审核过程中予以关注，这是绝对值得的。

- **代码质量**：通过以结构化的方式查看代码，你将变得越来越熟练，从而一眼就能理解代码，进而轻松地发现 bug 和错误。另外，检查代码质量的工具也会就潜在的 bug 给出提示。对代码的静态分析可能有助于降低每行代码的 bug 率。

1.1 节提到过，要确保代码整洁，格式设置是必要条件而非充分条件，还需考虑其他方面，如在代码中记录设计决策，以及尽可能使用工具来自动完成质量检查。1.3 节将介绍其中的第一个考虑因素——文档。

1.3　文档

本节介绍如何在 Python 代码中编写代码文档。优良的代码是不言自明的，但也包含详尽的文档。我们应该解释代码要做什么，而不是如何做。

给代码编写文档与添加注释不是一码事，这一点很重要。本节要探讨的是文档字符串和注解（annotation），因为它们是 Python 中用来编写代码文档的工具。但需要指出的是，这里也将简要地介绍代码注释，旨在让注释和文档之间的差别更清晰。

在 Python 中，代码文档很重要，因为它是动态类型的，很容易在函数和方法之间的变量或对象的值中丢失。有鉴于此，指出这种信息可让代码以后更容易阅读。

还有一个只与注解相关的原因，那就是注解可在使用 Mypy 或 Pytype 执行自动检查时提供帮助，如类型提示。你将发现，添加注解物超所值。

1.3.1　代码注释

一般而言，应尽可能减少代码注释，因为代码应该是不言自明的，这意味着只要合理地使用抽象（如通过使用有意义的函数或对象来分割职责）并指定清晰的名称，根本就不需要在代码中添加注释。

> 编写注释前，看看能否使用代码（即添加新函数或使用更恰当的变量名）将其要表达的意思表达出来。

对于注释，本书的观点与其他软件工程文献完全一致：代码中包含注释说明你缺乏使用代码进行表达的能力。

　　然而，在有些情况下，不可避免地需要在代码中添加注释，如果不这样做将带来危险。一个这样的典型情况是，为处理不那么明显的技术细节，必须在代码中采取某种措施（例如，一个底层的外部函数存在 bug，为规避这种问题，必须传递一个特殊的参数）。在这种情况下，我们的任务是以尽可能简洁而合适的方式阐述问题，并指出在代码中那样做的原因，让阅读代码的人能够明白面临的处境。

　　最后，还有一种代码注释是绝对糟糕的，根本没有存在的理由，那就是将代码注释掉。对于这样的代码，必须毫不手软地将其删除。别忘了，代码是用于在开发人员之间交流的语言，是设计方案的终极表示。代码就是知识。被注释掉的代码会导致混乱和矛盾，让知识受到污染。

　　被注释掉的代码可直接删除，根本没有将其留下的理由，考虑到现在有版本控制系统这一点后，更是如此。

　　总之，代码注释就是"恶魔"。虽然在有些情况下，这样的恶魔必不可少，但应尽可能避免。代码文档则完全不同，它指的是代码中有关设计或架构的说明，可让代码更为清晰，属于正能量（这也是 1.3.2 小节的主题，该小节主要讨论文档字符串）。

1.3.2　文档字符串

　　简单地说，文档字符串就是嵌入源代码中的文档，是放在代码的某个地方，用于对这部分代码的逻辑进行说明的字符串。

　　请注意，"文档字符串"包含"文档"一词。这很重要，因为这意味着文档字符串是诠释，而不是辩解。文档字符串不是注释，而是文档。

　　文档字符串用于为代码的特定组件（模块、类、方法或函数）提供文档，对其他开发人员来说很有用。其他工程师想使用你编写的组件时，很可能会查看文档字符串，以理解该组件的工作原理、预期的输入和输出等，因此尽可能地添加文档字符串是一种不错的做法。

　　文档字符串对于记录设计和架构决策也很有用。对于重要的 Python 模块、函数和类，给它们添加文档字符串可能是一个不错的主意，这样阅读者就知道组件在整个架构中所处的位置了。

　　为什么说在代码中包含文档字符串是一件好事（根据项目遵守的标准，甚至必不可少）呢？因为 Python 是动态类型的，这意味着可将任何东西作为函数的参数值，而 Python 不会强制或检查类似的内容。因此，假设代码中有一个函数需要修改，而且你足够幸运，这个函数及其参数的名称都是描述性的。但即便如此，你依然不太清楚应向它传递什么类型的值。在这种情况下，你怎么知道该如何使用它呢？

此时良好的文档字符串可派上用场。对函数的预期输入和输出进行说明是一种不错的做法，可帮助阅读者理解函数的工作原理。

> 要运行下面的代码，需要一个 IPython 交互 shell，并根据本书的要求设置 Python 版本。如果没有 IPython shell，也可在常规 Python shell 中运行这些命令，但需要将<函数名>??替换为 help(<函数名>)。

请看下面这个摘自标准库的示例：

```
Type: method_descriptor
```

在上述输出中，字典的方法 update 的文档字符串提供了有用的信息，让我们知道可以以多种不同的方式使用它。

（1）可以使用方法.keys()传递内容（如另一个字典），这将使用作为参数传入的对象中的键来更新原始字典：

```
>>> d = {}
>>> d.update({1: "one", 2: "two"})
>>> d
{1: "one", 2: 'two'}
```

（2）可以向 update 传递一个由键值对组成的可迭代对象，而这些键值对将被拆封：

```
>>> d.update([(3, "three"), (4, "four")])
>>> d
{1: 'one', 2: 'two', 3: 'three', 4: 'four'}
```

（3）文档字符串还指出，可以使用关键字参数中的值来更新字典：

```
>>> d.update(five=5)
>>> d
{1: 'one', 2: 'two', 3: 'three', 4: 'four', 'five': 5}
```

（请注意，以这种方式调用 update 时，关键字参数为字符串，因此不能以类似于5="five"这样的形式设置，因为它是不正确的。）

对于要学习和了解新函数的工作原理与使用方法的人来说，这样的信息非常重要。

请注意，前面为显示函数的文档字符串，我们指定了函数的名称，并在它后面加上了两个问号（dict.update??），这是 IPython 交互式解释器的一个特性。这样做时，将打印指定对象的文档字符串。如果你给自己编写的函数添加文档字符串，让这些代码的使用者能够像前面获取标准库帮助信息那样获取帮助，从而明白你编写的函数的工作原理，那么这将让使用者的工作轻松得多。

文档字符串并不独立于代码，而是代码的一部分，你可直接访问它们。如果给对象定义了文档字符串，该文档字符串将通过属性__doc__成为对象的一部分：

```
>>> def my_function():
        """Run some computation"""
        return None
    ...
>>> my_function.__doc__  # or help(my_function)
 'Run some computation'
```

这意味着可在运行阶段访问文档字符串，还可使用源代码来生成或编译文档。实际上，市面上有用于生成或编译文档的工具。如果你运行 Sphinx，它将为项目创建基本的文档框架，而指定扩展 autodoc（sphinx.ext.autodoc）时，这个工具将从代码中提取文档字符串，并将其放在相应函数的文档页面中。

配置好生成文档的工具后，应将其公开，使其成为项目的一部分。对于开源项目，可使用 read the docs，它自动为每个分支或版本（这是可配置的）生成文档。对于公司或项目，可以使用相同的工具或在内部配置这些服务，但不管如何决定，重要的是让文档可供团队的所有成员使用。

遗憾的是，文档字符串有一个缺点，就像所有文档一样，它需要不断地以手工方式进行维护：代码发生变化后，字符串文档也需相应地更新。另一个问题是，文档字符串要真正有用，就必须非常详细，这需要多行。考虑到这两点，如果你编写的函数非常简单，而且是不言自明的，那么最好避免添加多余的文档字符串，以免以后还要维护它。

确保文档正确是一个无法逃避的软件工程方面的挑战，这一点合情合理。为什么要手工编写文档呢？因为文档是供他人阅读的。如果将编写工作自动化，文档可能就没那么有用了。文档要有价值，所有团队成员都必须认为它是需要手工编写的，因此必须为此投入必要的精力。关键是要明白软件不仅关乎代码，文档也是可交付产品的一部分。因此，修改函数时，对相应的文档部分进行更新也同样重要，不管它是 wiki、用户手册、README 文件还是多个文档字符串。

1.3.3　注解

PEP-3107 引入了"注解"的概念，其背后的基本理念是给代码的阅读者以提示，让他们知道函数参数期望的值。这里使用"提示"一词是经过仔细斟酌的——注解支持类型提示。下面我们先简要地介绍注解，再讨论类型提示。

注解让你能够指定当前定义的变量的期望类型，实际上，注解不仅能指定类型，还可以指定任何元数据，这些元数据可以帮助阅读者更深入地理解变量的实际含义。

请看下面的示例：

```
@dataclass
class Point
    lat: float
    long: float
```

```
def locate(latitude: float, longitude: float) -> Point:
    """Find an object in the map by its coordinates"""
```

这里使用了 float 来指出 latitude 和 longitude 的期望类型。这只是向阅读函数的人提供信息,让他们知道这些期望的类型。Python 不检查也不强制要求这些类型。

还可以指定函数返回值的期望类型。在这里,Point 是一个用户定义的类,因此返回的将是一个 Point 实例。

然而,在注解中,并非只能指定类型或内置对象。基本上,所有在当前 Python 解释器范围内有效的东西都可以放在这里,如用于解释变量作用的字符串、用作回调或验证函数的可调用对象等。

可利用注解来提高代码的表达力。请看下面的示例,它定义了一个启动任务的函数,这个函数还接收一个指定延迟执行时间的参数:

```
def launch_task(delay_in_seconds):
    ...
```

其中,参数 delay_in_seconds 的名称看似很长,但并没有提供太多的信息。可接收的参数值是秒数吗?这个值能否是分数呢?

下面使用代码回答这些问题:

```
Seconds = float
def launch_task(delay: Seconds):
    ...
```

现在代码变得不言而喻了。另外,通过引入注解 Seconds,创建了一个有关如何解读代码中时间的小型抽象,并可在代码库的其他地方使用它。如果以后决定修改有关 Seconds 的抽象(假设从现在起,只能接收整数),只需修改一个地方即可。

引入注解后,引入了一个新的特殊属性,它就是__annotations__。这让我们能够访问一个字典,这个字典将注解的名称(被用作这个字典中的键)映射到相应的值(我们为注解定义的值)。在这里的示例中,这个字典类似于下面这样:

```
>>> locate.__annotations__
{'latitude': <class 'float'>, 'longitude': <class 'float'>, 'return':
<class 'Point'>}
```

如果必要,可在代码中使用这个字典来生成文档、运行验证或执行检查。

说到通过注解来检查代码，这正是 PEP-484 的用武之地。这个 PEP 对类型提示的基本方面（即通过注解来检查函数类型的理念）做了规定。为清晰起见，下面摘录了 PEP-484 所做的说明：

> Python 仍将是一种动态类型语言，作者无意让类型提示成为强制性的，哪怕是通过约定。

类型提示旨在让独立于解释器的工具能够检查在代码中是否正确地使用了类型，并在检查到不兼容的情况时提示用户。有一些很有用的工具，它们执行有关数据类型及其在代码中使用情况的检查，以发现潜在的问题。一些示例工具，如 Mypy 和 Pytype，将在 1.4 节进行更详细的解释，我们将在该节讨论如何在项目中使用和配置这些工具。现在，你可以将它视为一种代码校验器（linter），它检查代码中使用的类型的语义。有鉴于此，最好在项目中配置 Mypy 或 Pytype，并像其他静态分析工具那样使用它。

然而，类型提示并非只是一个对代码进行类型检查的工具。对于代码中的类型，可为其创建有意义的名称和抽象。请看下面的示例，它定义了一个处理客户名单的函数。在最简单的情况下，可使用通用列表来注解：

```
def process_clients(clients: list):
    ...
```

如果我们知道，在当前的数据建模中，客户是使用由整数和字符串组成的元组表示的，就可再添加一些细节：

```
def process_clients(clients: list[tuple[int, str]]):
    ...
```

但这还是没有提供足够的信息，因此更佳的做法是，显式地给这个别名指定一个名称，这样阅读者就无须推断这种类型意味着什么了：

```
from typing import Tuple
Client = Tuple[int, str]
def process_clients(clients: list[Client]):
    ...
```

在这里，含义更清晰了，同时支持演化的数据类型。当前，元组可能是正确表示客户的最简单数据结构，但以后我们可能想将其改为其他对象或特定的类。在这种情况下，注解依然是正确的，其他所有的类型验证亦如此。

它背后的基本理念是，现在语义得到了扩大，表示的概念更有意义，让我们（人类）更容易理解代码的含义，或给定点的期望结果。

注解还带来了另一个好处。引入 PEP-526 和 PEP-557 后，我们可以按照更紧凑的方式编写类并定义小型容器对象：只需声明类中的属性并使用注解来设置其类型，同时使用装饰器 @dataclass 将属性声明为实例属性，而无须在 __init__ 方法中显式地声明它们并设置它们的值：

```
from dataclasses import dataclass

@dataclass
class Point:
    lat: float
    long: float

>>> Point.__annotations__
{'lat': <class 'float'>, 'long': <class 'float'>}
>>> Point(1, 2)
Point(lat=1, long=2)
```

本书后面将讨论注解的其他重要用途，这些用途与代码设计关系紧密。探索面向对象设计的最佳实践时，我们可能想使用依赖注入之类的概念，即将代码设计成依赖于声明合约的接口。要指出代码依赖于特定的接口，最佳的方式可能是使用注解。更确切地说，有一些利用 Python 注解来自动提供依赖注入支持的工具。

在设计模式中，我们通常还想将部分代码与特定的实现解耦，让其依赖于抽象接口或抽象合约，从而提高代码的灵活性和可扩展性。另外，设计模式通常通过创建合适的抽象（这通常意味着使用新类来封装部分逻辑）来解决问题。在这两种情况下，对代码进行注解都将带来额外的帮助。

1.3.4　注解是否会取代文档字符串

这个问题问得很合理，因为在注解引入之前很久的 Python 老旧版本中，要对函数参数或属性的类型进行说明，方法是使用文档字符串。甚至有一些格式方面的约定，它们指出了如何在文档字符串中包含有关函数的基本信息，包括每个参数的类型和含义、返回值以及函数可能引发的异常。

对于上面的问题，通过使用注解以更紧凑的方式解决了很大一部分，因此有人可能会问，是否值得同时添加文档字符串。答案是肯定的，因为文档字符串和注解互为补充。

诚然，对于以前包含在文档字符串中的有些信息，现在可以移到注解中了（在文档字符串中，不再需要指出参数的类型了，因为现在可以使用注解来指出这一点）。但这只会腾出更多的空间，让文档字符串能够包含更好的文档。特别是，对于动态和嵌套数据类型，最好提供期望的数据示例，这样我们就可以对正在处理的对象有更深入的认识。

请看下面的示例。假设有一个函数，它期望接收一个字典，以便对某些数据进行验证：

```
def data_from_response(response: dict) -> dict:
    if response["status"] != 200:
```

```
        raise ValueError
    return {"data": response["payload"]}
```

这里的函数接收一个字典，并返回另一个字典。如果键"status"对应的值不符合预期，这个函数将引发异常。然而，对于这个函数，我们没有很多其他的信息。例如，response 对象的正确实例是什么样的呢？result 对象的实例又是什么样的呢？要回答这两个问题，最好记录期望由参数传入并由该函数返回的数据示例。

下面来看看能否使用文档字符串更好地回答这两个问题：

```
def data_from_response(response: dict) -> dict:
    """If the response is OK, return its payload.

    - response: A dict like::

    {
        "status": 200, # <int>
        "timestamp": "....", # ISO format string of the current
        date time
        "payload": { ... } # dict with the returned data
    }

    - Returns a dictionary like::

    {"data": { .. } }

    - Raises:
    - ValueError if the HTTP status is != 200
    """
    if response["status"] != 200:
        raise ValueError
    return {"data": response["payload"]}
```

现在，我们对这个函数期望接收和返回的内容有了更深入的认识。文档提供了宝贵的输入内容，可以帮助我们理解传递的是什么，同时它还提供了宝贵的单元测试信息源。根据文档字符串，我们可以推断出应该将什么样的数据作为输入，还知道在测试中使用的值哪些是正确的，哪些是错误的。实际上，测试也可以充当可操作的代码文档，这将在本书后面更详细地说明。

这样做的好处是，我们现在知道了键的可能值以及它们的类型，还对数据是什么样的有了更具体的认识。但正如前面指出的，这样做的代价是，文档字符串占据了很多行，因为它们必须足够详细才能发挥作用。

1.4 配置和使用工具

本节将探索如何配置一些基本工具并自动执行代码检查，以利用重复验证检查。

别忘了，代码是要让我们（人）来理解的，因此只有我们才能判断什么样的代码是好的、什么样的代码是坏的，这一点很重要。我们应该花时间对代码进行审核、思考什么是好代码、其可读性和可理解性如何。审核同行编写的代码时，应该问问诸如下面这样的问题。

- 对其他程序员来说，这些代码易于理解吗？
- 这些代码是否从专业的角度解决了问题？
- 加入团队的新成员能否理解并有效地处理它们？

前面说过，代码必须格式良好、布局一致、适当地缩进，但光有这些还不够。此外，作为有高质量意识的工程师，我们认为这些是理所当然的，因此在阅读和编写代码时，我们关心的远不止是其布局。我们不想将时间浪费在审核这些方面；为高效地利用时间，我们将目光放在代码的实际模式上，以便能够理解其真正含义并提供有价值的审核结果。

所有这些检查都应自动化。它们应该是测试或检查项列表的一部分，而这又应该是持续集成构建的一部分。如果这些检查没有通过，则构建失败，这是确保代码结构始终保持连续性的唯一途径。这些检查也是可供团队参考的客观参数。不要让一些工程师或团队负责人总是在代码审核中参照 PEP-8 给出相同的评论，而让构建自动失败，使之成为客观的东西。

本节介绍的工具将让你知道可对代码自动执行哪些检查。这些工具应执行某些标准。通常它们都是可配置的，对于不同的代码仓库，使用不同的配置是完全可行的。

使用工具旨在自动执行可重现的检查，这意味着每位工程师都可在其本地开发环境中运行工具，且得到的结果与其他团队成员相同。另外，应在持续集成（CI）构建中配置这些工具。

1.4.1 类型一致性检查

类型一致性是我们要自动检查的主要方面之一。Python 是动态类型的，但我们可以添加类型注解，就对代码各部分的期望方面给予阅读者（和工具）以提示。注解虽然是可选的，但最好添加它们，因为这不仅可以提高代码的可读性，还让我们能够使用工具自动检查一些很可能是 bug 的常见错误。

Python 引入类型提示后，很多执行类型一致性检查的工具应运而生。本节介绍其中的两个：Mypy 和 Pytype。这样的工具有很多，你可选择使用其他工具，但不管使用哪款工具，下面的原则都适用：最重要的是对变更进行自动验证，并将这些验证添加到 CI 构建中。Mypy 是一款主流的 Python 静态类型检查工具，一经安装，它就会分析项目中所有的文件，以检查类型使用上的不一致。这很有用，因为在大多数情况下，它都能提前发现实际的 bug，但有时也可能误报。

可以使用 pip 来安装它，建议将其作为项目依赖项包含在安装文件中：

```
$ pip install mypy
```

在虚拟环境中安装 Mypy 后，只需运行前面的命令，它就会报告所有的类型检查结果。请尽可能按报告说的做，因为在大多数情况下，它提供的见解有助于避免原本可能进入生产环境的错误。然而，这款工具也并非十全十美，因此对于你认为的误报，你可以忽略带有以下标记作为注释的代码行：

```
type_to_ignore = "something" # type: ignore
```

需要指出的是，要让这款工具以及其他任何工具发挥作用，必须在代码中小心地声明类型注解。如果类型设置过于宽泛，可能导致问题不会被工具报告。

在下面的示例中，函数接收一个参数并对其进行迭代。最初，任何可迭代对象都可行，因此我们想利用 Python 的动态类型功能，让函数可接收列表、元组、字典的键、集合及其他任何支持 for 循环的数据类型：

```
def broadcast_notification(
    message: str,
    relevant_user_emails: Iterable[str]
):
    for email in relevant_user_emails:
        logger.info("Sending %r to %r", message, email)
```

问题是如果在代码中错误地传递了这些参数，Mypy 并不会报告错误：

```
broadcast_notification("welcome", "user1@domain.com")
```

这里的用法显然不合理，因为它迭代字符串中的每个字符，并试图将其作为 email 使用。

如果在设置这个参数的类型时更严格（假设只接收字符串列表或字符串元组），运行 Mypy 时将发现上述错误：

```
$ mypy <file-name>
error: Argument 2 to "broadcast_notification" has incompatible type
"str"; expected "Union[List[str], Tuple[str]]"
```

Pytype 的工作原理与 Mypy 类似，同时也是可配置的，因此可根据项目的具体情况，调整这两个工具的配置。这款工具报告错误的方式与 Mypy 很像，如下所示：

```
File "...", line 22, in <module>: Function broadcast_notification was
called with the wrong arguments [wrong-arg-types]
        Expected: (message, relevant_user_emails: Union[List[str],
Tuple[str]])
  Actually passed: (message, relevant_user_emails: str)
```

然而，Pytype 的一个重要不同是，它不仅根据参数检查定义，还会在运行时尝试解释代码是否正确，并报告哪些是运行时错误。例如，如果暂时违反了其中一个类型定义，只要最终结果符合声明的类型，就不会将此视为问题。虽然这通常是一个优点，但建议尽可能不要破坏你在代码中定下的规矩，同时尽可能避免无效的中间状态，因为这样代码将更容易理解且更少地依赖于副作用。

1.4.2　一般性代码验证

除使用 1.4.1 小节介绍的工具来检查程序在类型管理方面的错误外，还可使用其他工具根据更广泛的参数来验证代码。

Python 中有很多检查代码结构的工具，如 Pycodestyle（以前在 PyPi 中称为 Pep8）、Flake8 等，它们都基本上遵循 PEP-8。这些工具都是可配置的，且使用起来很容易——只需运行它们提供的命令即可。

这些工具是运行在一组 Python 文件上的程序，检查代码是否符合 PEP-8 标准，报告违反该标准的每行代码，并指出它违反了哪条规则。

还有一些工具提供了更全面的检查，它们不仅检查对 PEP-8 标准的遵循情况，还检查更复杂的 PEP-8 未涵盖的情况。别忘了，即便严格地遵循了 PEP-8 标准，代码的质量也不一定优良。

例如，PEP-8 关注的主要是代码的风格和结构，并不要求给每个公有方法、类和模块都添加文档字符串。另外，对于接收太多参数的函数，它也没有做任何说明（本书后面将指出，参数太多是一个糟糕的特征）。

一个这样的工具是 Pylint。在验证 Python 项目的工具中，Pylint 是全面、严格的一个，它也是可配置的。与前面介绍的工具一样，要使用它，首先需要使用 pip 在虚拟环境中安装它：

```
$ pip install pylint
```

然后，只需运行命令 pylint，就可对代码进行检查。

可通过配置文件 pylintrc 来配置 Pylint。在这个文件中，可指定要启用或禁用的规则、并对其他规则进行参数化（如修改最大列长）。例如，正如刚才讨论过的，我们可能不希望每个函数都有文档字符串，因为强制这样做可能影响工作效率。然而，在默认情况下，Pylint 要求这样做，但我们可以在配置文件中驳回这种要求：

```
[DESIGN]
disable=missing-function-docstring
```

一旦这个配置文件进入稳定状态（意味着它与编码指南保持一致，无须做进一步的调整），便可将其复制到其他仓库中，并对其进行版本控制。

> 开发团队在编码标准方面达成一致后，建立相关的文档，然后在将在代码仓库中自动运行的工具的配置文件中实施这些标准。

最后，还要说一说另一款工具，它就是 Coala。Coala 更通用些（意味着支持多种语言，而不仅仅是 Python），但其理念与 Pylint 类似：支持使用配置文件对其进行配置，并提供了一个执行代码检查的命令行工具。运行时，如果在扫描文件的过程中发现错误，这款工具可能会提醒用户，并在合适的情况下提供自动修复建议。

如果有检查工具的默认规则没有覆盖的用例，该怎么办呢？Pylint 和 Coala 都自带了大量预定义的规则，这些规则覆盖了常见的情形，但你可能发现，在你的组织中存在一些会导致错误的模式。

如果你在代码中发现了经常容易出错的模式，建议花些时间定义自己的规则。这两款工具都是可扩展的：在 Pylint 中，有多个可用的插件，你还可以编写自定义插件；在 Coala 中，可编写与常规检查同时执行的自定义验证模块。

1.4.3 自动设置格式

本章开头说过，团队就代码编写约定达成一致是明智的选择，这可避免去讨论个人偏好，进而将注意力集中在代码的本质上。但达成一致只是达成一致而已，如果这些规则得不到执行，随着时间的流逝，将没人理会它们。

除了使用工具检查代码对标准的遵循情况，直接自动设置代码的格式也很有用。

有多款可用于自动设置 Python 代码格式的工具（验证代码是否遵循了 PEP-8 标准的工具（如 Flake8），大都提供了一种对代码进行重写并使其遵循 PEP-8 标准的模式），它们都是可根据项目的具体情况进行配置和调整的。在这些工具中，有一个要重点说一下，它就是 Black，因为它并没有提供全面的灵活性和配置。

Black 有个特点，那就是以独特而确定的方式设置代码的格式，而不允许设置任何参数（行长可能是个例外）。

例如，Black 总是使用双引号将字符串括起了，参数的排列顺序也总是遵循相同的结构。这可能有点死板，却是确保代码差异最小化的唯一途径。如果代码总是采用相同的结构，那么在合并请求中显示的代码更改将只有实际修改，而没有额外的美化性修改。Black 比 PEP-8 严格，但使用起来也很方便，因为通过工具来直接设置代码的格式，我们不用操心这一点，而可专注于问题的症结。

这也是 Black 能够存在的原因。PEP-8 定义了一些代码结构化指南，但让代码遵循 PEP-8 标准的方式有多种，因此依然存在找出风格差异的问题。Black 根据更严格且始终是确定的 PEP-8 子集来设置代码格式。

例如，下面的代码遵循了 PEP-8 标准，但没有遵循 Black 的约定：

```
def my_function(name):
    """
    >>> my_function('black')
    'received Black'
    """
    return 'received {0}'.format(name.title())
```

现在可以执行下面的命令来设置这些代码的格式了：

```
black -l 79 *.py
```

结果如下：

```
def my_function(name):
    """
    >>> my_function('black')
    'received Black'
    """
    return "received {0}".format(name.title())
```

对于更复杂的代码，修改可能多得多（行尾的逗号等），但其中的理念是清晰的。最好使用工具来帮助我们处理细节，同样这只是我个人的看法。

很久以前，Golang 社区就明白这一点，进而提供了标准工具库 go fmt，它根据 Go 语言约定自动设置代码的格式。现在 Python 也有类似的工具，真是太好了。

安装 Black 后，命令 black 默认设置代码的格式，但还有一个--check 选项，它根据标准对文件进行验证，如果没有通过验证，那么这个过程将以失败告终。在自动检查和 CI 流程中，也应包含这个命令。

需要指出的是，Black 设置整个文件的格式，而不像其他工具那样支持部分格式设置。对包含使用不同风格的代码的遗留项目来说，这可能是个问题，因为要在项目中将 Black 作为格式设置标准，很可能必须接受下面两种情形之一。

（1）创建里程碑合并请求，这将使用 Black 来设置仓库中所有 Python 文件的格式。这样做的缺点是，会增加大量的噪声，还会污染仓库的版本控制历史记录。在有些情况下，你的团队可能决定接受这种风险（这取决于你有多依赖于 git 历史记录）。

（2）你也可使用 Black 设置格式时所做的代码修改覆盖历史记录。在 git 中，可通过对提交应用命令来（从头开始）覆盖提交。在这种情况下，可在使用 Black 设置格式后覆盖每个提交，让项目看起来像是从一开始就采用了这种新的形式，但有些需要注意的地方。首先，由于项目的历史记录被覆盖，因此每个人都必须刷新其仓库的本地副本；其次，如果有大量的提交，这个过程可能需要较长的时间才能完成，这取决于仓库的历史记录。

在"要么全部要么无"的格式设置方式不可接受的情况下，可使用 Yapf，这款工具有很多不同于 Black 的地方：它是可高度定制的，同时支持部分格式设置（只设置文件中某些部分的格式）。

Yapf 接收一个指定格式设置范围的参数。使用这个参数，可配置编辑器或 IDE（更佳的做法是，设置一个 git 预提交钩子），以便自动设置刚修改的代码部分的格式。这样，每次修改代码后，都可让项目与编码标准保持一致。

结束本小节之前，我要说的是，Black 是一款出色的工具，可确保代码遵循规范的标准，因此应尝试在仓库中使用它。在新创建的仓库中使用 Black 时，绝对不会遇到任何障碍，但在遗留的仓库中使用它时，可能会遇到障碍，这也是可以理解的。如果团队觉得在遗留仓库中使用 Black 太麻烦，那么 Yapf 等工具可能是更合适的选择。

1.4.4　自动检查设置

在 UNIX 开发环境中，常见的工作方式是使用 Makefile。Makefile 是一个功能强大的工具，让你能够配置要在项目中执行的命令——主要是编译、运行等命令。另外，还可以在项目的根目录中使用 Makefile，并在其中配置一些命令，以便自动执行代码的格式设置和约定方面的检查。

为此，一种不错的方法是，为测试和每个特定的测试设置目标，然后让另一个测试一起运行，如下所示：

```
.PHONY: typehint
typehint:
    mypy --ignore-missing-imports src/

.PHONY: test
test:
    pytest tests/

.PHONY: lint
lint:
```

```
    pylint src/

.PHONY: checklist
checklist: lint typehint test

.PHONY: black
black:
    black -l 79 *.py

.PHONY: clean
clean:
    find . -type f -name "*.pyc" | xargs rm -fr
    find . -type d -name __pycache__ | xargs rm -fr
```

在这里，我们（在开发计算机和 CI 环境构建中都）执行如下命令：

```
make checklist
```

这将按如下步骤执行所有指定的操作。

（1）检查对编码指南（如 PEP-8 或带有--check 参数的 Black）的遵循情况。

（2）检查代码中的类型使用情况。

（3）运行测试。

只要上述任何步骤失败，就认为整个过程都失败了。

可将这些工具（Black、Pylint、Mypy 等）与你选择的编辑器或 IDE 集成，让工作更轻松。请配置编辑器，使其在用户保存文件或按相应的快捷键时执行这些类型的修改，这绝对是一项不错的投资。

需要指出的是，使用 Makefile 可提供极大的便利，原因有两个。首先，为自动执行大多数重复性任务提供了简单而单一的途径。新加入团队的成员可快速上手，只需知道类似于'make format'这样的命令自动设置代码的格式，而不管使用的底层工具（及其参数）如何。另外，即便以后决定更换工具（假设将 Yapf 更换为 Black），原来的命令（'make format'）也依然管用。

其次，尽可能使用 Makefile，这意味着可配置 CI 工具，使其也调用 Makefile 中的命令。这样，有了在项目中执行主要任务的标准化方式，同时可让 CI 工具包含的配置尽可能少（以后也可能对此进行修改，但这不是什么大负担）。

1.5　小结

至此，我们对整洁代码的含义有了大致认识，并对它有了一个可行的解释，这为本书后面的内容提供了参考。

更重要的是，我们现在知道了，代码整洁比代码的结构和布局重要得多，因此必须专注于代码表达的想法，看看它们是否正确。代码整洁关乎代码的可读性和可维护性，致力于最大限度地减少技术债务，并通过代码有效地传达理念，让他人能够明白我们最初编写代码的意图。

遵循编码风格或指南至关重要，原因有多个。我们认为，这是必要条件，而非充分条件，这是任何可靠的项目都必须满足的基本条件，最好将这项工作留给工具去完成。因此，自动执行所有这些检查至关重要，有鉴于此，我们必须牢记如何配置 Mypy、Pylint、Black 等工具。

我们会在第 2 章集中介绍 Python 代码，并阐述如何以符合 Python 习惯的方式表达想法。我们将探索 Python 惯用法，它们让代码更紧凑、效率更高。通过分析我们将发现，Python 完成任务的方式不同于其他语言。

1.6　参考资料

- PEP-8：针对 Python 编订的代码风格指南。
- Mypy 工具。
- Pytype 工具。
- PEP-3107。
- PEP-484。
- PEP-526。
- PEP-557。
- PEP-585。

第 2 章
符合 Python 语言习惯的代码

本章探讨使用 Python 表达想法的方式及其独特之处。如果你熟悉完成某些编程任务（如获取列表的最后一个元素、迭代和搜索）的标准方式，或者使用过其他编程语言（如 C、C++ 和 Java），就会发现 Python 提供了完成大多数常见任务的独特机制。

在编程中，惯用法是编写代码以执行特定任务的方式。这是一种常见的方式，每次都重复并遵循相同的结构。有人甚至认为这是一种模式，但不是设计模式（稍后将探讨）。主要的区别在于设计模式是高级理念，在某种程度上独立于语言，且不能直接转换为代码；而惯用法是具体的代码，是执行特定任务时编写代码的一种方式。

由于惯用法是代码，因此依赖于语言。每种语言都有自己的惯用法，即使用该语言完成任务的方式（例如，如何使用 C 或 C++ 语言打开和写入文件）。如果代码遵循了这些惯用法，就说它符合习惯，在 Python 中，这被称为符合 Python 语言习惯。

为何要按照这些建议编写符合 Python 语言习惯的代码呢？原因有多个。首先，正如我们将看到并分析的那样，以符合 Python 语言习惯的方式编写的代码性能更高，同时更紧凑、更容易理解。这些都是我们希望代码具备的特征，它们让代码能够卓有成效地工作。

其次，第 1 章说过，整个开发团队熟悉相同的代码模式和结构很重要，这有助于他们专注于问题的本质，还可帮助他们避免犯错。

本章的目标如下。

- 明白索引和切片、正确地实现可通过索引访问的对象。
- 实现序列和其他可迭代的对象。
- 学习正确的上下文管理器使用方式以及如何编写有效的上下文管理器。
- 使用魔法方法编写更符合 Python 语言习惯的代码。
- 避免常见的 Python 错误，这些错误可能导致讨厌的副作用。

2.1 节首先来探讨索引和切片。

2.1　索引和切片

与其他语言一样，Python 中也有一些支持通过索引访问其元素的数据结构或类型；Python 与大多数编程语言的另一个共同之处是，第一个元素的索引为 0。然而，与这些语言不同的是，Python 提供了额外的特性，让我们能够以不同寻常的顺序访问元素。

例如，在 C 语言中，如何访问数组的最后一个元素呢？这是我刚使用 Python 时就尝试做过的事情。如果按照 C 语言使用思路，我将通过将数组长度减 1 来获得这个元素的位置。在 Python 中，这种做法可行，但也可以使用负索引；使用负索引时，从最后一个元素往前数，如下面的命令所示：

```
>>> my_numbers = (4, 5, 3, 9)
>>> my_numbers[-1]
9
>>> my_numbers[-3]
5
```

这种行事方式更符合 Python 语言习惯。

除获取一个元素外，还可使用切片来获取多个元素，如下面的命令所示：

```
>>> my_numbers = (1, 1, 2, 3, 5, 8, 13, 21)

>>> my_numbers[2:5]
(2, 3, 5)
```

在这里，方括号语法意味着将获取从第一个索引（含）开始到第二个索引（不含）结束的所有元素。在 Python 中，切片将指定区间的终点排除在外。

指定区间时，可省略起点或终点，在这种情况下，将从序列的起点开始或到序列的终点结束，如下面的命令所示：

```
>>> my_numbers[:3]
(1, 1, 2)
>>> my_numbers[3:]
(3, 5, 8, 13, 21)
>>> my_numbers[::] # also my_numbers[:], returns a copy
(1, 1, 2, 3, 5, 8, 13, 21)
>>> my_numbers[1:7:2]
(1, 3, 8)
```

第一个示例将获取索引 3 之前的所有元素。第二个示例将获取索引 3（含）和最后一个元素之间的所有元素。在倒数第二个示例中，起点和终点都省略了，因此创建了原始元组的副本。

最后一个示例包含表示步长的第三个参数，步长指的是在区间内迭代时每次跳多少个元素。在这个示例中，意味着以每次跳两个元素的方式获取索引 1 和 7 之间的元素。

在所有这些示例中，当我们将区间传递给序列时，实际传递的是切片。请注意，切片是 Python 内置对象，你可创建切片并直接传递它们：

```
>>> interval = slice(1, 7, 2)
>>> my_numbers[interval]
(1, 3, 8)

>>> interval = slice(None, 3)
>>> my_numbers[interval] == my_numbers[:3]
True
```

注意，参数（起点、终点或步长）被省略时，我们认为其值为 None。

在任何情况下，都应使用这种内置的切片语法，而不要使用 for 循环来迭代元组、字符串或列表，进而将元素排除在外。

创建自己的序列

刚才讨论的做法之所以可行，都是拜魔法方法__getitem__所赐（魔法方法是名称以两个下划线开头和两个下划线结束的方法，Python 使用它们来实现特殊的行为）。每当遇到类似于 myobject[key]这样的代码时，都将调用这个方法，并将 key（方括号内的值）作为参数传递给它。具体地说，序列是实现了__getitem__和__len__的对象，因此是可迭代的。列表、元组和字符串都是标准库中的序列对象。

本节关注的是如何通过键获取对象中的特定元素，而不是创建序列或可迭代的对象，这个主题将在第 7 章探讨。

要在自定义类中实现__getitem__，必须考虑一些因素，以符合 Python 语言习惯。

如果自定义类是标准库对象包装器，尽可能将行为委托给底层对象。这意味着如果自定义类是列表包装器，应调用列表的同名方法，以确保自定义类是兼容的。下面是一个列表包装对象示例，在其中实现的每个方法中，都直接调用了相应的列表方法：

```
from collections.abc import Sequence


class Items(Sequence):
    def __init__(self, *values):
        self._values = list(values)

    def __len__(self):
```

```
        return len(self._values)

    def __getitem__(self, item):
        return self._values.__getitem__(item)
```

为将这个类声明为序列，它实现了模块 collections.abc 中的接口 Sequence。要让自定义类的行为像标准对象（容器、映射等）一样，最好实现这个模块中相应的接口，因为这揭示了该类的意图，同时使用接口将迫使你实现所需的方法。

这个示例使用的是组合方法（因为它包含一个充当内部协调器的列表，而没有继承列表类）。另一种方法是使用类继承，在这种情况下，必须扩展基类 collections.UserList，但这样做时，必须考虑本章最后一部分提到的注意事项。

但是，如果你正实现自己的序列，而该序列不是包装器或不依赖于底层的任何内置对象，那么请牢记如下两点。

● 按区间索引时，结果应该是与类的类型相同的实例。

● 在切片提供的区间中，必须遵守 Python 使用的语义，即将区间末尾的元素排除在外。

第一点是一个不易察觉的错误。获取列表的切片时，结果为列表；请求元组的区间时，结果为元组；请求子字符串时，结果为字符串。在所有这些情况下，结果的类型都与原始对象的类型相同，这合乎情理。如果你创建了一个表示日期间隔的对象，那么使用索引区间获取其中的元素时，应返回一个新的同类对象，而不能返回列表、元组或其他东西。标准库中的函数 range 淋漓尽致地说明了这一点。如果用间隔调用 range 函数，将创建一个可迭代的对象，它知道如何生成指定区间内的值。如果你使用索引区间来访问 range 函数调用的结果，将返回一个新的 range 函数调用的结果，而不是列表（这合乎情理）：

```
>>> range(1, 100)[25:50]
range(26, 51)
```

第二条规则说的是一致性：如果你编写的代码与 Python 约定保持一致，使用者将发现它更熟悉、更容易使用。Python 开发人员已经习惯了切片、range 函数等的行为，如果自定义类的行为与此不同，将让人感到迷惑，这意味着更难记住，还可能引发 bug。

至此，我们介绍了索引和切片，以及如何创建自己的索引和切片，2.2 节将以同样的方式介绍上下文管理器：先看看标准库中上下文管理器的工作方式，再介绍如何创建自己的上下文管理器。

2.2　上下文管理器

上下文管理器是 Python 提供的一个很有用的特性。它为何这么有用呢？因为它能够正确地响应模式。你经常需要运行带前置条件和后置条件的代码，即在执行主操作前后都运行某些代码。在这种情况下，非常适合使用上下文管理器。

上下文管理器主要用于资源管理。例如，打开文件时，我们要确保处理完毕后将其关闭，以免导致文件描述符泄露；打开到服务或套接字的连接时，我们要确保将其正确地关闭；使用临时文件时，我们要确保将其删除；类似的情况还有很多。

在所有这些情况下，通常你都必须记得将分配的资源释放，这是正常情况，但还需要处理异常和错误。由于需要处理所有可能的组合和执行路径，这增加了程序的调试难度；为解决这种问题，常见的做法是将执行清理工作的代码放在 finally 代码块中，以确保它在任何情况下都会执行。下面是一个非常简单的示例：

```
fd = open(filename)
try:
    process_file(fd)
finally:
    fd.close()
```

但下面的方式能达到同样的效果，而且它更优雅、更符合 Python 语言习惯：

```
with open(filename) as fd:
    process_file(fd)
```

with 语句是在 PEP-343 中定义的，它进入上下文管理器。在这里，函数 open 实现了上下文管理器协议，这意味着这个代码块执行完毕后，文件将自动关闭，即便期间发生了异常。

上下文管理器包含两个魔法方法：__enter__ 和 __exit__。在上述示例的第 1 行，with 语句将调用第一个方法（__enter__），而这个方法返回的值将被赋给 as 后面指定的变量。将返回值赋给变量是可选的：方法 __enter__ 并非必须返回值，即便它返回了值，也并非必须将这个值赋给变量。

这行代码执行完毕后，将进入一个新的上下文，可在其中运行任何 Python 代码。with 代码块中的最后一条语句执行完毕后，将退出当前上下文，这意味着 Python 将调用之前调用的上下文管理器对象的方法 __exit__。

如果上下文管理器代码块中的代码出现异常或错误，也会调用方法 __exit__，因此在确保清理代码总是会执行方面，上下文管理器提供了便利的途径。实际上，这个方法会收到触发的异常，让我们能够以自定义的方式处理异常。

虽然在使用资源（如前面提到的文件、连接等）时，经常会用到上下文管理器，但这并非其唯一的用途。为处理特定的逻辑，可实现自定义上下文管理器。

在关注点分离以及将应该彼此独立的代码隔离方面，上下文管理器是一种不错的方式，因为如果将它们混在一起，逻辑将更难维护。

　　例如，假设我们要使用脚本对数据库进行备份。需要注意的是，这里的备份是脱机的，这意味着只能在数据库没有运行时对其进行备份，因此备份前必须先让数据库停止运行。备份后，我们想要重启数据库进程，而不管数据库备份过程如何。

　　为此，一种方法是创建一个大型函数来完成所有的工作：停止数据库服务、执行备份任务、处理异常及所有可能的边缘情况，再尝试重启数据库服务。这样的函数是什么样的呢？这是你完全能够想象得到的，因此这里不详细介绍，而直接介绍使用上下文管理器处理这种问题的方式：

```python
def stop_database():
    run("systemctl stop postgresql.service")


def start_database():
    run("systemctl start postgresql.service")



class DBHandler:
    def __enter__(self):
        stop_database()
        return self

    def __exit__(self, exc_type, ex_value, ex_traceback):
        start_database()


def db_backup():
    run("pg_dump database")


def main():
    with DBHandler():
        db_backup()
```

这个示例不需要使用上下文管理器的结果，因此可以认为__enter__的返回值无关紧要，至少在这里如此。这是设计上下文管理器时需要考虑的一个问题：在上下文管理器代码块中，需要哪些东西？一般而言，最好让__enter__返回一个值，虽然并非必须这样做。

　　在这里，只执行了备份任务，它独立于维护任务，如前面的代码所示。前面说过，即便执行备份任务时发生错误，__exit__也会被调用。

　　请注意方法__exit__的签名，它接收一些值，这些值表示代码块中发生的异常。如果代码块中没有发生异常，这些值都将为 None。

　　__exit__ 的返回值是一个必须考虑的问题。通常情况下，我们希望方法保持原样，不返回任何特定内容。如果这个方法返回 True，将意味着不会将潜在引发的异常传播给调用者，并将在那里停止。在有些情况下，这是你想要的结果（甚至取决于引发的异常类型），但一般而言，将异常"吞掉"不是什么好主意。记住：绝不要悄无声息地传播错误。

> 如果没有充分的理由，千万不要从__exit__返回True。即便有充分的理由这样做，也要确认这样做的结果是你想要的。

实现上下文管理器

　　一般而言，我们可以实现前面示例中的上下文管理器。我们所需要的只是一个实现魔法方法__enter__和__exit__的类，然后该对象将能够支持上下文管理器协议。这是实现上下文管理器的常用方式，但并非唯一的方式。

　　本节将介绍不同的上下文管理器实现方式（其中有些更紧凑），还将介绍如何通过标准库（特别是模块 contextlib）来利用这些方式。

　　模块 contextlib 包含大量辅助函数和对象，它们实现了上下文管理器或使用既有的上下文管理器。使用它们可以帮助我们编写更紧凑的代码。

　　我们先来看看装饰器 contextmanager。

　　应用于函数时，装饰器 contextlib.contextmanager 将函数代码转换为上下文管理器。目标函数必须是生成器函数，以便能够确定将其中哪些语句分别放在魔法方法__enter__和__exit__中。

　　如果你不熟悉装饰器和生成器，也没有关系，因为这里的示例都是不言自明的，惯用法理解和使用起来也很容易。这些主题将在第 7 章详细讨论。

　　可使用装饰器 contextmanager 将前面的示例改写成下面这样：

```
import contextlib


@contextlib.contextmanager
def db_handler():
    try:
        stop_database()
        yield
    finally:
        start_database()
```

```
with db_handler():
    db_backup()
```

这里定义了一个生成器函数，并对其应用装饰器@contextlib.contextmanager。这个函数包含一条 yield 语句，这让它成了生成器函数。再说一遍，就这里而言，你无须明白生成器的细节，而只需知道对其应用这个装饰器时，将把 yield 语句之前的代码视为方法 __enter__ 的组成部分来运行，并将生成（yielded）的值作为上下文管理器评估的结果（__enter__ 的返回值）。如果使用 as 指定了变量（如 as x:），这个值将被赋给指定的变量。在这里，没有生成任何值（这意味着生成的值为 None），但如果你愿意，可以生成一条语句，以便在上下文管理器代码块中使用它。

此时，生成器函数被挂起，并进入上下文管理器。在这里，我们再次运行数据库的备份代码。执行数据库备份代码后，重新开始执行生成器函数，因此可以认为 yield 语句后面的所有代码都将包含在 __exit__ 方法中。

以这样的方式编写上下文管理器的优点是，更容易重构既有函数和重用代码；另外，不想让上下文管理器属于任何对象时，最好采用这种方式来实现它（从面向对象的角度看，让上下文管理器属于特定对象，将创建没有实际用途的"假冒"类）。

添加额外的魔法方法会导致对象的耦合程度更高、承担更多的职责、支持不该支持的功能。在只是需要一个上下文管理函数（无须保留众多状态，完全与其他类隔离并独立于它们）时，使用刚才介绍的方法是不错的选择。

然而，还有其他实现上下文管理器的方式，这些方法也使用标准库中的模块 contextlib。

可使用的另一个辅助类是 contextlib.ContextDecorator，这是一个基类，提供了将装饰器应用于函数，使其在上下文管理器中运行的逻辑。对于上下文管理器本身的逻辑，必须通过实现前面提及的魔法方法来提供。这样做后，类将像用于函数的装饰器那样工作，或者可以混入其他类的类层次结构中，使其像上下文管理器那样行事。

要使用 contextlib.ContextDecorator 类，必须扩展它，并实现指定的方法：

```
class dbhandler_decorator(contextlib.ContextDecorator):
    def __enter__(self):
        stop_database()
        return self

    def __exit__(self, ext_type, ex_value, ex_traceback):
        start_database()
```

```
@dbhandler_decorator()
def offline_backup():
    run("pg_dump database")
```

与前面的示例相比，这里有一个不同之处，那就是没有 with 语句，不知道你注意到了没有。调用函数 offline_backup() 时，它将自动在上下文管理器中运行。这种逻辑是由基类 contextlib.ContextDecorator 提供的：将它用作包装原始函数的装饰器，以便在上下文管理器中运行。

这种方法的唯一缺点是，由于对象的工作方式，它们是彼此独立的（这是件好事），即装饰器对被装饰的函数一无所知，反之亦然。这虽然是件好事，但意味着函数 offline_backup 无法访问装饰器对象。然而，要访问这个装饰器，可在函数内部调用它，如下所示：

```
def offline_backup():
    with dbhandler_decorator() as handler: ...
```

装饰器的优点是，只需定义其逻辑一次，就可重用它很多次，为此只需将装饰器应用于需要同样逻辑的函数。

下面来探索 contextlib 的最后一个特性，看看可以从上下文管理器中得到什么，并了解一下可以使用它们做什么。

在这个库中，包含 contextlib.suppress，这是一个实用工具，在知道某些异常可以忽略的情况下，可使用它来避免这些异常。这类似于在 try/except 代码块中运行同样的代码，并传递异常或只是将其写入日志，但不同之处在于，通过调用方法 suppress，更明确地指出了在我们的逻辑中对这些异常进行了控制。

例如，请看下面的代码：

```
import contextlib

with contextlib.suppress(DataConversionException):
    parse_data(input_json_or_dict)
```

在这里，如果出现异常 DataConversionException，说明输入数据已经是预期的格式，无须进行转换，因此完全可以忽略这种异常。

上下文管理器是一项非常独特的特性，让 Python 与众不同。因此，可将使用上下文管理器视为一种符合 Python 语言习惯的做法。2.3 节将探讨 Python 的另一个有趣的特性——推导式和赋值表达式，使用它可让代码更简洁。

2.3　推导式和赋值表达式

本书将多次涉及推导式，因为使用它们通常可让编写出来的代码更简捷，同时也更容易理解。这里为何说通常呢？因为在有些情况下，需要对收集的数据进行变换，此时使用推导式可能导致代码更复杂。在这种情况下，编写简单的 for 循环可能是更好的选择。

然而，在万不得已的情况下，还以可使用赋值表达式来救场。本节将讨论这些替代方式。

推荐使用推导式来创建数据结构，这样只需一条指令，而无须执行多次运算。例如，如果要创建一个列表，其中包含对一系列数字执行计算得到的结果，不应像下面这样编写代码：

```
numbers = []
for i in range(10):
    numbers.append(run_calculation(i))
```

而应直接创建列表：

```
numbers = [run_calculation(i) for i in range(10)]
```

这样编写的代码的性能通常更高，因为只使用单个 Python 操作，而不是反复调用 list.append。如果你对代码的内部结构或不同版本之间的差异感到好奇，可研究一下模块 dis，并使用以下示例调用它。

下面来看一个函数示例，一些表示云计算环境（如 ARN）上资源的字符串，并返回一个集合，其中包含在这些字符串中找到的账户 ID。为编写这个函数，最朴素的方式类似于下面这样：

```
from typing import Iterable, Set

def collect_account_ids_from_arns(arns: Iterable[str]) -> Set[str]:
    """Given several ARNs in the form

        arn:partition:service:region:account-id:resource-id

    Collect the unique account IDs found on those strings, and return them.
    """
    collected_account_ids = set()
    for arn in arns:
        matched = re.match(ARN_REGEX, arn)
        if matched is not None:
            account_id = matched.groupdict()["account_id"]
            collected_account_ids.add(account_id)
    return collected_account_ids
```

显然，这里的代码很长，但完成的任务比较简单。阅读者可能对其中的语句感到迷惑，处理这些代码时一不小心就可能犯错。如果能够对其进行简化，那就太好了。为使用更少的代码实现相同的功能，可像函数式编程中那样使用几个推导式：

```
def collect_account_ids_from_arns(arns):
    matched_arns = filter(None, (re.match(ARN_REGEX, arn) for arn in arns))
    return {m.groupdict()["account_id"] for m in matched_arns}
```

在这个函数中，第 1 行代码与应用 map 和 filter 类似：首先尝试将正则表达式与提供的所有字符串匹配，再筛选出不为 None 的结果。结果是一个迭代器，我们稍后将使用它在集合推导式中提取账户 ID。

相比于第一个示例，这个函数应该更容易维护，但依然需要两条语句。在 Python 3.8 之前，不可能使其更紧凑了，但 PEP-572 引入了赋值表达式，让我们能够将其重写为只有一条语句：

```
def collect_account_ids_from_arns(arns: Iterable[str]) -> Set[str]:
    return {
        matched.groupdict()["account_id"]
        for arn in arns
        if (matched := re.match(ARN_REGEX, arn)) is not None
    }
```

请注意上述推导式中第 3 行的语法，它在当前作用域内创建一个临时标识符，用于存储将正则表达式应用于字符串的结果，而这个标识符可在当前作用域内的其他地方重用。

在这里，第三个示例是否优于第二个示例存在争议，但它们两个肯定都优于第一个示例。在我看来，最后一个示例的表现力更强，因为其代码中的间接性更少，阅读者只需知道收集的值属于同一个作用域即可。

记住，代码并非总是越紧凑越好。如果为编写一行程序，而必须使用费解的表达式，那么根本不值得这样做，还不如使用朴素的方法。这与第 3 章将讨论的保持简单原则相关。

> 请考虑推导式的可读性，如果程序只包含单行代码时并不会更容易理解，那么就不要非得这样做。

使用赋值表达式的另一个原因是，其性能通常更高（而不仅仅是更容易理解）。如果在变换逻辑中必须使用某个函数，我们不希望在没必要的情况下调用它。将函数的结果赋给临时标识符（就像前面使用赋值表达式的示例中那样）是一种不错的优化技术，同时可提高代码的可读性。

> 请对使用赋值表达式可获得的性能提升进行评估。

2.4 节将介绍 Python 的另一个特征——特性，同时讨论各种暴露或隐藏 Python 对象中数据的方式。

2.4　对象的特性、属性及各种方法

在 Python 中，对象的所有属性和函数都是公有的，而在其他语言中，属性可以是公有的、私有的或受保护的。换而言之，在 Python 看来，防止调用者调用对象的属性没有意义。这是 Python 不同于其他编程语言的另一个地方，在其他编程语言中，可将某些属性设置为私有的或受保护的。

虽然没有严格执行，但存在一些约定：以下划线开头的属性表示它是该对象的私有属性，外部代理不应调用它（但并没有禁止这样做）。

详细介绍特性前，先得说说 Python 中的下划线（让你明白这种约定）以及属性的作用域。

2.4.1　Python 中的下划线

在 Python 中，有一些与下划线相关的约定和实现细节，这是一个有趣的主题，值得分析分析。

前面说过，默认情况下，对象的所有属性都是公有的。下面的示例证明了这一点：

```
>>> class Connector:
...     def __init__(self, source):
...         self.source = source
...         self._timeout = 60
...
>>> conn = Connector("postgresql://localhost")
>>> conn.source
'postgresql://localhost'
>>> conn._timeout
60
>>> conn.__dict__
{'source': 'postgresql://localhost', '_timeout': 60}
```

这里通过指定属性 source 创建了一个 Connector 对象；它有两个属性——source 和 timeout，其中前者是公有的，而后者是私有的。然而，从接下来的几行代码可知，像这样创建对象时，其公有属性和私有属性都是可以访问的。

这段代码的意思是，_timeout 应该只能在 Connector 对象内部访问，而不能在调用者中访问。这意味着你应该以特定的方式组织代码，以便随时都可安全地重构 timeout，因为它不会从对象外部调用（而只会在内部调用），因此重构它不会影响接口。遵守这些规则可让代码更容易维护、更健壮，因为如果重构代码时保持对象的接口不变，就不会担

心连锁反应。这个原则也适用于方法。

> 类应该只暴露与外部调用者对象相关的属性和方法，具体地说是接口指定的属性和方法。对于接口未指定的属性和方法，其名称都应以单个下划线开头。

对于以下划线开头的属性，应该将其视为私有的，不在外部调用它。对于这条规则有个例外，就是在单元测试时，如果通过访问内部属性可简化测试，就应该允许这样做，但需要指出的是，当你决定重构主类时，这种实用主义方法可能付出维护性方面的代价。请牢记下面的提示中指出的建议。

> 如果内部方法和属性过多，可能昭示着类承担的任务太多，未遵守单一职责原则。这可能表明你需要将其某些职责提取出来并放到协作类中。

用单个下划线开头是 Python 明确界定对象接口的一种方式，但存在一种常见的误解，认为可将属性和方法设置为私有的。这真是天大的误会。现在假设属性 timeout 被定义为以双下划线开头：

```
>>> class Connector:
...     def __init__(self, source):
...         self.source = source
...         self.__timeout = 60
...
...      def connect(self):
...         print("connecting with {0}s".format(self.__timeout))
...         # ...
...
>>> conn = Connector("postgresql://localhost")
>>> conn.connect()
connecting with 60s
>>> conn.__timeout
Traceback (most recent call last):
  File "<stdin>", line 1, in <module>
AttributeError: 'Connector' object has no attribute '__timeout'
```

有些开发人员使用这种方式来隐藏属性，他们以为这个示例中的__timeout 是私有的，其他对象不能修改它。在上面的输出中，试图访问__timeout 时引发了异常。异常为 AttributeError，指出这个属性不存在。说的不是这个属性是私有的或不能访问之类的话，而是说它不存在。这应该给我们提供了线索，表明发生了别的事情，而这种行为只是副作用，并不是我们想要的效果。

实际发生的情况是，对于名称以双下划线开头的属性，Python 给它重命名（这被称为名称混淆）：将其重命名为_<类名>__<属性名>。在这里，属性__timeout 被重命名为_Connector__timeout，因此可像下面这样访问（并修改）它：

```
>>> vars(conn)
{'source': 'postgresql://localhost', '_Connector__timeout': 60}
>>> conn._Connector__timeout
60
>>> conn._Connector__timeout = 30
>>> conn.connect()
connecting with 30s
```

请注意前面说的副作用：这个属性还存在，只是名称不同，因此前面试图访问它时引发了异常 AttributeError。

Python 使用双下划线根本不是为了隐藏，而是为了覆盖将被扩展多次的方法，以消除方法名发生冲突的风险。这种理由过于牵强，不足以证明值得使用这样的机制。

使用双下划线开头并非符合 Python 语言习惯的方法。要将属性定义为私有的，请用单下划线开头，并遵循 Python 约定，即这样的属性是私有的。

> 给属性命名时，不要以双下划线开头；同理，给方法命名时，不要以双下划线开头和结尾。

下面我们来探索相反的情况，即需要访问对象的公有属性时。对于这种属性，我们通常使用特性来定义它，2.4.2 小节将探讨这一点。

2.4.2　特性

在面向对象设计中，通常创建对象来表示域问题中实体的抽象。从这种意义上说，对象可封装行为和数据。通常情况下，数据的准确性决定了对象能否创建，也就是说，有些实体只能为某些数据值而存在，因此不应该允许存在不正确的值。

为此，我们创建验证方法，这种方法通常用于 setter 操作中。在 Python，有时可以通过使用特性更紧凑地封装这些 setter 和 getter 方法。

让我们来看一个需要处理坐标的地理系统。对于表示坐标的经度和纬度，其取值必须在特定范围内才有意义，超出这个范围时，相应的坐标根本就不存在。可创建一个对象来表示坐标，但这样做时，必须确保经度和纬度的值在可接受的范围内，为此可使用特性：

```python
class Coordinate:
    def __init__(self, lat: float, long: float) -> None:
        self._latitude = self._longitude = None
```

```
        self.latitude = lat
        self.longitude = long

    @property
    def latitude(self) -> float:
        return self._latitude

    @latitude.setter
    def latitude(self, lat_value: float) -> None:
        if lat_value not in range(-90, 90 + 1):
            raise ValueError(f"{lat_value} is an invalid value for latitude")
        self._latitude = lat_value

    @property
    def longitude(self) -> float:
        return self._longitude

    @longitude.setter
    def longitude(self, long_value: float) -> None:
        if long_value not in range(-180, 180 + 1):
            raise ValueError(f"{long_value} is an invalid value for longitude")
        self._longitude = long_value
```

这里使用了特性来定义经度和纬度。通过这样做，确保检索这些属性的值时，将返回存储在私有变量中的内部值。更重要的是，当用户以下面的方式试图修改这些属性的值时：

```
coordinate.latitude = <new-latitude-value> # similar for longitude
```

都将自动（而透明地）调用使用装饰器@latitude.setter 声明的验证方法，并将语句右边的值（<new-latitude-value>）作为参数（在上面的代码中，为参数 lat_value）传递给它。

> 不要为对象的所有属性都编写自定义方法 get_*和 set_*。在大多数情况下，让属性为常规属性足够了。仅在需要修改检索或修改属性时的逻辑时，才使用特性。

我们已经见过了对象需要保存值的情形，还知道特性如何帮助我们以一致而透明的方式管理对象的内部数据，但在有些情况下，还需根据对象的状态和内部数据做些计算。为此，使用特性大都是不错的选择。

例如，如果有一个对象，需要以特定的格式或数据类型返回值，可使用特性来执行这种计算。在前面的示例中，如果我们决定以精确到小数点后 4 位的方式返回坐标（而不管提供的原始数字有多少位小数），可在读取这个值的@property 方法中执行这种舍入计算。

你可能发现，使用特性是一种实现命令和查询分离（CC08）的不错方式。命令和查询分离原则指出，对象的方法要么回答问题，要么执行任务，而不能同时承担这两项职责。如果方法在执行任务的同时返回一个状态，以回答有关操作执行情况的问题，它便承担了多项职责，这显然违背了函数应该做一件事情且只做一件事情的原则。

根据这个方法的名称，这还可能带来其他疑惑，让阅读者更难明白代码的意图。例如，如果一个方法名为 set_email，那么代码 self.set_email("a@j. com"): …是在做什么呢？将电子邮件设置为 a@j.com？检查电子邮件是否已被设置为 a@j.com？还是兼而有之（设置并检查状态是否正确）？

我们可以使用特性来避免这样的疑惑。装饰器@property 是回答问题的查询，而@<property_name>.setter 是执行操作的命令。

这个示例引出了另一条良好的建议，那就是在方法中不要做多件事情。需要赋值并检查这个值时，请将这两项操作放在两条或多条语句中。

这是什么意思呢？意思就是在刚才的示例中，应使用一个 setter 或 getter 方法来设置用户的电子邮件，并使用另一个特性来检查电子邮件。这是因为查询对象的当前状态时，通常应在不带来任何副作用的情况下返回该状态（不修改其内部表示）。对于这条规则，我们能想到的唯一例外可能是延迟特性（lazy property）：只想预先计算一次，然后每次都使用计算得到的值。在其他所有情形下，都应尽可能让特性是幂等的（idempotent），同时允许一些方法修改对象的内部表示，但不要兼而有之。

> 每个方法都应只做一件事。如果你需要执行操作并检查状态，请使用不同的方法来分别执行这两项任务，并在不同的语句中调用这两个方法。

2.4.3　使用更紧凑的语法创建类

让我们继续在有些情况下对象需要保存值的问题。在初始化对象方面，Python 提供了通用模板，这是在方法__init__中声明的。这个方法通常以下面的形式指出对象的所有属性并将属性设置为内部变量：

```
def __init__(self, x, y, … ):
    self.x = x
    self.y = y
```

从 Python 3.7 开始，你可以使用模块 dataclasses 来简化这种操作。这个模块是 PEP-557 引入的，在第 1 章介绍代码注解时用过，这里我们简要介绍一下如何用它来让代码更紧凑。

这个模块提供了装饰器@dataclass。被应用于类时，这个装饰器将把所有带注解的类属性视为实例属性，就像在初始化方法中声明了它们一样。使用这个装饰器时，将自动为类生成方法__init__，因此我们无须这样做。

这个模块还提供了 field 对象，可帮助我们指定某些属性的特征。例如，如果一个属性必须是可变的（如列表），你将在 2.5 节看到，不能给方法__init__传递默认的空列表，而必须传递 None，并在__init__中检查传入的参数是否为 None，如果是，就将属性设置为默认空列表。

使用 field 对象时，可使用参数 default_factory，并向它提供类 list。对于用于构建对象的可调用对象，如果它不接收任何参数，同时没有给它提供属性值，将使用参数 default_factory。

既然不需要实现方法__init__，在需要执行验证时该如何办呢？存在从其他属性计算或派生属性时，又该如何办呢？为解决第二个问题，我们可以像 2.4.2 小节探索的那样使用特性。至于第一个问题，数据类允许你定义方法__post_init__，这个方法会被__init__自动调用，因此非常适合在这里编写后初始化逻辑。

为实际使用这些知识，我们来看一个 *R*-Trie 数据结构节点建模示例（这里的 *R* 表示 radix，这意味着这种数据结构是一种基于基数 *R* 的索引树）。这种数据结构的详情及相关联的算法不在本书的探讨范围内，但为帮助你理解这个示例，这里需要指出的是，这是一种设计用于查询文本或字符串（如根据前缀找到类似或相关的单词）的数据结构。在最简单的情况下，这种数据结构包含一个值（如字符的整数表示）以及一个指向后续 *R* 个节点的数组（与链表和树一样，*R*-Trie 也是一种递归数据结构）。在这个数组中，每个元素都隐式地定义了一个指向下一个节点的引用。例如，如果 0 被映射到字符 a，则如果在下一个节点的索引 0 处包含的值不为 None，就意味着有指向 a 的引用，因此指向的是另一个 *R*-Trie 节点。

图 2.1 展示了这种数据结构。

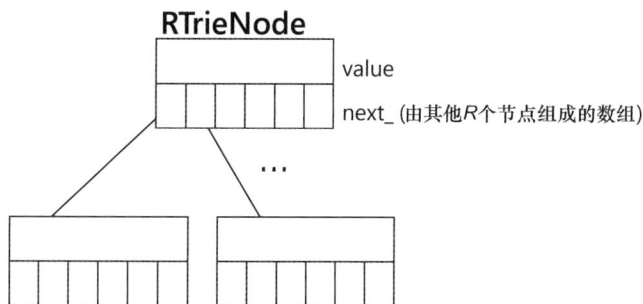

图 2.1 *R*-Trie 节点的结构

我们可编写类似于下面的代码来表示它。在这些代码中，属性名 next_ 的末尾有一个下划线，这旨在将其与内置函数 next 区分开来。就这里而言，即便不添加下划线，也不会发生冲突，但如果以后需要在 RTrieNode 类中使用函数 next()，就会有麻烦（而且通常是难以捕获的微妙错误）：

```python
from typing import List
from dataclasses import dataclass, field


R = 26


@dataclass
class RTrieNode:
    size = R
    value: int
    next_: List["RTrieNode"] = field(
        default_factory=lambda: [None] * R)

    def __post_init__(self):
        if len(self.next_) != self.size:
            raise ValueError(f"Invalid length provided for next list")
```

上面的示例使用了多种不同的组合。首先，我们定义了一个 R 为 26 的 R-Trie，用于表示英语字母表中的字符（这对于理解代码本身不重要，但提供了更多的背景信息）。如果要存储一个单词，就从第一个字母开始，为该单词的每个字母创建一个节点。如果有到下一个字符的链接，就将其存储到数组 next_ 中相应的位置，以此类推。

注意，在这个类中，第一个属性为 size。这个属性没有注解，因此是常规的类属性，由所有节点对象共享，而不是特定对象专有的。对于这个属性，也可使用设置 field(init=False) 来定义，但当前的形势更紧凑。然而，如果要对属性进行注解，同时又不希望它包含在 __init__ 中，则只能使用语法 field(init=False)。

接下来是另外两个属性，它们都带注解，但考虑的方面不同。其中第一个属性（value）是一个整数，但没有默认参数，因此创建新节点时，必须通过第一个参数给这个属性提供值。第二个属性是可变的（是一个列表），它有参数 default_factory，该参数被设置为一个 lambda 函数，而这个函数创建长度为 R 的列表，并将每个列表元素都设置为 None。请注意，如果我们使用 field(default_ factory=list)，也将为每个新建的对象创建一个新列表，但将无法控制列表的长度。最后，我们要进行验证，确保在创建的节点中，节点列表的长度是正确的，因此在方法 __post_init__ 中执行这种验证。在初始化阶段，如果创建的列表长度不正确，将引发异常 ValueError，从而阻止创建这类列表的任何尝试。

> 数据类提供了更紧凑的类编写方式，而无须在方法__init__中设置所有同名变量的模板。

如果对象无须对数据做复杂的验证或变换，可考虑使用这种创建类的方法。最后需要牢记的一点是，注解很好，但不执行数据转换。这意味着如果将属性声明为 float 或 integer，就必须在方法__init__中执行相关的转换。以数据类的方式编写类时，不会执行这样的转换，因此可能隐藏微妙的错误。数据类适用于验证不严格且自动类型转换可行的情形。例如，完全可以定义从多种其他类型创建的对象，如从数字字符串转换为浮点数（毕竟这利用了 Python 的动态类型特性），条件是在方法__init__中正确地转换为所需的数据类型。

在所有需要将对象用作数据容器的情形（即使用命名元组或简单命名空间的情形）下，可能都非常适合使用数据类。在评估代码选项时，可考虑使用数据类来代替命名元组或命名空间。

2.4.4　可迭代对象

Python 中有默认可迭代的对象，例如，列表、元组、集合和字典不仅能够以所需的结构存储数据，还可使用 for 循环对其进行迭代以反复获取其中的值。

然而，在 for 循环中，并非只能使用内置的可迭代对象。我们还可以通过定义迭代逻辑来创建自定义的可迭代对象。

为此，也需要依赖于魔法方法。

在 Python 中，迭代是按照自己的协议（即迭代器协议）工作的。当你以 for e in myobject:…的形式迭代对象时，Python 将按下面的顺序执行两项粗略的检查。

● 当前对象是否包含迭代器方法__next__或__iter__。
● 当前对象是否是序列，包含方法__len__和__getitem__。

作为一种回调机制，序列是可迭代的，因此有两种自定义对象使其能够用于 for 循环中的方式。

1. 创建可迭代对象

当我们试图迭代对象时，Python 对其调用函数 iter()。这个函数首先做的事情之一是，检查该对象是否有方法 __iter__，如果有，就执行它。

下面的代码创建一个对象，让你能够对一个日期区间进行迭代，在每次循环中生成其中的一天：

```
from datetime import timedelta

class DateRangeIterable:
    """An iterable that contains its own iterator object."""

    def __init__(self, start_date, end_date):
        self.start_date = start_date
        self.end_date = end_date
        self._present_day = start_date

    def __iter__(self):
        return self

    def __next__(self):
        if self._present_day >= self.end_date:
            raise StopIteration()
        today = self._present_day
        self._present_day += timedelta(days=1)
        return today
```

这种对象被设计成使用一对日期来创建，被迭代时，它将生成指定日期区间中的每一天，如下面的代码所示：

```
>>> from datetime import date
>>> for day in DateRangeIterable(date(2018, 1, 1), date(2018, 1, 5)):
...     print(day)
...
2018-01-01
2018-01-02
2018-01-03
2018-01-04
>>>
```

其中的 for 循环开启对对象的新迭代。此时，Python 将对对象调用函数 iter()，而函数 iter() 将转而调用魔法方法 __iter__。这个方法被定义为返回 self，这表明这个对象本身是可迭代对象，因此在循环的每次迭代中，都将对对象调用函数 next()，而函数 next() 将任务委托给方法 __next__。在这个方法中，我们决定如何生成元素并每次返回一个。返回所有的元素后，我们通过引发 StopIteration 异常将这一点告诉 Python。

这意味着实际发生的情况类似于 Python 不断对对象调用 next()，直到出现 StopIteration 异常，此时 Python 便知道必须结束 for 循环了：

```
>>> r = DateRangeIterable(date(2018, 1, 1), date(2018, 1, 5))
>>> next(r)
```

```
datetime.date(2018, 1, 1)
>>> next(r)
datetime.date(2018, 1, 2)
>>> next(r)
datetime.date(2018, 1, 3)
>>> next(r)
datetime.date(2018, 1, 4)
>>> next(r)
Traceback (most recent call last):
  File "<stdin>", line 1, in <module>
  File ... __next__
    raise StopIteration
StopIteration
>>>
```

这个示例可行，但存在一个小问题：一旦耗尽，可迭代对象将始终为空，进而引发 StopIteration 异常。这意味着如果在多个连续的 for 循环中这样做，将只有第一个循环管用，而在后面的循环中，可迭代对象将是空的：

```
>>> r1 = DateRangeIterable(date(2018, 1, 1), date(2018, 1, 5))
>>> ", ".join(map(str, r1))

'2018-01-01, 2018-01-02, 2018-01-03, 2018-01-04'
>>> max(r1)
Traceback (most recent call last):
  File "<stdin>", line 1, in <module>
ValueError: max() arg is an empty sequence
>>>
```

这是迭代协议的工作方式导致的：可迭代对象创建一个迭代器，然后对这个迭代器进行迭代。在这个示例中，__iter__ 只是返回 self，但我们可以让它在每次被调用时都创建一个新的迭代器。为修复这种问题，一种方法是新建 DateRangeIterable 实例，这种解决方案不完美，但可让__iter__ 使用每次都会创建的生成器（生成器属于迭代器对象）：

```
class DateRangeContainerIterable:
    def __init__(self, start_date, end_date):
        self.start_date = start_date
        self.end_date = end_date


    def __iter__(self):
        current_day = self.start_date
        while current_day < self.end_date:
            yield current_day
            current_day += timedelta(days=1)
```

这次可行了：

```
>>> r1 = DateRangeContainerIterable(date(2018, 1, 1), date(2018, 1, 5))
>>> ", ".join(map(str, r1))
'2018-01-01, 2018-01-02, 2018-01-03, 2018-01-04'
>>> max(r1)
datetime.date(2018, 1, 4)
>>>
```

差别在于，在 for 循环的每次迭代中，都将再次调用__iter__，而每次调用__iter__时，都将再次创建生成器。

这被称为容器可迭代对象（container iterable）。

> 一般而言，处理生成器时，使用容器可迭代对象是个不错的主意。

有关生成器的详情，将在第 7 章介绍。

2．创建序列

对象可能没有定义方法__iter__，但我们依然希望能够对其进行迭代。如果对象没有定义__iter__，函数将检查是否有__getitem__，如果没有，将引发 TypeError 异常。

序列是实现了__len__和__getitem__的对象，并希望能够从索引零开始，按顺序以每次一个的方式获取其包含的元素。这意味着你必须注意逻辑，以正确地实现__getitem__，使其能够接收这种索引，否则将无法迭代。

前面的示例具有占用内存少的优点，这意味着每次只存储一个日期，并知道如何逐个地生成日期。然而，这个示例也有缺点，那就是要获取第 n 个元素时，除了迭代 n 次，直到到达这个元素外别无他法。这是计算机科学中典型的在内存和 CPU 使用情况之间折中的问题。

使用可迭代对象的实现占用的内存少，但获取一个元素的时间为 $O(n)$，而使用序列的实现占用的内存多（因为必须同时存储所有的元素），但支持使用索引，因此获取元素的时间是固定的，为 $O(1)$。

上述表示法（如 $O(n)$）被称为渐近表示法（或大 O 表示法），描述了算法的复杂度。简单地说，它使用以输入规模（n）为因变量的函数指出了算法需要执行的操作数。有关这种表示法的更详细信息，请参阅本章末尾列出的文献 ALGO01，该文献详细地介绍了渐近表示法。

使用序列的实现可能类似于下面这样：

```
class DateRangeSequence:
    def __init__(self, start_date, end_date):
        self.start_date = start_date
        self.end_date = end_date
        self._range = self._create_range()

    def _create_range(self):
        days = []
        current_day = self.start_date
        while current_day < self.end_date:
            days.append(current_day)
            current_day += timedelta(days=1)
        return days

    def __getitem__(self, day_no):
        return self._range[day_no]

    def __len__(self):
        return len(self._range)
```

这个对象的行为如下：

```
>>> s1 = DateRangeSequence(date(2018, 1, 1), date(2018, 1, 5))
>>> for day in s1:
...     print(day)
...
2018-01-01
2018-01-02
2018-01-03
2018-01-04
>>> s1[0]
datetime.date(2018, 1, 1)
>>> s1[3]
datetime.date(2018, 1, 4)
>>> s1[-1]
datetime.date(2018, 1, 4)
```

从上面的代码可知，使用负索引也可行，这是因为对象 DateRangeSequence 将所有操作都委托给了它包装的对象（一个列表），这是确保兼容性和行为一致的最佳方式。

> 决定使用这两种可能的实现中的哪种，请在内存和CPU使用情况之间权衡。一般而言，使用迭代的实现更佳（使用生成器时更是如此），但请记住需求随情况而异。

2.4.5　容器对象

容器是实现了方法 __contains__ 的对象。方法 __contains__ 通常返回一个布尔值，并在出现了 Python 关键字 in 时被调用。例如，对于下面的代码：

```
element in container
```

在 Python 中使用时是下面这样：

```
container.__contains__(element)
```

可以想见，在正确地实现了这个方法的情况下，代码的可读性将强得多，也更符合 Python 语言习惯。

假设要在使用二维坐标的游戏地图上标出一些点，为此可能使用类似于下面的函数：

```
def mark_coordinate(grid, coord):
    if 0 <= coord.x < grid.width and 0 <= coord.y < grid.height:
        grid[coord] = MARKED
```

在上面的代码中，if 语句中的条件检查看起来有点复杂，没有揭示代码的意图，表达力不强，最糟糕的是会导致代码重复问题（在每个需要检查边界的地方，都必须重复这条 if 语句）。

如果地图本身（在代码中名为 grid）能够回答这个问题，结果将如何呢？更有甚者，如果地图能够将这项任务委托给更小（内聚性更强）的对象，结果又将如何呢？

通过结合使用面向对象的设计和魔法方法，可以更优雅地解决这个问题。在这个示例中，可新建一个表示网格边界的新抽象，这个抽象本身可作为一个对象，如图 2.2 所示。

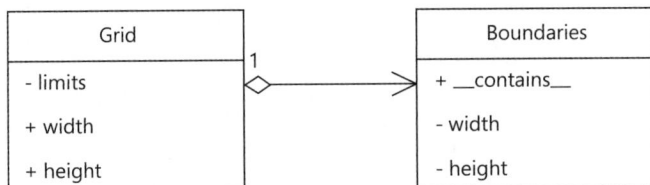

图 2.2　一个使用组合、将职责分配给不同的类并使用容器魔法方法的示例

顺便说一句，一般而言，类名为名词，且通常为单数。因此，你可能感到奇怪，上图中怎么使用了类名 Boundaries 呢？但只要想一想就会明白，在这里将表示网格边界的类命名为 Boundaries 是合理的，考虑到其用途（这里使用它来检查特定的坐标是否在边界内）就更是如此了。

使用这种设计后，可询问地图是否包含特定的坐标，而地图知道有关其边界的信息，并将查询转交给其内部协调器：

```
class Boundaries:
    def __init__(self, width, height):
        self.width = width
        self.height = height
```

```
    def __contains__(self, coord):
        x, y = coord
        return 0 <= x < self.width and 0 <= y < self.height


class Grid:
    def __init__(self, width, height):
        self.width = width
        self.height = height
        self.limits = Boundaries(width, height)

    def __contains__(self, coord):
        return coord in self.limits
```

这个实现要好得多。首先，它使用了简单的组合，并使用委托来解决问题。其中的两个对象都是内聚的，包含的逻辑最少；方法很简短，其中的逻辑不言自明：coord in self.limits 非常明确地指出要解决的问题，揭示了代码的意图。

即便是从外面看，也能感受到这种实现的好处——就像是 Python 替我们解决了问题一样：

```
def mark_coordinate(grid, coord):
    if coord in grid:
        grid[coord] = MARKED
```

2.4.6 对象的动态属性

通过魔法方法__getattr__可控制获取对象属性的方式。遇到类似于<myobject>.<myattribute>这样的代码时，Python 将对指定对象调用__getattribute__，从而在对象的字典中查找属性<myattribute>。如果没有找到（即对象没有要查找的属性），就调用方法__getattr__，并将属性名（myattribute）作为参数传递给它。

通过接收这个值，我们可以控制返回的值，甚至可以创建新属性等。

下面的代码演示了方法__getattr__：

```
class DynamicAttributes:

    def __init__(self, attribute):
        self.attribute = attribute

    def __getattr__(self, attr):
        if attr.startswith("fallback_"):
            name = attr.replace("fallback_", "")
            return f"[fallback resolved] {name}"
```

```
        raise AttributeError(
            f"{self.__class__.__name__} has no attribute {attr}"
        )
```

下面是对这个类对象的一些调用：

```
>>> dyn = DynamicAttributes("value")
>>> dyn.attribute
'value'

>>> dyn.fallback_test
'[fallback resolved] test'

>>> dyn.__dict__["fallback_new"] = "new value"
>>> dyn.fallback_new
'new value'

>>> getattr(dyn, "something", "default")
'default'
```

第一个调用很简单：我们只是请求对象已有的一个属性，结果为该属性的值。在第二个调用中，方法__getattr__发挥了作用，这是因为对象没有属性 fallback_test，因此调用方法__getattr__，并将 fallback_test 传递给它。这个方法包含返回一个字符串的代码，因此我们获得的是这种变换的结果。

第三个调用很有趣，它创建了一个名为 fallback_new 的新属性（实际上，这个调用与 dyn. fallback_new = "new value"等效），因此请求该属性时，注意到__getattr__中的逻辑并未发挥作用，因为根本就没有调用这个方法。

现在来看最后一个调用，它很有趣。有一个微妙的细节带来了翻天覆地的变化。请再看一眼方法__getattr__的代码，注意到在收到的值检索不到时，将引发异常 AttributeError。这不仅是为了保持一致性（以及显示异常中的消息），而且是内置函数 getattr()的要求。如果引发的是其他异常，将不会返回值默认值。

> 实现类似于__getattr__这样的动态方法时要小心，并谨慎地使用它们。实现__getattr__时，务必引发异常 AttributeError。

在很多情况下，魔法方法__getattr__都很有用。可使用它来创建另一个对象的代理，例如，通过组合创建对象包装器时，如果要将大部分方法都委托给被包装的对象，而不是复制并定义所有这些方法，可以实现__getattr__，使其调用被包装的对象的同名方法。

另一个使用场景是需要动态计算的属性时。作者以前通过 Graphene 库使用 GraphQL 开发的一个项目中这样做过。这个库的工作方式是使用解析器（resolver）方法。基本上，属性 X 被请求时，都会调用方法 resolve_X。由于有相关的域对象，能够解析 Graphene 对象所属类的每个属性 X，因此实现了__getattr__，它知道到哪里去获取每个属性，这样就无须编写大量的模板代码了。

在使用魔法方法__getattr__能够避免大量重复代码和模板时，就使用它，但不要滥用，因为它会导致代码更难理解。请记住，没有显式声明而只是动态出现的属性会导致代码更难理解。决定是否使用这个方法时，务必在代码的紧凑性和可维护性之间权衡。

2.4.7 可调用对象

定义可以充当函数的对象是可能的，而且通常很方便。可调用对象的常见用途之一是创建更好的装饰器，但并非仅限于此。

当你像调用常规函数那样执行对象时，将调用其魔法方法__call__，同时传递的每个参数都将传递给方法__call__。

像这样通过对象实现函数的优点在于对象具有状态，因此在调用之间保存和维护信息。这意味着如果需要在调用之间维持内部状态，那么使用可调用对象可能是一种更方便的函数实现方式，例如，使用这种方式可实现有记忆（或内部缓存）的函数。

在 Python 中，如果存在对象 object，语句 object(*args, **kwargs)将被转换为 object.__Call__(*args, **kwargs)。

想要创建像参数化函数一样工作的可调用对象或有记忆的函数时，这个方法很有用。

下面的代码使用这个方法创建了一个对象，当用户调用这个对象并提供一个参数时，将返回使用该参数值调用了这个对象多少次：

```python
from collections import defaultdict

class CallCount:

    def __init__(self):
        self._counts = defaultdict(int)

    def __call__(self, argument):
        self._counts[argument] += 1
        return self._counts[argument]
```

下面是这个类的一些使用示例：

```
>>> cc = CallCount()
>>> cc(1)
1
>>> cc(2)
```

```
1
>>> cc(1)
2
>>> cc(1)
3
>>> cc("something")
1
>>> callable(cc)
    True
```

在本书后面，你将看到创建装饰器时，这个方法提供了极大的便利。

2.4.8　魔法方法小结

这里以备忘单的方式总结一下前几节介绍的概念，如表 2.1 所示。对于 Python 中的每种操作，都列出了它涉及的魔法方法和概念。

表 2.1　Python 中的魔法方法及其行为

语句	魔法方法	行为
obj[key] obj[i:j] obj[i:j:k]	__getitem__(key)	可订阅的对象
with obj: …	__enter__ / __exit__	上下文管理器
for i in obj: ...	__iter__ / __next__ __len__ / __getitem__	可迭代对象 序列
obj.<attribute>	__getattr__	动态地检索属性
obj(*args,**kwargs)	__call__(*args, **kwargs)	可调用的对象

要正确地实现这些方法（以及确定需要实现哪些方法），最佳的方式是在模块 collections.abc 中定义抽象基类之后声明我们的类来实现相应的类。这些接口提供了需要实现的方法，让你能够更容易正确地定义类，它们还会负责正确地创建类型（对自定义对象调用函数 isinstance()时，这很管用）。

前面介绍了 Python 中语法独特的主要特性，学习这些特性（上下文管理器、可调用对象、创建自定义序列等）后，你便能够在编写代码时充分利用 Python 保留关键字了，例如，可在 with 语句中使用自定义上下文管理器，将 in 运算符用于自定义容器。

经过一段时间的实践后，你将能够更熟练地使用这些 Python 特性，最后仅凭感觉就能编写出接口小巧而良好的抽象。时间足够长后，将出现相反的效果：你将在 Python 的驱使下去编程，即你会自然而然地考虑让程序的接口小巧而整洁，这样即便使用其他语言创建软件时，你也会力图去使用这些概念。例如，使用 Java、C 乃至 Bash 编程时，你也可能注意到上下文管理器有用武之地的场景。即便使用的语言没有提供现成的上下文管理器支持，你也可能编写自定义抽象来提供类似的保证。这是天大的好事，意味着这些卓越的概念已脱离具体的语言并进入了你的内心，而你能够得心应手地将其应用于不同的场景中。

所有编程语言都有其注意事项，Python 也不例外。为让你对 Python 有更全面的认识，2.5 节将简要地介绍注意事项。

2.5 Python 注意事项

要编写符合语言习惯的代码，不仅要明白语言的主要特性，还需知道一些惯用法的潜在问题以及如何避免它们。本节探讨一些常见问题，如果这些问题让你措手不及，可能会导致调试时间延长。

本章讨论的大多数要点都是要完全避免的，可以肯定地说，在几乎任何场景中，都不应存在反模式（这里是反惯用法）。因此，如果你在代码库中发现这里指出的问题，请按建议的方式进行重构。如果你在代码审核过程中发现这些问题，就意味着需要对代码进行修改。

2.5.1 可变的默认参数

简单地说，不要将可变对象用作函数的默认参数，否则结果将出乎意料。

请看下面这个错误的函数定义：

```python
def wrong_user_display(user_metadata: dict = {"name": "John", "age": 30}):
    name = user_metadata.pop("name")

    age = user_metadata.pop("age")

    return f"{name} ({age})"
```

实际上，这里存在两个问题，除可变的默认参数外，函数体还修改了一个可变对象，带来了副作用。但主要问题是参数 user_metadata 的默认值。

实际上，仅在第一次没有指定参数的情况下调用时，这个函数才能正确地运行。第二次这样做（调用时没有显式地给 user_metadata 传递值时），将引发 KeyError 异常，如下所示：

```python
>>> wrong_user_display()
'John (30)'
>>> wrong_user_display({"name": "Jane", "age": 25})
'Jane (25)'
>>> wrong_user_display()
Traceback (most recent call last):
```

```
   File "<stdin>", line 1, in <module>
   File ... in wrong_user_display
     name = user_metadata.pop("name")
KeyError: 'name'
```

原因很简单：在函数定义中，通过将包含默认数据的字典赋给参数 user_metadata，因这个字典实际上只被创建一次，而变量 user_metadata 将指向它。Python 解释器分析这些代码时，发现这个函数的签名中有一条语句，它创建一个字典并将其赋给参数 user_metadata。因此，这个字典只会被创建一次，它在程序的整个生命周期内都相同。

然后，函数体修改了这个字典，而只要程序还在运行，这个字典都将驻留在内存中。当我们给参数 user_metadata 传递了值时，这个值将替换前面创建的默认参数值。再次调用这个函数且没有给参数 user_metadata 指定值时，由于前一次运行时修改了默认参数值——删除了所有的键，因此默认参数值不再包含任何键。

这个问题很容易修复，只需将参数默认值设置为 None，并在函数体中重新设置参数的默认值即可。由于每个函数都有自己的作用域和生命周期，因此每当 user_metadata 为 None 时，都将把它重新设置为前述默认字典：

```
def user_display(user_metadata: dict = None):
    user_metadata = user_metadata or {"name": "John", "age": 30}

    name = user_metadata.pop("name")

    age = user_metadata.pop("age")

    return f"{name} ({age})"
```

结束本节之前，我们来介绍一下扩展内置类型时的注意事项。

2.5.2 扩展内置类型

扩展列表、字符串和字典等内置类型的正确方式是通过模块 collections。

例如，如果你创建的类直接扩展 dict，结果可能出乎意料，原因是在 CPython（一种 C 优化）中，类的方法不（也不应该）彼此调用，因此如果你覆盖其中一个方法，其他方法不会将这一点反映出来，导致结果出乎意料。例如，你可能覆盖__getitem__，但当你使用 for 循环迭代对象时，你在这个方法中定义的逻辑并没有发挥作用。

通过使用 collections.UserDict，可解决上述所有问题，它给实际字典提供了透明的接口，因此更健壮。

假设我们要创建一个最初由数字创建的列表来将值转换为字符串并添加前缀。下面的方法看起来解决了这个问题，但实际上是错误的：

```
class BadList(list):
    def __getitem__(self, index):
        value = super().__getitem__(index)
        if index % 2 == 0:
            prefix = "even"
        else:
            prefix = "odd"
        return f"[{prefix}] {value}"
```

乍一看，这个对象的行为与期望的一致，但如果尝试迭代它（它毕竟是个列表），将发现结果并非我们想要的：

```
>>> bl = BadList((0, 1, 2, 3, 4, 5))
>>> bl[0]
'[even] 0'
>>> bl[1]
'[odd] 1'
>>> "".join(bl)
Traceback (most recent call last):
...
TypeError: sequence item 0: expected str instance, int found
```

函数 join 试图迭代这个列表（对其运行 for 循环），但期望返回的值为字符串。我们以为这没问题，因为我们修改了方法__getitem__，使其总是返回一个字符串。但从结果可知，根本没有调用我们修改后的__getitem__版本。

这个问题实际上是 CPython 的一个实现细节导致的，在诸如 PyPy 等平台中不会出现（有关 PyPy 和 CPython 的差异，请参阅本章末尾列出的参考资料）。

尽管如此，我们编写的代码应该是可移植的，并与所有实现都兼容，所以我们将扩展 UserList（而不是 list），以修复这种问题：

```
from collections import UserList


class GoodList(UserList):
    def __getitem__(self, index):
        value = super().__getitem__(index)
        if index % 2 == 0:
            prefix = "even"
        else:
            prefix = "odd"
        return f"[{prefix}] {value}"
```

现在情况看起来好多了：

```
>>> gl = GoodList((0, 1, 2))
>>> gl[0]
```

```
'[even] 0'
>>> gl[1]
'[odd] 1'
>>> "; ".join(gl)
'[even] 0; [odd] 1; [even] 2'
```

至此，你熟悉了所有主要的 Python 概念，同时不但知道如何编写符合 Python 语言习惯的代码，还知道如何避开一些陷阱。2.6 节是一些补充材料。

结束本章前，要简要地介绍一下异步编程，虽然它严格地说与整洁代码没有关系，但异步代码日益流行，同时要高效地处理代码，必须能够阅读并明白它，因此能够读懂异步代码很重要。

> 不要直接扩展 dict，而应使用 collections.UserDict。自定义列表时，请使用 collections.UserList，自定义字符串时，请使用 collections.UserString。

2.6　异步代码简介

异步编程与整洁代码没有关系，因此本节介绍的 Python 特性并不能让代码库更易于维护。本节简要地介绍 Python 中使用协程的语法，因为它对读者来说可能有用，同时本书后面可能出现与协程相关的示例。

异步编程背后的理念是，让代码的某些部分能够挂起，以便其他部分能够运行。通常，执行 I/O 操作时，很可能想让代码在此期间继续运行，以便将 CPU 用于执行其他任务。

这改变了编程模型。不再同步地调用，我们将以一种由事件循环调用的方式编写代码，事件循环负责调度在相同的进程和线程中同时运行所有的协程。

因此，我们创建一系列协程，它们将被添加到事件循环中。事件循环启动时，将挑选一些协程，并通过调度让它们运行。协程需要执行 I/O 操作时，可触发这种操作并通知事件循环，而事件循环将重新控制该协程，并在 I/O 操作期间调度另一个协程。在某个时点，事件循环将让前述协程从停止的地方重新开始执行。请记住，异步编程的优点在于不会因为 I/O 操作而阻断，这意味着在执行 I/O 操作期间，可跳到代码的其他地方执行并在合适的时候回来，但这并不意味着有多个进程在同时运行。执行模型还是单线程的。

为了实现 Python 异步编程，曾经（现在仍然）有限多可使用的框架。但在较老的 Python 版本中，没有专门的异步编程语法，因此框架的工作方式有点复杂，或者说不是一眼就能看明白的。从 Python 3.5 开始，引入了专门的协程声明语法，这改变了编写 Python

异步代码的方式。在 Python 3.5 推出稍前一点时间，在标准库中引入了默认的事件循环模块 asyncio。这是 Python 发展历程中的两个里程碑，让异步编程简单得多了。

本节使用模块 asyncio 来进行异步处理，但并非只能使用它。你可以使用任何相关的库（除标准库外，还有很多其他的库，如 trio、curio 等）来编写异步代码。可将 Python 提供的协程编写语法视为 API，因此只要库遵循了这个 API 的规定，你就可以使用它，而无须改变声明协程的方式。

协程类似于函数，与异步编程存在语法上的不同，在定义协程时，需要在其名称前面加上 async def。在协程内部需要调用其他协程（可以是我们自己编写的，也可以是第三方库中定义的）时，通常需要在调用语句开头加上关键字 await。关键字 await 让事件循环重新获得控制权，因此事件循环将恢复执行，而协程将停止执行，等待非阻断操作执行完毕后继续；与此同时，将运行另一部分代码（事件循环将调用另一个协程）。在某个时点，事件循环将再次调用原来的协程，而该协程将从原来停止的地方（紧跟在 await 语句后面的那行）开始执行。

我们在代码中定义的典型协程的结构如下：

```
async def mycoro(*args, **kwargs):
    # … logic
    await third_party.coroutine(…)
    # … more of our logic
```

前面说过，有一种新的协程定义语法。这种语法的一个不同之处是，不同于常规函数，当我们调用使用这种语法定义的协程时，不会运行其中的代码，而将创建一个协程对象。这个对象将包含在事件循环中，而你必须在某个时候 await 它，否则其代码永远不会执行：

```
result = await mycoro(…)  # doing result = mycoro() would be erroneous
```

> 💡 别忘了 await 你定义的协程，否则其代码永远都不会执行。请注意 asyncio 发出的警告。

前面说过，Python 中有多个异步编程库，还有像前面定义的那样运行协程的事件循环。特别是，对于 asyncio，有一个运行协程直到它结束的内置函数：

```
import asyncio
asyncio.run(mycoro(…))
```

有关 Python 协程工作原理的详情不在本书的探讨范围内，但这里的简介可让读者对相关的语法更熟悉。也就是说，协程在技术上是建立在生成器的基础之上的，而生成器将在第 7 章详细介绍。

2.7　小结

本章探讨了 Python 的主要特性，旨在让你明白 Python 那些不同于其他语言的特性。在此过程中，还探讨了各种 Python 方法和协议以及它们的内部机制。

不同于第 1 章，本章更专注于 Python。本书的一个要点是，整洁代码远不止遵循格式设置规则这么简单，虽然这对优良代码库来说必不可少。这只是必要条件，而不是充分条件。在接下来的几章中，我们将介绍与代码关系紧密的理念和原则，让你能够改善软件解决方案的设计和实现。

本章探讨了 Python 的核心——其协议和魔法方法。现在你应该清楚地知道，要编写出符合 Python 语言习惯的代码，不仅要遵循格式设置约定，还要充分利用 Python 提供的所有特性。这意味着通过使用特定的魔法方法或上下文管理器，可编写出更容易维护的代码，而通过使用推导式和赋值表达式，可编写出更简洁的语句。

本章还介绍了异步编程，你现在应该能够熟练地阅读 Python 异步代码。这很重要，因为异步编程正日益流行，同时熟悉异步编程有助于理解本书后面将探讨的主题。

在第 3 章中，我们会把这些概念付诸应用，将通用的软件工程概念同 Python 实现它们的方式关联起来。

2.8　参考资料

在下面列出的参考资料中，可找到有关本章探讨的一些主题的更详细信息。与 Python 索引工作原理相关的决策是根据文献 EWD831 做出的，该文分析了数学和编程语言中的多种区间替代方案。

- EWD831：*Why numbering should start at zero*。
- PEP-343：*The "with" statement*。
- CC08：Robert C. Martin 的著作 *Clean Code: A Handbook of Agile Software Craftsmanship*。
- *The iter()function*。
- *Differences between PyPy and CPython*。
- *The Art of Enbugging*。
- ALGO01：Thomas H. Cormen、Charles E. Leiserson、Ronald L. Rivest 和 Clifford Stein 的著作 *Introduction to Algorithms* 第 3 版（MIT 出版社）。

第 3 章
优质代码的通用特征

本书的主题是使用 Python 开发软件，而优质软件源自优质设计。看到"整洁代码"的字样后，你可能认为本书只探索与软件实现细节相关的最佳实践，而不会涉及软件设计，但这种想法是错误的，因为代码和设计是一回事——代码即设计。

代码可能是最详尽的设计表示。前两章讨论了代码结构一致很重要的原因，并介绍了让代码紧凑、更符合 Python 语言习惯的惯用法。现在该让你明白整洁代码必须结构一致、紧凑且符合 Python 语言习惯，但又远不止如此，其终极目标是尽可能强大、缺陷尽可能少（或者说缺陷是易于发现的）。

在本章和第 4 章中，我们会从较高的抽象层次出发专注于设计原则，并阐述适用于 Python 的通用软件工程原则。

具体地说，本章将回顾各种确保软件设计优良的原则。要打造高质量的软件，必须围绕着这些原则进行，将其作为设计工具。但这并不意味着在任何情况下都要遵守所有的原则，实际上，有些原则代表的是不同的观点，如截然相反的契约式设计（Design by Contract，DbC）和防御式编程。根据具体情况，有些原则可能并不适用。

高质量代码是个多维度的概念，可像看待软件架构的质量属性一样看待这些维度。例如，我们希望软件安全、性能良好、可靠、易于维护等。

本章的学习目标如下。

- 明白强大软件背后的概念。
- 学习如何处理在应用程序工作流程中出现的错误数据。
- 设计易于维护且可根据新需求轻松地扩展的软件。
- 设计可重用的软件。
- 编写有效的代码，确保开发团队的高效率。

3.1　契约式设计

在我们正在开发的软件中，有些部分并非供用户直接调用的，而是供其他代码调用的。为分解职责而将应用程序划分得到的不同组件或分层就属于这种情况，因此必须考虑它们之间的交互。

我们必须在每个组件的后面封装某种功能，并向要使用该功能的客户端暴露一个接口，即应用程序编程接口（API）。我们为组件编写的函数、类或方法在特定的条件下以特定的方式工作，如果这些条件不满足，代码将崩溃。反之，调用代码的客户端期待特定的响应，如果函数不能提供这样的响应，就意味着存在缺陷。

换而言之，如果有一个函数，期望接收一系列类型为整数的参数，但调用它的函数传递的是字符串，这个函数显然不能像期望的那样工作，但它不应因为被错误地调用（客户端犯错了）而根本不运行。对于这种错误，不应沉默以对。

当然，设计 API 时，必须使用文档将预期的输入、输出和副作用记录下来，但文档无法决定软件在运行阶段的行为。因此，这些规则必须体现在设计中，这正是契约概念用武之地；这些规则指出了各个代码部分有什么样的期望（仅当满足这些期望时，代码部分才能正确地工作），还指出了调用者对这些代码部分的期望。

DbC 方法基于这样的理念：与其在代码中隐式地指出对各方的期望，不如双方达成契约，如果违反契约，将引发异常，明确地指出无法继续下去的原因。

在这里，契约是一种结构（construction），负责执行软件组件通信期间必须遵守的规则。契约规定的主要是前置条件和后置条件，但在有些情况下还描述了不变量（invariant）和副作用。

- 前置条件：这是代码运行前将执行的所有检查。函数往下执行前，将检查所有必须满足的条件；通常这是通过验证传入的参数提供的数据集实现的，但完全可以执行其他各种验证（如验证数据库中的集合、文件或之前是否调用了另一个方法），只要你认为这些验证的重要性盖过了其副作用。请注意，前置条件给调用者施加了约束。
- 后置条件：与前置条件相反，对后置条件的验证是在函数调用返回后进行的。执行后置条件验证旨在验证组件是否满足了调用者的期望。
- 不变量：这是可选的，但在函数的文档字符串中指出不变量是个不错的主意。所谓不变量，指的是在函数运行时保持不变的内容，用于验证函数的逻辑是否正确。

● 副作用：这是可选的。在文档字符串中，可指出代码的任何副作用。

从理论上说，上面 4 项都是软件组件契约的组成部分，应该记录在相关的文档中，但在代码层面，只执行前两项（前置条件和后置条件）。

为何要采用契约式设计方法呢？因为如果出现错误，必须易于找到（而通过确定前置条件和后置条件是否满足，可轻松地找到导致错误的罪魁祸首），以便快速修复。更重要的是，我们要避免代码的关键部分在错误的假设下执行。这有助于明确地界定职责和错误范围，而不是泛泛地说应用程序的这部分有问题。如果调用者代码提供了错误的参数，该修复什么地方呢？

前置条件与客户端相关联（客户端要运行代码的某个部分，必须满足前置条件），而后置条件与组件相关联，指的是客户端可验证和要求的保证。

这样，便可快速界定职责。如果前置条件不满足，我们就知道这是客户端缺陷导致的；如果后置条件不满足，我们就知道问题出在例程或类（提供者）本身。

对于前置条件，需要强调的是，可以在运行阶段检查它们，如果不满足，就根本不应运行被调用的代码，因为在前置条件不满足的情况下运行它们不但毫无意义，还可能让情况更糟。

3.1.1　前置条件

前置条件是函数或方法为正确工作而期望得到的保证，用通俗的编程语言说，这通常意味着提供格式正确的数据，如经过初始化的对象、非 Null 值等。对 Python 这种动态类型语言来说，这还意味着有时需要检查提供的数据的类型。这与 Mypy 等执行的类型检查不完全是一回事，而是检查提供的值是否是需要的。

在这些检查中，有些可使用第 1 章介绍的 Mypy 等静态分析工具提早完成，但这还不够，函数必须对其即将处理的信息进行合适的检查。

接下来的问题是，将验证逻辑放在什么地方呢？这取决于你要让客户端在调用函数前验证所有的数据，还是让函数在运行其逻辑前验证收到的所有信息。其中前者是一种宽松方法（因为函数本身允许向它传递任何数据，包括格式不正确的数据），而后者是一种苛刻方法。

在这里的 DbC 分析中，我们倾向于采取苛刻方法，因为从健壮性的角度看，这通常是安全的选择，而且通常是行业中常见的做法。

不管你决定采用哪种方法，都别忘了非冗余原则，该原则指出，对于函数的每个前置条件，都应只由契约双方的一方去检查，而不要双方都去检查。这意味着要么将验证逻辑放在客户端，要么将其留给函数本身，在任何情况下，都不要重复这种逻辑（这也与本章后面将介绍的 DRY 原则相关)。

3.1.2　后置条件

后置条件是契约的一部分，指定了方法或函数返回后的状态。

后置条件指定了在满足前置条件的情况下调用函数或方法后，必须具备的特性。

其思想是，后置条件用于检查和验证满足了客户端的所有期望。只要方法得以正确地执行且通过了后置条件验证，调用方法的客户端就能够使用返回的对象，而不会出现任何问题，因为完全履行了契约。

3.1.3　Python 契约

本书编写期间，PEP-316（*Programming by Contract for Python*）被推迟，但并不意味着不能在 Python 中实现契约，因为本章开头说过，这是一个通用的设计原则。

要实施契约，最佳的方式可能是在方法、函数和类中添加控制机制，并在控制机制失败时引发异常 RuntimeError 或 ValueError。该引发哪种类型的异常呢？没有通用的规则，因为这在很大程度上取决于应用程序的具体情况。刚才提到的异常是常见的异常类型，如果它们不能准确地说明问题，那么最佳的选择是创建自定义异常。

我们还想将代码尽可能隔离，即将验证前置条件的代码、验证后置条件的代码以及函数的核心代码分开。为此，可创建较小的函数，但在有些情况下，实现装饰器是一种有趣的替代方案。

3.1.4　契约式设计小结

这个设计原则的主要价值在于有效地识别问题出在什么地方。定义契约后，如果运行阶段出现问题，可清楚地知道问题出在哪部分代码以及哪部分代码违反了契约。

通过遵守这个原则，可让代码更健壮。每个组件都实施自己的约束并维护一些不变量，只要这些不变量保持不变，就证明程序是正确的。

契约还有助于更好地阐明程序的结构。契约不尝试执行临时验证，也不试图规避所有可能导致问题的场景，而只是明确地指出了每个函数和方法的期望（以便能够正确地工作）以及对每个函数和方法的期望。

遵守这些原则肯定会增加工作量，因为不仅要编写主应用程序的核心逻辑，还要编写契约。另外，还可能需要添加与契约相关的单元测试。然而，考虑到这种方法带来的质量提升，长期而言这样的付出是值得的，因此最好为应用程序的关键组件实现这个原则。

然而，要让这种方法有效，需要仔细想想要验证的方面，确认这些验证是有价值的。例如，定义只检查提供给函数参数的数据类型是否正确的契约意义不大。很多程序员可能会反驳说，这相当于力图让 Python 变成静态类型语言。但问题是，通过结合使用注解和 Mypy 等工具，可以更好地实现这个目标，并且更省力。因此，设计契约时，务必确保它有实际价值，例如，检查传递和返回的对象的属性、必须满足的条件等。

3.2　防御式编程

防御式编程采用的方法与 DbC 稍有不同，不是在契约中指定必须满足的条件，并在条件不满足时引发异常并使程序失败，而是让代码的各部分（对象、函数或方法）都能够保护自己免受无效输入的影响。

防御式编程是一种包含多个方面的方法，与其他设计原则结合起来使用时效果尤佳。防御式编程与 DbC 遵循的理念不同，但并不意味着它们是互斥的，而意味着它们可能是互补的。

防御式编程的主要理念是如何处理预期的错误以及如何处理绝不应该出现的错误，其中前者属于错误处理的范畴，而后者属于断言的范畴。这两个主题都将在本章后面探讨。

3.2.1　错误处理

在程序中，我们诉诸错误处理来应对预期容易导致错误的场景。数据输入通常就属于这样的场景。

错误处理旨在优雅地应对预期的错误，力图让程序继续执行或在错误无法处理时让程序失败。

处理程序中错误的方法有多种，但并非每种方法在任何情况下都是适用的。下面列出了一些错误处理方法。

- 值替换。
- 将错误写入日志。
- 异常处理。

接下来的两部分将专注于值替换和异常处理，因为这些错误处理方法提供了更有趣的分析。将错误写入日志是一种补充措施（这是一种很好的措施，在任何情况下都应将错误写入日志），但在大多数情况下，仅当没法采取其他措施时才写入日志，因此其他方法是更有趣的措施。

1. 值替换

在有些情况下，当出现错误并且存在软件可能生成错误值或完全失败的风险时，或许可以将结果替换为另一个更安全的值。我们称之为值替换，因为这实际上是将错误结果替换成了非破坏性值，这可以是默认值、著名常量、哨兵值或不影响结果的值（如在结果将用于计算总和时返回零）。

然而，值替换并非在任何情况下都可行。这种策略要慎用，仅在替换的值为安全选项时才采取这种策略。做出这方面的决策时，需要在健壮性和正确性之间进行权衡。如果软件程序即便在错误的场景中也不会失败，那么它就是健壮的，但健壮并不意味着正确。

对于有些类型的软件，这可能是不能接受的。如果应用程序很关键，或者处理的数据很敏感，值替换就不可行，因为我们无法承受向用户（或应用程序的其他部分）提供错误结果的后果。

在这种情况下，我们优先考虑正确性，而不让程序在获得错误结果的情况下继续运行。

一个稍有不同但更安全的值替换版本是，在未提供数据的情况下使用默认值。对于默认行为没有影响的代码部分，可采取这种措施，例如，对于没有设置的环境变量、配置文件中缺失的设置项或没有提供的函数参数，将其设置为默认值。

在 Python API 的各种方法中，充斥着支持这样做的例子，例如，字典有一个 get 方法，其第二个参数是可选的，让你能够指定默认值：

```
>>> configuration = {"dbport": 5432}
>>> configuration.get("dbhost", "localhost")

'localhost'
>>> configuration.get("dbport")
5432
```

环境变量有一个类似的 API：

```
>>> import os
>>> os.getenv("DBHOST")
'localhost'
>>> os.getenv("DPORT", 5432)
5432
```

在上面两个示例中，如果没有提供第二个参数，都将返回 None，因为这些函数都将这个参数的默认值指定为 None。我们定义函数时，也可指定参数的默认值：

```
>>> def connect_database(host="localhost", port=5432):
...     logger.info("connecting to database server at %s:%i", host, port)
```

通常，没有给参数提供值时，将其设置为默认值是可以接受的，但将错误数据替换为合法值更危险，而且可能掩盖错误。决定是否采取值替换策略时，务必考虑这一点。

2. 异常处理

在有些情况下，当输入数据不正确或缺失时，是可以修复错误的，如上面的示例所示。但在其他数据不正确的情况下，与其让程序在错误的假设下继续运行，不如让它停止。在这些情况下，一种不错的选择是，让程序停止运行并告诉调用者出了问题，一个这样的例子是前面介绍的 DbC 中前置条件不满足。

然而，错误地输入数据并非导致函数出错的唯一可能原因，毕竟函数并非只是传递数据，它们还可能有副作用或与外部组件相关联。

函数调用出错时，问题可能出在与之相关联的外部组件，而不是函数本身。在这种情况下，函数应该正确地指出这一点，这样调试起来将更容易。函数应将不能忽略的错误明确地告知应用程序的其他部分，以便能够得到妥善的解决。

异常是实现这种交流的机制。必须强调的是，这才是异常的正确用法：用于明确地通告异常情景，而不是根据业务逻辑改变程序流程。

如果在代码中试图使用异常来处理预期的场景或业务逻辑，程序的流程将变得更难明白。这将导致异常被作为 go-to 语句使用，更糟糕的是，它可能跨越多个调用栈层级（直达调用者函数），从而违背了将逻辑封装到正确的抽象层级的原则。如果这些 except 块同时包含业务逻辑和应对异常情况的代码，情况将更加糟糕，因为将更难区分我们要保留的核心逻辑与要处理的错误。

> 不要将异常用作业务逻辑中的 go-to 机制。当代码出现问题，需要让调用者注意时，引发异常。

刚才介绍的概念很重要：异常通常用于将出现的问题告知调用者。这意味着应慎用异常，因为它们会弱化封装。函数使用的异常越多，调用者需要做的预先准备工作就越多，因此对这个函数的理解必须越深入。如果函数引发太多的异常，就意味着它没有上下文无关可言，因为每次想调用它时，都必须对它可能带来的各种副作用做到心中有数。

引发的异常太多可作为线索，用于确定函数的内聚性不够、承担的职责太多。如果函数引发的异常太多，可能昭示着必须将它分解为多个小函数。

下面提供一些与 Python 异常相关的建议。

1）在正确的抽象层级处理异常

函数必须做一件事情且只做一件事情，而异常也是函数的组成部分，因此函数处理（或引发）的异常必须与函数封装的逻辑一致。

　　下面的示例混合了不同的抽象层级，通过这个示例你将明白前一段话的意思。假设有一个对象，负责在应用程序中传输一些数据。为此，它连接到一个外部组件、将数据解码并发送给这个组件。在下面的代码中，我们将专注于方法 deliver_event：

```python
class DataTransport:
    """An example of an object handling exceptions of different levels."""
    _RETRY_BACKOFF: int = 5
    _RETRY_TIMES: int = 3

    def __init__(self, connector: Connector) -> None:
        self._connector = connector
        self.connection = None

    def deliver_event(self, event: Event):
        try:
            self.connect()
            data = event.decode()
            self.send(data)
        except ConnectionError as e:
            logger.info("connection error detected: %s", e)
            raise
        except ValueError as e:
            logger.error("%r contains incorrect data: %s", event, e)
            raise

    def connect(self):
        for _ in range(self._RETRY_TIMES):
            try:
                self.connection = self._connector.connect()
            except ConnectionError as e:
                logger.info(
                    "%s: attempting new connection in %is", e, self._
RETRY_BACKOFF,
                )
                time.sleep(self._RETRY_BACKOFF)
            else:
                return self.connection
        raise ConnectionError(f"Couldn't connect after {self._RETRY_
TIMES} times")

    def send(self, data: bytes):
        return self.connection.send(data)
```

为了进行分析，我们缩小范围并专注于方法 deliver_event()是如何处理异常的。

异常 ValueError 和异常 ConnectionError 有什么关系呢？关系不大。看到这两个类型截然不同的错误后，我们就知道该如何分离职责了。

异常 ConnectionError 应该在方法 connect 中处理，这样便实现了清晰的行为分离。如果这个方法需要支持重试，可在处理异常 ConnectionError 的过程中重试。

相反，异常 ValueError 属于事件的方法 decode。修改方法 connect 的实现（如下面的示例所示）后，方法 deliver_event 不需要捕获任何异常：前面担心的异常要么已被内部方法处理，要么被我们故意留下来。

我们应将这些代码片段放在不同的方法或函数中。就连接管理而言，一个小型函数就足够了。这个函数负责尝试建立连接、捕获异常（如果发生）以及将异常写入日志：

```python
def connect_with_retry(connector: Connector, retry_n_times: int, retry_
backoff: int = 5):
    """Tries to establish the connection of <connector> retrying
    <retry_n_times>, and waiting <retry_backoff> seconds between attempts.

    If it can connect, returns the connection object.
    If it's not possible to connect after the retries have been
exhausted, raises ``ConnectionError``.

    :param connector:          An object with a ``.connect()`` method.
    :param retry_n_times int:  The number of times to try to call
                               ``connector.connect()``.

    :param retry_backoff int:  The time lapse between retry calls.

    """
    for _ in range(retry_n_times):
        try:
            return connector.connect()
        except ConnectionError as e:
            logger.info("%s: attempting new connection in %is", e,
retry_backoff)
            time.sleep(retry_backoff)
    exc = ConnectionError(f"Couldn't connect after {retry_n_times} times")
    logger.exception(exc)
    raise exc
```

然后，我们在方法 deliver_event 中调用这个函数。至于 Event 中的异常 ValueError，可以使用一个新对象来分离它并实现组合，但就这个示例而言，这有点牛刀杀鸡的味道，因此只需将其处理逻辑移到另一个方法中就足够了。经过这两方面的修改后，方法 deliver_event 更紧凑、更容易理解了：

```python
class DataTransport:
    """An example of an object that separates the exception handling by
    abstraction levels.
    """
    _RETRY_BACKOFF: int = 5
    _RETRY_TIMES: int = 3

    def __init__(self, connector: Connector) -> None:
        self._connector = connector
        self.connection = None

    def deliver_event(self, event: Event):
        self.connection = connect_with_retry(self._connector, self._
RETRY_TIMES, self._RETRY_BACKOFF)
        self.send(event)

    def send(self, event: Event):
        try:
            return self.connection.send(event.decode())
        except ValueError as e:
            logger.error("%r contains incorrect data: %s", event, e)
            raise
```

从这里可知，通过分离异常，也分离了职责。在第一个示例中，异常混合在一起，没有清晰地分离关注点。我们认为连接本身就是一个关注点，因此在接下来的示例中，创建了函数 connect_with_retry，并在其中处理异常 ConnectionError。另一方面，异常 ValueError 并非连接建立逻辑的一部分，因此将其放在了其所属的方法 send 中。

异常是有意义的，因此根据每种异常所属的应用程序层在相应的抽象层级处理它们很重要。然而，在有些情况下，异常也可能包含重要的信息，这些信息可能是敏感的，我们不希望它们落到不合适的人手里，因此下面将讨论异常的安全考虑。

2）不要向最终用户暴露 traceback

这是出于安全考虑。处理异常时，如果错误太重要，让异常传播可能是可以接受的；在特定的场景下，如果正确性比健壮性更重要，甚至可以让程序失败。

出现昭示着问题的异常时，将其写入日志并包含尽可能多的细节（包括 traceback、消息以及可收集的任何信息）至关重要，这样才能高效地解决问题。与此同时，包含尽可能多的细节是为了供我们自己使用，而不希望其中的任何信息让用户看到。

在 Python 中，异常的 traceback 包含非常丰富而有用的调试信息，然而，对试图破坏应用程序的黑客或恶意用户来说，这些信息也很有用，更不用说的是，泄露重要信息将危及机构的知识产权（因为有部分代码被暴露）。

如果你选择让异常传播，务必不要在异常中暴露任何敏感信息。另外，如果必须将问题告知用户，请使用泛泛而谈的消息，如什么地方出了问题或页面未找到。这是 Web 应用程序常用的手法，发生 HTTP 错误时显示泛泛而谈的消息。

3）避免使用空的 except 代码块

这甚至被认为是邪恶的 Python 反模式（REAL 01）。虽然对错误进行预测并采取防范措施是件好事，但防御性过强可能导致更糟糕的问题。具体地说，使用空 except 块实现过度防御的问题是，只是默默地传播异常，而不采取任何措施。

Python 非常灵活，它允许我们编写有问题但不会引发异常的代码，如下所示：

```
try:
    process_data()
except:
    pass
```

上述代码的问题在于，它永远都不会失败，即便在该失败时。这些代码也不符合 Python 语言习惯，因为 Python 之禅指出，绝不要悄无声息地传播错误。

> 请使用工具（如第 1 章介绍的）对持续集成环境进行配置，使其自动报告空的 except 块。

发生异常时，上述代码块不会失败，这可能正是你希望的。但如果存在缺陷呢？函数 process_data() 执行时，可能出问题，此时我们希望知道代码逻辑是否存在错误，以便能够修复它。编写上面这样的代码块会掩盖问题，导致代码更难维护。

解决方案有两个。

- 捕获更具体的异常（不要太宽泛，如 Exception）。实际上，如果代码处理的异常过于宽泛，有些校验工具和 IDE 会发出警告。
- 在 except 代码块中执行实际的错误处理。

最佳的做法是同时采纳这两条建议。处理更具体的异常（如 AttributeError 或 KeyError）可让程序更容易维护，因为阅读者将有心理准备并知道其中的原因。这样做还让其他异常得以引发，如果真的引发了异常，可能意味着存在 bug，而这种 bug 可能只有在引发了异常时才能被发现。

处理异常可能包含多层含义。在最简单的情况下，可能只是将异常写入日志（务必使用

logger.exception 或 logger.error 来提供全面的背景信息）。其他处理异常的方式包括返回默认值（仅在检查到错误后才返回默认值，而不是在出现错误前返回默认值）或者引发另一种异常。

> 如果你选择引发另一种异常，务必包含导致问题的原始异常，详情请参阅下面第 4）点。

应避免使用空 except 代码块（只包含 pass）的另一种原因是不明确：没有告诉代码阅读者要忽略哪些异常。一种更明确的方法是使用函数 contextlib.suppress，你可将要忽略的所有异常作为参数传递给它，同时它还可用作上下文管理器。

就这里的示例而言，采用这种方法的代码可能类似于下面这样：

```
import contextlib


with contextlib.suppress(KeyError):
    process_data()
```

同样，不要将通用异常 Exception 作为参数传递给这个上下文管理器，因为这样做的效果与前面说的一样。

4）包含原始异常

在错误处理逻辑中，你可能决定引发另一种异常，甚至修改异常的消息。在这种情况下，建议包含导致问题的原始异常。

可使用语法 raise <e> from <original_exception>（PEP-3134），这样原始 traceback 将被嵌入新异常中，同时新异常的属性__cause__将被设置为原始异常。

例如，如果我们希望在项目内部使用自定义异常包装默认异常，我们仍然可以这样做，同时包含有关根异常的信息：

```
class InternalDataError(Exception):
    """An exception with the data of our domain problem."""


def process(data_dictionary, record_id):
    try:
        return data_dictionary[record_id]
    except KeyError as e:
        raise InternalDataError("Record not present") from e
```

> 修改异常类型时，务必使用语法<e> from <o>。

使用这种语法可以让 traceback 包含更多有关刚发生的异常或错误的信息，对调试大有裨益。

3.2.2 在 Python 中使用断言

断言用于识别不应发生的情况，因此 assert 语句中的表达式必须是不可能满足的条件，要是这个条件满足了，就意味着软件存在缺陷。

与错误处理方法相反，如果发生特定的错误，我们可能不想让程序继续执行。这是因为在有些情况下，错误无法修复，而程序也无法更正执行流程（或自愈），因此不如尽早失败，让错误显现出来，以便下次升级时能够得到更正。

使用断言旨在避免程序在出现无效场景时造成更大的破坏。有时候，与其让程序在错误的假设下继续运行，不如让它停止并崩溃。

根据定义，断言是代码中的布尔条件，它们必须满足程序才可能正确。如果程序因 AssertionError 而失败，就说法发现了缺陷。

因此，断言不应与业务逻辑混合在一起，也不能将其用作软件的流程控制机制。像下面这样做是个馊主意：

```
try:
    assert condition.holds(), "Condition is not satisfied"
except AssertionError:
    alternative_procedure()
```

> 不要捕获异常 AssertionError，因为这可能让代码阅读者感到迷惑。如果预期代码的某部分会引发异常，尝试捕获更具体的异常。

上述有关"不要捕获异常 AssertionError"的建议与"不要让程序悄无声息地失败"一脉相承。但程序可以优雅的失败，因此与其让程序硬崩溃，不如捕获 AssertionError 并轻描淡写地显示一条错误消息，同时将所有的内部错误细节写入公司的日志平台。这里的重点不是是否捕获这个异常，而是想说断言错误是宝贵的信息源，可以帮助你改善软件的质量。

确保程序在断言失败时终止，这意味着在代码中放置断言通常是为了找出程序中有错误的部分。很多编程语言都倾向于认为程序在生产环境中运行时可抑制断言，但这将使它失去意义，因为断言的目的就是要让我们准确地知道程序的哪部分需要修复。

在 Python 中，可在运行程序时使用标志-O 来抑制 assert 语句，但不提倡这样做，个中原因请参阅接下来的提示。

> 不要使用 python -O …来运行生产版程序，因为你要利用代码中的断言来修正缺陷。

在断言语句中，包含一条描述性错误消息，并将错误写入日志，从而确保你以后能够正确地调试并校正这个问题。

为什么说像前面那样编写代码是个馊主意呢？除捕获的是异常 AssertionError 外，另一个重要的原因是断言中的语句是函数调用。函数调用可能有副作用，而且它们并非总是可重复的（我们不知道再次调用 condition.holds() 会不会得到同样的结果）。另外，如果我们执行到这行时停止调试器，可能无法方便地看到导致错误的结果，而即便我们再次调用这个函数，也不知道这次得到的结果是否是导致错误的罪魁祸首。

下面是一种更佳的替代方案，它需要编写的代码行更少，提供的信息却更有用：

```
result = condition.holds()
assert result > 0, f"Error with {result}"
```

> 使用断言时，请尽力避免直接使用函数调用，并使用局部变量来编写表达式。

断言和异常处理之间有什么关系呢？有些读者可能会问，有异常处理的存在，断言是不是多余？既然可以使用 if 语句来检查条件并引发异常，为何要对条件进行断言呢？这两者之间存在细微的差别。一般而言，异常用于处理程序要考虑的与业务逻辑相关的意外情景，而断言犹如放在代码中的自检机制，旨在验证（断言）代码的正确性。

有鉴于此，异常引发比 assert 语句常见得多。断言的典型应用场景是算法需要始终维持一个不变量。在这种情况下，你可能要对这个不变量进行断言，如果它在某个时点发生了变化，就意味着算法是错误的或者没有妥善地实现它。

前面探讨了 Python 防御式编程，还有一些与异常处理相关的主题。3.3 节将进入下一个重要主题——关注点分离。

3.3 关注点分离

这是一个被应用于多个层级的设计原则，它不仅与底层设计（代码）相关，而且与较高的抽象层级相关，因此后面讨论架构时也会涉及它。

不同的职责应由应用程序的不同组件、分层或模块承担。程序的每部分都应只负责部分功能（我们称之为关注点）且对其他功能一无所知。

在软件中，关注点分离旨在通过最大限度地降低连锁反应来增强可维护性。所谓连锁反应，指的是在软件中所做的修改波及其他部分。这可能是一个错误或异常触发一系列其他的异常，这些异常导致的故障又触发了应用程序远程部分的缺陷，也可能是对一个函数定义做简单的修改后，导致我们必须对散布在代码库多个部分的大量代码进行修改。

显然，我们不希望这样的情况发生。软件必须易于修改。如果必须修改或重构某部分代码，那么必须对应用程序其他部分的影响最小，这是通过合适的封装实现的。

同样，我们希望任何潜在的错误都得到遏制，以免它们带来巨大的破坏。

这个概念与 DbC 原则相关，因为每个关注点都可由契约强制实施。一旦违反契约并由此引发异常，我们便知道程序的哪部分出了问题，还有哪些职责未能履行。

虽然存在这种类似性，但关注点分离更进一步。契约通常适用于函数、方法或类，也适用于必须分离的职责，但关注点分离也适用于 Python 模块、包及任何软件组件。

内聚和耦合

内聚和耦合是与优良软件设计相关的两个重要概念。

一方面，内聚意味着对象应该有一个小的、定义明确的目标，且功能尽可能少。对象遵循与 UNIX 命令类似的理念，即只做一件事并把这件事做好。内聚性越高，对象就越有用且可重用性越高，这意味着设计越出色。

另一方面，耦合指的是两个或多个对象相互依赖。这种依赖带来了限制。如果两部分代码（对象或方法）过于相互依赖，将带来下面这些我们不想看到的后果。

- 无法重用代码：如果一个函数过度依赖于某个对象或接收的参数太多，它与这个对象就是耦合的，这意味着很难在其他的场景中使用这个函数（要在其他场景中使用这个函数，必须找到一个合适的参数，该参数遵循非常严格的接口）。
- 连锁反应：由于两个部分联系过于紧密，修改其中的一个部分必然会影响另一个部分。
- 抽象层次低：当两个函数联系非常紧密时，很难将它们视为在不同抽象层级解决问题的不同关注点。

> 一般而言，定义良好的软件内聚性高、耦合度低。

3.4　常见缩略语

本节回顾一些带来了优秀设计理念的原则。重点是将优良的软件实践与易于记忆的缩略语联系起来。如果你牢记这些缩略语，就能更轻松地将它们同良好的软件实践关联起来，同时能够更快速地发现代码行背后的理念。

这里对这些缩略语的定义并非正式的或学术性的，而是作者多年软件行业从业经验的总结。有些缩略语是重要作者发明的，因此出现在大量的书籍中（有关这些缩略语的更详细信息，请参阅本章末尾列出的参考资料），而其他的缩略语可能源自博文、论文或会议发言。

3.4.1　DRY/OAOO

"不要自我重复"（Don't Repeat Yourself，DRY）和"一次且仅有一次"（Once and Only Once，OAOO）这两种理念紧密相关，因此这里一并给出。它们的含义不言自明，就是要不惜一切代价避免重复。

对于代码中的东西（知识），必须只在一个地方定义一次。必须修改代码时，应该只有一个合适修改的地方，否则就昭示着系统设计不善。

代码重复是一个会直接影响到可维护性的问题，这种问题极不可取，会带来众多的负面影响。

- 容易出错：同样的逻辑在代码的多个地方出现时，如果需要修改它，将意味着必须高效地修改所有这些地方，确保一个地方都不遗漏，否则将引入 bug。
- 代价高昂：这与前一点相关。与只定义了一次的情况相比，修改多个地方需要花费的时间以及开发和测试精力多得多。这将拖慢团队的速度。
- 不可靠：这也与第一点相关。需要在多个地方做同样的修改时，编写代码的人必须记得所有这些地方。

代码重复通常是因为忽略（或忘记）了代码代表知识导致的。通过赋予代码的特定部分意义，就能标识相关的知识。

为了让你明白上面一段话的含义，我们来看一个示例。假设有家学习机构，它根据如下标准对学生排名：每门通过的课加 11 分、每门不及格的课减 5 分、在这家机构每待一年减 2 分。下面列出的并非实际代码，而只是指出了实际代码库中代码的分散情况：

```python
def process_students_list(students):
    # do some processing...

    students_ranking = sorted(
        students, key=lambda s: s.passed * 11 - s.failed * 5 - s.years * 2
    )
    # more processing
    for student in students_ranking:
        print(
            "Name: {0}, Score: {1}".format(
```

```
        student.name,
        (student.passed * 11 - student.failed * 5 - student.years * 2),
    )
)
```

请注意，在排序函数中用于设置键的 lambda 函数表示域问题中的一些有效知识，但这一点在上面的代码中并没有反映出来（没有给这些代码指定名称，没有将它们放在合适的位置，也没有赋予它们意义）。由于没有赋予代码意义，导致按排名打印分数时使用了相同的代码。

在代码中，应将已获得的域问题知识反映出来，这样代码就不容易重复且更容易理解：

```
def score_for_student(student):
    return student.passed * 11 - student.failed * 5 - student.years * 2


def process_students_list(students):
    # do some processing...

    students_ranking = sorted(students, key=score_for_student)
    # more processing
    for student in students_ranking:
        print(
            "Name: {0}, Score: {1}".format(
                student.name, score_for_student(student)
            )
        )
```

需要指出的是，这里只分析了代码重复的特征之一。

实际上，还有其他的代码重复情况、类型和类别。要详细讨论这个主题，可能需要整章的篇幅，但这里只专注于一个特定方面，旨在让前述缩略语背后的理念更清晰。

在这个示例中，为消除重复而采取的方法是创建函数，这可能是最简单的。最佳的解决方案可能随情况而异。在有些情况下，可能需要创建一个全新的对象（因为可能完全缺失抽象）；在另外一些情况下，可使用上下文管理器来消除重复。迭代器或生成器（将在第 7 章介绍）可能有助于避免代码重复，装饰器（第 5 章介绍过）也会有所帮助。

可惜没有通用的规则或模式来告诉你哪些 Python 特性最适合用来解决代码重复问题，但看过本书的示例并知道 Python 元素的用法后，你有望具备这方面的直觉。

3.4.2 YAGNI

如果你不想过度设计，请在编写解决方案时牢记"你不会需要它"（You Ain't Gonna

Need It，YAGNI）这个理念。

我们希望可以轻松地修改程序，因此想让它们具有前瞻性。有鉴于此，很多开发人员认为必须预测未来的所有需求并创建非常复杂的解决方案，进而创建难以阅读、维护和理解的抽象。后来却发现，这些预期的需求并没有出现，或者虽然出现了，但方式不同于预期，导致原来编写用来处理这些需求的代码根本不管用。

现在面临的问题是，与没有这些代码相比，程序重构和扩展起来甚至更难。结果是原来的解决方案不仅不能正确地处理原来的需求，也不能正确地处理当前需求，因为抽象就是错误的。

要让软件易于维护，不能指望通过预测未来的需求来实现——千万不要预测！相反，应在编写软件时，以易于修改的方式解决当前需求。换而言之，设计时确保做出的决策不会把你束缚住，要留下扩展的空间，但不要构建不必要的功能。

在有些情况下，你可能知道有些原则是适用的或者能够节省时间，进而不遵循YAGNI 理念。例如，本书后面将复习设计模式，它们是典型面向对象设计场景下的通用解决方案。研究设计模式很重要，但你一定要禁得住诱惑，不过早地使用它们，以免违背 YAGNI 原则。

例如，假设你要创建一个类来封装组件的行为。你知道确实需要这个类，但考虑到未来可能出现其他类似的需求，因此忍不住创建一个基类（即定义一个接口，其中包含必须实现的方法），并让刚创建的类作为实现这个接口的子类。这种做法是错误的，原因如下。首先，当前你需要的只是最初创建的那个类（投入时间去创建一个不知道需不需要的通用解决方案是一种糟糕的资源管理方式）。其次，基类受到当前需求的影响，因此这个抽象很可能不是正确的。

最佳的方法是，只根据当前需求编写代码，但确保采用的方式不会妨碍未来做进一步改进。如果后来出现了其他需求，可考虑创建一个基类并将一些方法定义为抽象的，此时你可能发现某种设计模式可派上用场。这也是面向对象设计方法的工作方式：从下往上。

最后需要强调的是，YAGNI 原则不仅适用于代码，还适用于软件架构。

3.4.3　KIS

保持简单（Keep It Simple，KIS）与前一个原则关系非常紧密。设计软件组件时，务必不要过度设计。问一问自己：对当前的问题来说，解决方案是否是最简单的。

在正确解决问题的前提下，实现尽可能少的功能，避免解决方案无谓地复杂。记住，设计方案越简单，维护起来越容易。

　　考虑所有抽象层级时，都务必牢记这个设计原则，无论是在考虑高级设计时，还是编写具体的代码行时。

　　在较高的抽象层级，想想要创建的组件。你真的需要所有这些组件吗？就当前而言，这个模块必须是可高度扩展的吗？你可能想让这个模块是可扩展的，但现在不是正确的时机，或者现在这样做不合适，因为还没有足够的信息，无法创建合适的抽象，此时试图设计通用接口会带来更严重的问题。

　　在代码方面，保持简单通常意味着使用适合解决问题的最小数据结构，这种数据结构大多可在标准库中找到。

　　有时候，你可能让代码过于复杂——创建不必要的函数或方法。下面的类根据一组给定的关键字参数创建一个命名空间，但其代码接口非常复杂：

```
class ComplicatedNamespace:
    """A convoluted example of initializing an object with some properties."""


    ACCEPTED_VALUES = ("id_", "user", "location")

    @classmethod
    def init_with_data(cls, **data):
        instance = cls()
        for key, value in data.items():
            if key in cls.ACCEPTED_VALUES:
                setattr(instance, key, value)
        return instance
```

　　首先，定义了一个类方法来初始化对象，这看起来有点多余。其次，在这个方法中，对参数进行迭代并调用了 setattr，这让代码变得更为奇怪，同时向用户呈现的接口也不那么清晰：

```
>>> cn = ComplicatedNamespace.init_with_data(
...     id_=42, user="root", location="127.0.0.1", extra="excluded"
... )
>>> cn.id_, cn.user, cn.location
(42, 'root', '127.0.0.1')

>>> hasattr(cn, "extra")
False
```

　　用户必须知道有这个方法，这不方便。更佳的做法是保持简单，像在 Python 中初始化其他对象一样，使用方法 __init__ 初始化这个对象（毕竟有一个初始化对象的现成方法）：

```
class Namespace:
    """Create an object from keyword arguments."""

    ACCEPTED_VALUES = ("id_", "user", "location")

    def __init__(self, **data):
        for attr_name, attr_value in data.items():
            if attr_name in self.ACCEPTED_VALUES:
                setattr(self, attr_name, attr_value)
```

请牢记 Python 之禅：简单胜过复杂。

在 Python 编程中，在很多情形下都要保持代码简单，其中一个情形与本书前面探讨过的代码重复相关。在 Python 编程中，一种常见的代码抽象方式是使用装饰器（这将在第 5 章详细讨论），但如果你只想避免小块代码（如 3 行代码）重复呢？在这种情况下，编写装饰器不仅很麻烦，而且需要的代码行可能比要避免的重复代码行还多。从实用主义考虑，在这种情况下，与其编写复杂的函数，不如接受少量代码重复的现状，当然，如果你能找到一种更简单的方法，将重复代码消除，从而确保代码简单，那就另说了。

作为确保代码简单的措施之一，我建议不要使用高级 Python 特性，如元类（以及任何与元编程相关的特性），因为必须使用这些特性的情景很少见（使用这些特性的理由极其特殊），同时，使用它们将导致代码复杂得多，进而难以阅读和维护。

3.4.4　EAFP/LBYL

EAFP 指的是请求原谅比获得许可容易（Easier to Ask Forgiveness than Permission），而 LBYL 指的是三思而后行（Look Before You Leap）。

EAFP 的理念是，编写代码时，直接让它执行操作，如果它不管用再采取补救措施。通常，这意味着尝试运行一些代码，期望它能管用，如果不管用，就捕获异常，并在 except 代码块中采取补救措施。

LBYL 则相反。顾名思义，采取 LBYL 方法时，首先检查要使用的资源。例如，操作文件前，你可能想先检查它是否可用：

```
if os.path.exists(filename):
    with open(filename) as f:
        ...
```

上述代码的 EAFP 版本可能类似于下面这样：

```
try:
    with open(filename) as f:
        ...
```

```
except FileNotFoundError as e:
    logger.error(e)
```

在不支持异常的语言（如 C 语言）中，显然 LBYL 方法用得更多。同时，在 C++等其他语言中，出于性能考虑，不提倡使用异常，但在 Python 中，情况并非如此。

在大多数情况下，EAFP 版本更明确地揭示了意图。以这种方式编写的代码更容易阅读，因为它直接执行任务，而不预先检查条件。换而言之，在 EAFP 版本中，代码尝试打开一个文件并对其进行处理；如果这个文件不存在，再对这种情况进行处理。而在 YBLY 版本中，函数先检查指定的文件是否存在，再尝试执行某种操作。你可能反驳说，这种代码也很清晰，但我们不确定这一点。检查的文件和打开的文件可能不同，使用的函数可能位于程序的另一个分层，等等。但对于使用第二种方法编写的代码，更容易一眼就明白其意图。

你可根据代码的具体情况，从这两种方法中选择合适的那种，但一般而言，采用 EAFP 方式编写的代码更容易一眼就看明白，因此不知如何选择时，建议你选择使用 EAFP 方式。

3.5　Python 中的继承

在面向对象软件设计领域，经常会讨论如何使用主要的范式理念（多态、继承和封装）来解决某些问题。

在这些理念中，常用的可能是继承：开发人员通常先创建一个类层次结构（其中包含需要的类），并确定每个类应实现的方法。

继承虽然功能强大，但也会带来风险。一个主要的风险是，每次扩展基类时，都将创建一个与父类紧密耦合的新类。本书前面讨论过，设计软件时，应最大限度地降低耦合程度。

开发人员使用继承的主要目的之一是重用代码。虽然我们应拥抱代码重用，但如果仅仅是因为通过继承可免费获得父类的方法，就在设计中使用它来重用代码，那么这种做法并非什么好主意。正确的代码重用方式是，编写可轻松地组合并适用于多种场景的高内聚对象。

3.5.1　什么情况下使用继承是个好主意

创建派生类时务必小心，因为这是一把双刃剑：一方面，这样做的优点是可免费获得父类的所有方法；另一方面，这将把这些方法都带到新类中，可能导致新类包含的功能太多。

创建新的子类时务必想想，它真的会使用继承的所有方法吗？并据此来判断这个类的定义是否正确。如果发现不需要继承的大部分方法，因此必须覆盖或替换它们，那么创建子类就是一个设计错误，而导致这种错误的原因如下。

- 超类的定义不明确，包含的职责太多，而不是定义良好的接口。
- 子类并非其试图扩展的超类的特殊化。

在下面这样的情形下适合使用继承：有一个现成的类，它定义了特定的组件，同时这个类的接口（公有方法和属性）定义了该组件的行为，而你需要具体化这个类以继承这些行为，同时添加一些行为或对某些行为进行修改。

在 Python 标准库中，可找到正确使用继承的示例。例如，在 http.server 包中，有一个名为 BaseHTTPRequestHandler 的基类，而子类 SimpleHTTPRequestHandler 扩展了这个基类——增大或修改了基类的接口。

说到接口定义，这是另一种使用继承的正确方式。需要提供接口时，可创建一个抽象基类，它本身没有实现任何行为，而只定义了接口：扩展这个接口的类都必须实现它定义的所有方法才能成为一个合适的子类。

最后，另一个正确地使用了继承的例子是异常。在 Python 中，标准异常都是从 Exception 派生而来的，这让你能够编写通用子句 except Exception 来捕获所有可能的错误。一个重要的概念是，这些类是从 Exception 派生出来的，因为它们都是更具体的异常。这个概念也适用于著名库，例如，在 requests 库中，HTTPError 是从 RequestException 派生出来的，而 RequestException 又是从 IOError 派生出来的。

3.5.2　反模式的继承

如果要将 3.5.1 小节的内容总结为一个词，那就是具体化。正确使用继承的方式是从基类具体化对象，并创建更详细的抽象。

父（基）类是派生类的公有定义的一部分，因为继承而来的方法是派生类接口的一部分。有鉴于此，类的公有方法必须与父类的定义一致。

例如，如果从 BaseHTTPRequestHandler 派生而来的类实现了方法 handle()，这是合情合理的，因为它覆盖了父类的相应方法。如果这个类还有其他方法，该方法的名称与 HTTP 请求操作相关，我们也会认为这是正确的，但如果这个类包含方法 process_purchase()，我们就不会这样认为了。

刚才说明的内容虽然显而易见，但却很常见，在开发人员仅为重用代码而使用继承时尤其如此。在下面的示例中，将演示一种常见的 Python 反模式：为表示一个域问题，设计了一种合适的数据结构，但不创建使用这种数据结构的对象，而创建从这种数据结构派生而来的对象。

下面通过一个示例更具体地看看这些问题。假设有一个保险管理系统，其中有一个负责设置客户保险条款的模块。我们需要在内存中保存当前处理的一系列客户，以便在进一步处理或持久化前修改保险条款。我们需要执行的基本操作包括存储新客户并将其记录作为卫星数据、修改保险条款、编辑某些数据等。我们还需要支持批处理操作，即在保险条款本身发生（这个模块当前处理的）变更时，我们必须将这些变更应用于当前处理的所有客户。

根据需要的数据结构，我们认识到固定的客户记录访问时间是一个很好的特征，因此像 policy_transaction[customer_id]这样的接口看起来很不错。据此，我们可能认为可通过下标来访问的对象可能是个不错的主意，进而得意忘形，以为需要的对象应是一个字典：

```python
class TransactionalPolicy(collections.UserDict):
    """Example of an incorrect use of inheritance."""

    def change_in_policy(self, customer_id, **new_policy_data):
        self[customer_id].update(**new_policy_data)
```

有了这些代码后，我们可通过标识符获取有关客户保险条款的信息：

```python
>>> policy = TransactionalPolicy({
...     "client001": {
...         "fee": 1000.0,
...         "expiration_date": datetime(2020, 1, 3),
...     }
... })
>>> policy["client001"]
{'fee': 1000.0, 'expiration_date': datetime.datetime(2020, 1, 3, 0, 0)}
>>> policy.change_in_policy("client001", expiration_date=datetime(2020,
1, 4))
>>> policy["client001"]
{'fee': 1000.0, 'expiration_date': datetime.datetime(2020, 1, 4, 0, 0)}
```

诚然，我们实现了最初想要的接口，但付出的代价呢？这个类有大量多余的行为，这些行为是由不必要的方法提供的：

```python
>>> dir(policy)
[ # all magic and special method have been omitted for brevity...
 'change_in_policy', 'clear', 'copy', 'data', 'fromkeys', 'get',
'items', 'keys', 'pop', 'popitem', 'setdefault', 'update', 'values']
```

这种设计至少存在两个严重的问题。首先，类层次结构不对。从概念上说，从基类创建新类意味着它是基类的更具体版本。TransactionalPolicy 怎么是字典呢？这合理吗？

请记住 collections.UserDict 类是 TransactionalPolicy 对象的公有接口的一部分，用户将看到这个类及其层次结构，并注意到这种怪异的具体化及其公有方法。

这引出了第二个问题——耦合。TransactionalPolicy 的接口包含 collections.UserDict 的所有方法，但 TransactionalPolicy 对象真的需要 pop()、items()等方法吗？然而，不管需不需要，它们都在这里。它们都是公有的，因此这个接口的用户都能够调用它们，而这可能带来不想要的副作用。另外，扩展 collections.UserDict 并没有带来太多的好处。我们需要的唯一方法是 change_in_policy()，它更新当前条款变更影响的所有客户，但这个方法并不在基类中，因此我们必须自己定义它。

这里存在的问题是，将实现对象和域对象混合在一起。字典是一个实现对象，即一种适合用于执行特定的操作的数据结构，因此与其他所有数据结构一样需要权衡利弊。域问题是要解决的问题的一部分，而 TransactionalPolicy 应表示域问题的某部分。

> 请不要在同一个层次结构中同时包含实现数据结构和业务域类。

像这样的层次结构是不正确的，仅为从基类获得几个魔法方法（通过扩展字典让对象是可通过下标来访问的）不是实现扩展的充分理由。仅当为了创建更具体的实现类时，才应扩展实现类。换而言之，只有你要创建另一个（更具体或稍微不同的）字典时，才应扩展字典。这一点也适用于域问题类。

正确的解决方案是使用组合。TransactionalPolicy 不是字典——它使用字典。它应该在一个私有属性中存储字典，以委托给字典的方式实现方法__getitem__()，并实现其他必不可少的公有方法：

```
class TransactionalPolicy:
    """Example refactored to use composition."""

    def __init__(self, policy_data, **extra_data):
        self._data = {**policy_data, **extra_data}

    def change_in_policy(self, customer_id, **new_policy_data):
        self._data[customer_id].update(**new_policy_data)

    def __getitem__(self, customer_id):
        return self._data[customer_id]

    def __len__(self):
        return len(self._data)
```

这个设计方案不仅从概念上说是正确的，而且可扩展性更高。以便将来底层数据结构（当前是一个字典）发生变更，只要接口保持不变，这个对象的调用者就不会受到影响。这减少了耦合，最大限度地降低了连锁反应，重构起来更方便（无须修改单元测试），并让代码更容易维护。

3.5.3　Python 中的多继承

Python 支持多继承。使用不当时，继承会带来设计问题，同样，多继承在实现不当的情况下会带来更严重的问题。

因此，多继承是把双刃剑，在有些情况下，它也能带来很大的好处。需要指出的是，多继承本身没什么问题，只是在没有正确实现的情况下，会使问题成倍增加。

使用得当时，多继承是完全有效的解决方案，并打开了使用新模式（如第 9 章将讨论的适配器模式）和混合类（mixin）的大门。

多继承最强大的用途可能是让你能够创建混合类。在探讨混合类之前，我们需要明白多继承的工作原理以及复杂层次结构中的方法是如何解析的。

1.　方法解析顺序（MRO）

在其他编程语言中，多继承存在一些约束，如所谓的菱形问题，因此有些人不喜欢它。当一个类扩展两个或更多类，而这些类又是从其他基类扩展而来时，对于来自顶级类的方法，最底层类将有多种解析它们的方式。这里的问题是，该使用方法的哪种实现？

请看图 3.1 所示的包含多继承的类层次结构。顶级类有一个类属性，还实现了方法 __str__。再来看任何一个具体类，如 ConcreteModuleA12，它扩展了 BaseModule1 和 BaseModule2，而这两个类都从 BaseModule 那里获得了 __str__ 的实现。那么，ConcreteModuleA12 将获得这两个方法中的哪个呢？

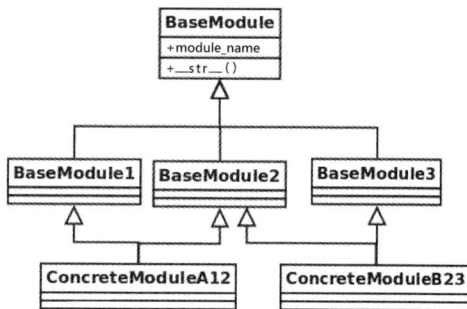

图 3.1　方法解析顺序

通过使用前述类属性的值，可让这一点显而易见：

```python
class BaseModule:
    module_name = "top"

    def __init__(self, module_name):
```

```
        self.name = module_name

    def __str__(self):
        return f"{self.module_name}:{self.name}"


class BaseModule1(BaseModule):
    module_name = "module-1"


class BaseModule2(BaseModule):
    module_name = "module-2"


class BaseModule3(BaseModule):
    module_name = "module-3"


class ConcreteModuleA12(BaseModule1, BaseModule2):
    """Extend 1 & 2"""

class ConcreteModuleB23(BaseModule2, BaseModule3):
    """Extend 2 & 3"""
```

现在来测试一下，看看调用的是哪个方法：

```
>>> str(ConcreteModuleA12("test"))
'module-1:test'
```

没有发生冲突。通过使用 C3 线性化（或 MRO）算法，Python 解决了这个问题。这种算法定义如何确定要调用的方法。

实际上，可向类询问解析顺序：

```
>>> [cls.__name__ for cls in ConcreteModuleA12.mro()]
['ConcreteModuleA', 'BaseModule1', 'BaseModule2', 'BaseModule', 'object']
```

设计类时，知道将在类层次结构中如何解析方法大有裨益，因为这样就可使用混合类。

2. 混合类

混合类是封装了一些通用行为的基类，旨在重用代码。通常，混合类本身并没有什么用，仅扩展这种类也行不通，因为在大多数情况下，它都依赖于其他类中定义的方法和属性。通过多继承，可将混合类与其他类一起使用，从而让混合类的方法或属性变得可用。

假设有一个简单的分析器，它接收一个字符串，并迭代该字符串中由连字符（-）分隔的值：

```
class BaseTokenizer:

    def __init__(self, str_token):
        self.str_token = str_token

    def __iter__(self):
        yield from self.str_token.split("-")
```

这非常简单易懂：

```
>>> tk = BaseTokenizer("28a2320b-fd3f-4627-9792-a2b38e3c46b0")
>>> list(tk)
['28a2320b', 'fd3f', '4627', '9792', 'a2b38e3c46b0']
```

但现在我们要在不修改这个基类的情况下，以大写的方式发送各个值。就这个简单的示例而言，可创建一个新类，但假设有大量的类扩展了 BaseTokenizer，而我们又不想替换所有这些类。为此，可在层次结构中混入一个处理这种变换的新类：

```
class UpperIterableMixin:
    def __iter__(self):
        return map(str.upper, super().__iter__())


class Tokenizer(UpperIterableMixin, BaseTokenizer):
    pass
```

新的 Tokenizer 类非常简单，不需要有任何代码，因为它利用了混合类。这种混合类相当于一个装饰器。从前面的介绍可知，Tokenizer 从混合类那里获得方法__iter__，而这个方法通过调用 super()将职责委托给了下一个类——BaseTokenizer，同时将返回的值转换为大写，从而实现了所需的效果。

在讨论 Python 继承的过程中，涉及了对软件设计来说很重要的内聚和耦合等主题。在软件设计中，这些概念会反复出现，我们也可以从 3.6 节将探讨的函数及其参数的角度来分析这些概念。

3.6　函数和方法中的参数

在 Python 中，函数可以被定义为以多种不同的方式接收参数，而调用者也可以以多种不同的方式提供这些参数。

在软件工程中，还有一套整个行业都遵循的接口定义实践，它们与函数参数定义紧密相关。

在本节中，将首先探讨 Python 函数的参数机制，再回顾与这个主题相关的一般性软件工程原则，从而将这两个概念联系起来。

3.6.1　Python 中函数参数的工作原理

首先，我们来回顾一下在 Python 中是如何将参数传递给函数的。

知道 Python 提供的各种参数处理方式后，就能更轻松地消化通用规则，进而轻松地确定在处理参数方面，有哪些优良的模式和惯用法。然后，我们就能判断在什么情况下，符合 Python 语言习惯的方法是正确的，在哪些情况下使用这些 Python 特性不合适。

1．参数是如何复制到函数中的

在 Python 中，与参数传递相关的首要规则是，所有参数都是按值传递的——任何情况下都如此。这意味着，将值传递给函数时，它们将被赋给函数签名定义中的变量，供以后使用。

你将发现，函数能否修改收到的参数取决于参数的类型。如果我们传入的是可变对象，而函数体修改了它，这就会有副作用，那就是在函数返回时，传入的对象已经被修改了。

下面的示例说明了这种差别：

```
>>> def function(argument):
...     argument += " in function"
...     print(argument)
...
>>> immutable = "hello"
>>> function(immutable)
hello in function
>>> mutable = list("hello")
>>> immutable
'hello'
>>> function(mutable)
['h', 'e', 'l', 'l', 'o', ' ', 'i', 'n', ' ', 'f', 'u', 'n', 'c', 't',
'i', 'o', 'n']
>>> mutable
['h', 'e', 'l', 'l', 'o', ' ', 'i', 'n', ' ', 'f', 'u', 'n', 'c', 't',
'i', 'o', 'n']
>>>
```

这看起来好像不一致，但情况并非如此。当我们传递第一个参数时，传入的是一个字符串，它被赋给函数的参数。由于字符串对象是不可变的，因此类似于 argument += <expression>这样的语句将根据 argument + <expression>的结果创建一个新对象，并将其赋给 argument。而 argument 只是函数作用域内的一个局部变量，与调用者传入的参数毫无关系。

相反，当我们传入一个列表时，由于它是一个可变对象，因此语句 argument += <expression>的含义完全不同（与对传入的列表调用.extend()等效）。这种操作就地修改变量，而变量存储的是指向原始列表对象的引用，因此将修改这个列表对象。在第二次调用中，将指向列表的引用按值传递给了函数，由于传入的是引用，它修改的是原始列表对象，所以函数返回后，修改的结果反映出来了。第二次调用的效果与下面的代码大致类似：

```
>>> a = list(range(5))
>>> b = a # the function call is doing something like this
>>> b.append(99)
>>> b
[0, 1, 2, 3, 4, 99]
>>> a
[0, 1, 2, 3, 4, 99]
```

处理可变对象时务必小心，因为它可能带来意想不到的副作用。除非你确定以这样的方式操作可变参数肯定是正确的，否则建议不要这样做，而采用替代方案以避免这些问题。

> 不要修改函数参数。一般而言，在函数中应尽可能避免不必要的副作用。

与众多其他编程语言一样，在 Python 中，可以按位置传递参数，但还可以通过关键字传递参数，这意味着可以明确地告诉函数，我们要将哪个值传递给哪个参数。唯一需要注意的是，按关键字传递特定参数后，后续的所有参数也都必须按关键字传递，否则将引发 SyntaxError 异常。

2. 可变参数数量

与其他语言一样，Python 也有可接收可变参数数量的内置函数和结构。例如字符串插值函数（无论是使用运算符%还是字符串方法 format），其语法与 C 语言函数 printf 类似：第一个位置参数为字符串，接下来为任意数量的参数，这些参数将替换格式字符串中的标记。

除使用这些 Python 内置函数外，还可以创建工作原理类似的自定义函数。本节将介绍与参数数量可变的函数相关的基本原则，以及一些推荐做法，以便 3.6.2 小节能够探讨如何使用这些特性来处理参数过多带来的常见问题和约束。

对于数量可变的位置参数，可在封装这些参数的变量前面加上星号（*）。这是通过 Python 封装机制工作的。

假设有一个函数，它接收 3 个位置参数，同时有一个列表，它刚好包含我们要传递给这个函数的参数，且它们的排列顺序与函数期望的顺序相同。

在这种情况下，可使用封装机制通过一条指令同时传递这些参数，而不是分别按位置传递它们（即将 list[0]传递给第一个参数，将 list[1]传递给第二个参数，以此类推），因为这种方式不符合 Python 语言习惯：

```
>>> def f(first, second, third):
...     print(first)
...     print(second)
...     print(third)
...
>>> l = [1, 2, 3]
>>> f(*l)
1
2
3
```

封装机制的优点在于，它也能够以相反的方式工作。如果要根据位置将列表中的值提取到不同的变量中，可以像下面这样赋值：

```
>>> a, b, c = [1, 2, 3]
>>> a
1
>>> b
2
>>> c
3
```

还可进行部分拆封。假设我们只对序列（可以是列表、元组等）的前几个感兴趣，并将余下的值放在一起。我们可以给需要的变量赋值，并将余下的值放在一个打包的列表中。拆封的顺序不受限制。如果没有余下任何值，结果将为一个空列表。请在 Python 终端上尝试下面的示例，并研究拆封和生成器是如何协同工作的：

```
>>> def show(e, rest):
...     print("Element: {0} - Rest: {1}".format(e, rest))
...
>>> first, *rest = [1, 2, 3, 4, 5]
>>> show(first, rest)
Element: 1 - Rest: [2, 3, 4, 5]
>>> *rest, last = range(6)
>>> show(last, rest)
Element: 5 - Rest: [0, 1, 2, 3, 4]
>>> first, *middle, last = range(6)
```

```
>>> first
0
>>> middle
[1, 2, 3, 4]
>>> last
5
>>> first, last, *empty = 1, 2
>>> first
1
>>> last
2
>>> empty
[]
```

拆封非常适合用于迭代中。需要迭代每个元素都是序列的序列时，在迭代每个元素的同时拆封是个不错的主意。例如，假设有一个函数，它接收一个由数据库行组成的列表，并根据这些数据创建用户。第一个实现根据行中各列的位置获取用于创建用户的值，这根本不符合 Python 语言习惯；第二个实现在迭代的同时使用拆封。

```python
from dataclasses import dataclass


USERS = [
    (i, f"first_name_{i}", f"last_name_{i}")
    for i in range(1_000)
]


@dataclass
class User:
    user_id: int
    first_name: str
    last_name: str

def bad_users_from_rows(dbrows) -> list:
    """A bad case (non-pythonic) of creating ``User``s from DB rows."""
    return [User(row[0], row[1], row[2]) for row in dbrows]


def users_from_rows(dbrows) -> list:
    """Create ``User``s from DB rows."""
    return [
        User(user_id, first_name, last_name)
```

```
        for (user_id, first_name, last_name) in dbrows
    ]
```

注意到第二个实现阅读起来要容易得多。在第一个实现（函数 bad_users_from_rows）中，以 row[0]、row[1] 和 row[2] 的形式表示值，这根本没有指出这些值是什么；而在第二个实现中，变量 user_id、first_name 和 last_name 的含义不言而喻。

创建 User 对象时，也可使用星号运算符和元组来传递所有的位置参数：

```
[User(*row) for row in dbrows]
```

设计自定义函数时，可利用这种功能。

在标准库中，一个这样的示例是函数 max，其定义如下：

```
max(...)
    max(iterable, *[, default=obj, key=func]) -> value
    max(arg1, arg2, *args, *[, key=func]) -> value

    With a single iterable argument, return its biggest item. The
    default keyword-only argument specifies an object to return if
    the provided iterable is empty.
    With two or more arguments, return the largest argument.
```

对于关键字参数，有类似的表示法——使用两个星号（**）。如果使用双星号将一个字典传递给函数，将把字典中的键视为参数名，并将值传递给函数的相应参数。

例如，请看下面的代码：

```
function(**{"key": "value"})
```

它与下面的代码等效：

```
function(key="value")
```

相反，在定义函数时，如果在参数前面指定了两个星号，将出现相反的情况：将提供的关键字参数打包为一个字典：

```
>>> def function(**kwargs):
...     print(kwargs)
...
>>> function(key="value")
{'key': 'value'}
```

Python 的这个特性非常强大，让我们能够动态地选择要传递给函数的值。然而，滥用并过度使用这个特性将导致代码更难以理解。

定义函数时，如果像上面这个示例中那样在一个参数前面指定了两个星号，将意味着可传入任意数量的关键字参数，而 Python 将把它们放在一个字典中，让我们能够随心所欲地访问。在前面定义的函数中，参数 kwargs 是一个字典，但建议不要使用这个字典来提取特定的值。

具体地说，不要在这个字典中查找特定的键，而应在函数定义中直接提取这些参数。例如，不要像下面这样做：

```
def function(**kwargs):  # wrong
    timeout = kwargs.get("timeout", DEFAULT_TIMEOUT)
    ...
```

让 Python 执行拆封操作，并在函数签名中设置参数的默认值：

```
def function(timeout=DEFAULT_TIMEOUT, **kwargs):  # better
    ...
```

在这个示例中，timeout 并非严格意义上的关键字参数，本章后面将介绍如何定义关键字参数。显然，不要操作字典 kwargs，而应在函数签名中执行合适的拆封。

在深入介绍关键字参数前，我们先来看看位置参数。

3. 位置参数

正如你已经看到的，在 Python 中，位置参数（无论是否是数量可变的）是那些首先提供给函数的参数。这些参数的值是根据它们提供给函数的位置进行解读的，这意味着它们将分别赋给函数定义中的参数。

定义函数参数时，如果没有使用任何特殊语法，它们默认将按位置或通过关键字进行传递。例如，下面的所有函数调用都是等效的：

```
>>> def my_function(x, y):
...     print(f"{x=}, {y=}")
...
>>> my_function(1, 2)
x=1, y=2
>>> my_function(x=1, y=2)
x=1, y=2
>>> my_function(y=2, x=1)
x=1, y=2
>>> my_function(1, y=2)
x=1, y=2
```

这意味着，在第一个调用中，按位置传递了值 1 和 2，它们分别被赋给参数 x 和 y。对于使用这种语法定义的参数，需要时（如让参数更明确），完全可通过关键字来传递（甚至可按相反的顺序传递参数）。唯一的约束是，通过关键字传递一个参数后，后面的所有参数都必须通过关键字传递（例如，在最后一个示例中，将参数的排列顺序反转将不可行）。

然而，从 Python 3.8（PEP-570）起，引入了新的语法，让你能够定义严格的位置参数，即给这样的参数传递值时不能指定其名称。为此，必须在最后一个位置参数后面添加/，如下所示：

```
>>> def my_function(x, y, /):
...     print(f"{x=}, {y=}")
...
>>> my_function(1, 2)
x=1, y=2
>>> my_function(x=1, y=2)
Traceback (most recent call last):
 File "<stdin>", line 1, in <module>
TypeError: my_function() got some positional-only arguments passed as
keyword arguments: 'x, y'
```

请注意第一个函数调用是如何工作的，效果与前面一样，但从现在开始，通过关键字传递参数将以失败告终。如果你试图这样做，将引发异常，其中的消息指出你试图通过关键字来传递位置参数。一般而言，使用关键字参数可提高代码的可读性，因为你始终知道各个值都是提供给哪个参数的，但在有些情况下，刚才介绍的语法很有用，如参数的名称没有意义时（是因为参数的名称无法有意义，而不是因为我们在参数命名方面做得不好），在这种情况下，试图在传递参数时指定其名称只会降低工作效率。

来看一个非常简单的示例。假设有一个函数，它检查两个单词是否互为回文。这个函数接收两个字符串并做些处理。如何给这两个字符串命名真的无关紧要（坦率地说，它们的顺序也无关紧要，只不过是第一个单词和第二个单词而已）。试图给这两个参数指定合适的名称没有多大意义，调用函数时通过关键字来传递值亦如此。

在其他情况下，应避免将参数定义为严格的位置参数。

> 💡 不要将其名称有意义的参数定义为严格的位置参数。

在极少数情况下，将参数定义为严格的位置参数可能是个不错的主意，但在大多数情况下都没必要这样做。通常，你不会想大量地使用这种特性，因为在没有将参数定义为严格的位置参数的情况下，可在传递参数时指定关键字，让人更容易知道各个值分别是传递给哪个参数的。有鉴于此，你通常采取相反的措施，将参数定义为严格的关键字参数，这将在下面的第 4 点中讨论。

4．关键字参数

一种与前述特性类似的特性是，将参数定义为关键字参数。这可能更有意义，因为在函数调用中指定参数的名称意义重大，而通过将参数定义为关键字参数，可明确地要求必须在传递它时指定名称。

为此，可使用*指定从什么地方开始，后面的所有参数都是关键字参数。在函数签名中，数量可变的位置参数（*args）后面的参数都是关键字参数。

例如，在下面的函数定义中，首先定义了两个位置参数，再定义了数量可变的位置参数，最后定义了两个关键字参数。最后一个关键字参数有默认值（因此可以不给这个参数指定值，如第三个函数调用所示）：

```
>>> def my_function(x, y, *args, kw1, kw2=0):
...         print(f"{x=}, {y=}, {kw1=}, {kw2=}")
...
>>> my_function(1, 2, kw1=3, kw2=4)
x=1, y=2, kw1=3, kw2=4
>>> my_function(1, 2, kw1=3)
x=1, y=2, kw1=3, kw2=0
```

这些函数调用让关键字参数的行为显而易见。如果不想在两个位置参数后面传递任意数量的位置参数，可将*args替换为*。

需要以向后兼容的方式扩展已定义（或正使用）的函数或类时，这种特性很有用。例如，如果有一个函数，它接收两个参数，并在代码中被多次调用（有些调用按位置传递参数，有些通过关键字传递参数），而你想添加第三个参数，为让既有的调用依然管用，你必须给第三个参数指定默认值。但更佳的做法是，同时将这个参数定义为关键字参数，这样新的调用必须明确地指出要使用的是新的函数定义。

同理，重构时这种功能对确保兼容性也很有用。假设有一个函数，你要替换其实现，同时将原来的函数作为包装器保留下来以确保兼容性。我们来分析一下下面两个函数调用的差别：

```
result = my_function(1, 2, True)
result = my_function(1, 2, use_new_implementation=True)
```

显然，第二个函数调用要明确得多，你看一眼这个函数调用就知道发生的情况。有鉴于此，明智的选择是将这个新参数（它决定了将使用哪种实现）定义为关键字参数。

像这里这样，需要有上下文才能明白参数的含义的情况下，将参数定义为关键字参数是个不错的主意。

这些就是Python函数中参数工作原理的基本知识。现在我们可以利用这些知识来讨论优良的设计理念了。

3.6.2 函数的参数数量

本节将首先指出，函数或方法接收的参数太多昭示着设计不善（存在代码坏味），然后介绍解决这种问题的方式。

第一种解决方案是物化（reification），即创建一个新对象（它可能是我们当前缺失的抽象），用于存储当前传递的所有参数。这是一个较通用的软件设计原则。将多个参数压缩到一个新对象中并非 Python 特有的解决方案，而适用于任何编程语言。

另一种解决方案是使用 3.6.1 小节介绍的 Python 特有的特性：使用数量可变的位置参数和关键字参数来创建具有动态签名的函数。这虽然是一种符合 Python 语言习惯的处理方式，但务必不要滥用这种特性，因为这样创建的函数的动态性可能极高，因此难以维护。在这种情况下，应该看一下函数体。不管函数的签名如何，也不管参数看起来是否正确，只要函数根据参数值执行的任务太多，就昭示着必须将其分解为多个更小的函数。记住，函数应该做一件事情，且只能做一件事情。

1. 函数参数与耦合

函数签名包含的参数越多，函数与调用者函数紧密耦合的可能性越大。

假设有两个函数——f1 和 f2，其中后者接收 5 个参数。f2 接收的参数越多，对调用它的人来说，为让这个函数能够正常工作而收集所有的信息并传递它们时面临的困难将越大。

f1 看起来拥有所有这些信息，因为它能够正确地调用 f2。由此我们可以得出两个结论。首先，f2 可能是一个存在漏洞的抽象。这是什么意思呢？意思就是说，由于 f1 知道 f2 需要的一切信息，很可能能够判断出 f2 在内部做了些什么，因此能够自己完成这些工作。

总而言之，f2 的抽象程度不高。其次，f2 似乎只对 f1 有用，很难想象可以在其他上下文中使用它，因此它的可重用性不高。

函数的接口越通用并能够在越高的抽象层级使用，其可重用性就越高。

这适用于所有类型的函数和对象方法，包括类的方法__init__。如果你看到类似于 f2 这样的方法，通常（但不总是）意味着应传递一个层级更高的抽象，或者缺失一个对象。

> 如果函数需要很多参数才能正常工作，意味着代码坏味。

实际上，这是一个设计问题，第 1 章介绍的 Pylint 等静态分析工具遇到这样的情形时，默认会发出警告。出现这种警告后，不要置若罔闻，而应通过重构消除这种警告。

2. 精简参数过多的函数的签名

假设你发现一个函数需要的参数太多，并知道不能让它留在代码库中不管，而必须对其进行重构。在这种情况下，有哪些解决方案可供选择呢？

根据具体情况，下面的一些解决方案可能是适用的。这里无意列出大量解决方案，而只想提供解决常见问题的思路。

如果参数大都属于同一个对象，可采用简单的方式修改这些参数。例如，请看下面的函数调用：

```
track_request(request.headers, request.ip_addr, request.request_id)
```

这个函数可能接收其他的参数，也可能不接收，但有一点是显而易见的，那就是所有参数都依赖于 request，既然如此，为何不传递 request 对象呢？这种修改很简单，却能显著地改善代码。正确的函数调用应为 track_request(request)，从语义上说，这种调用也更有意义。

虽然提倡像这样传递参数，但向函数传递可变对象时，必须特别注意副作用。被调用的函数不应对传入的对象做任何修改，否则将导致这个对象发现变化，带来不想要的副作用。除非这就是你想要的效果（在这种情况下，必须明确地指出这一点），否则不鼓励这样的行为。即便你就是要修改传入的对象，也有更好的替代方案，那就是复制传入的对象并返回修改后的新版本。

> 请使用不可变对象，并尽可能避免副作用。

这引出了一个类似的主题：将参数编组。在前面的示例中，参数已编组，但没有使用编组对象（即 request 对象）。在其他情况下，可能没有这里这样明显，你可能要将所有参数数据编组到充当容器的对象中。不用说，这种编组必须是合理的。实现编组的手段是物化，即创建设计中缺失的抽象。

如果前面介绍的策略都不管用，可采取终极手段：修改函数的签名，让函数接收可变数量的参数。如果参数太多，使用*args 或**kwargs 将导致函数更难理解，因此必须在文档中对接口做出妥善的说明并正确地使用它，在有些情况下，这样做是值得的。

诚然，使用*args 和**kwargs 定义的函数极其灵活、适应能力极强，但缺点是签名和含义不明确，且几乎没有可读性可言。本书前面通过示例指出过，变量（包括函数参数）的名称可让代码阅读起来容易得多。如果函数接收任意数量的（位置或关键字）参数，等你以后再查看它时，可能根本不知道它要使用这些参数来做什么，除非有出色的文档字符串。

> 仅当要完美地包装另一个函数（如调用 super()的方法或装饰器）时，才使用通用参数（*args，**kwargs）来定义函数。

3.7　有关软件设计最佳实践的最后说明

优良的软件设计需要遵循软件工程最佳实践，同时充分利用语言的大部分特性。充分利用 Python 提供的功能意义重大，但滥用它们或试图在简单设计中使用复杂特性将面临巨大的风险。

这条通用原则必须与一些最终建议相结合。

3.7.1　软件中的正交性

正交性非常普遍，且可以有多种含义和解释。在数学中，正交意味着两个元素是独立的。如果两个向量是正交的，它们的标量积为零。正交还意味着不相关，修改一个不会给另一个带来任何影响。软件就应该是这样的。

修改一个模块、类或函数不会给外部环境带来任何影响。这当然令人向往，但并非总是可能的。但即便在无法完全消除影响的情况下，优良的设计也应竭尽所能地降低影响。本书前面介绍了关注点分离、内聚、组件隔离等理念。

用于形容软件的运行结构时，正交性指的是让修改（副作用）局部化。这意味着调用一个对象的方法不会改变与该对象无关的其他对象的内部状态。本书前面强调了最大限度地减少副作用的重要性，并将继续强调这一点。

在前面介绍混合类时列举的示例中，我们创建了一个分词器对象，这个对象返回一个可迭代的对象。方法 __iter__ 返回一个生成器，这增大了全部 3 个类（基类、混合类和具体类）彼此正交的可能性。如果这个方法返回一个具体的对象（如列表），将在类之间形成依赖关系，因为将列表改为其他对象时，可能需要修改代码的其他部分，这意味着这些类的独立程度没有达到应有的高度。

我们来看一个简单的示例。在 Python 中，可将函数作为参数，因为函数也是常规对象。可利用这一点来实现某种正交性。假设有一个函数，它根据税率和折扣计算价格，但我们还想设置计算得到的最终价格的格式：

```
def calculate_price(base_price: float, tax: float, discount: float) ->
float:
    return (base_price * (1 + tax)) * (1 - discount)


def show_price(price: float) -> str:
    return "$ {0:,.2f}".format(price)
```

```
def str_final_price(
    base_price: float, tax: float, discount: float, fmt_function=str
) -> str:
    return fmt_function(calculate_price(base_price, tax, discount))
```

注意到顶级函数使用了两个正交的函数（一个计算价格，另一个将价格表示出来），修改其中的一个不会影响另一个。如果调用顶级函数时，没有传入表示函数，默认将使用字符串转换；如果传入一个自定义函数，返回的字符串将不同。然而，修改 show_price 不会影响 calculate_price。我们可修改这两个函数中的任何一个，并让另一个函数保持不变：

```
>>> str_final_price(10, 0.2, 0.5)
'6.0'
```

```
>>> str_final_price(1000, 0.2, 0)
'1200.0'
```

```
>>> str_final_price(1000, 0.2, 0.1, fmt_function=show_price)
'$ 1,080.00'
```

就代码质量而言，有一个方面与正交性相关。如果两部分代码是正交的，就意味着修改其中一个部分不会影响另一个部分。这意味着被修改的那部分的单元测试与另一部分的单元测试也是正交的。基于这样的假设，如果被修改部分的单元测试通过了，就可以在一定程度上认为整个应用程序是正确的，无须进行全面的回归测试。

更广泛地说，可从功能角度考虑正交性。如果应用程序的两项功能是完全独立的，就可分别测试和发布它们，而不用担心其中一项功能破坏另一项功能（或者说其他代码）。假设要在项目中引入新的认证机制（如 oauth2），可在引入该机制的同时，让另一个团队开发新的报表功能。

除非系统存在根本性错误，否则这两项特性不会相互影响。无论先合并哪项特性，另一项特性都不受丝毫影响。

3.7.2 结构化代码

代码的组织方式也会影响团队的效率和代码的可维护性。

特别是，创建包含大量定义（类、函数、常量等）的大型文件是一种糟糕的做法，不值得提倡。这并不意味着走向另一个极端，将每个定义都单独放在一个文件中，相反，优良的代码库根据相似性来组织组件。

所幸在大多数情况下，将大型 Python 文件分解为小型文件都不是难事。即便有多个其他的代码部分依赖于文件中的定义，也可将文件转换为包，而不影响兼容性。为此，可新建一个目录，并在其中创建文件__init__.py（让这个目录成为 Python 包）。接下来，在这个目录中创建多个文件，并在每个文件中包含特定的定义（根据特定标准对函数和类进行分组，让每个文件包含的函数和类更少）。然后，在文件__init__.py 中，导入当前目录下其他所有文件中的定义（这确保了兼容性）。另外，还可以在模块的变量__all__中列出这些定义，让它们是可导出的。

这样做有很有优点。在每个文件中导航更容易、查找起来更容易，另外，由于下面的原因，效率也更高。

- 导入模块时，需要分析和载入内存的对象更少。
- 模块本身需要导入的可能模块更少，因为它需要的依赖更少。

另外，为项目制定约定也会有所帮助。例如，不将常量放在所有文件中，而创建一个文件专门用来存储项目中用到的常量值，并从这个文件导入常量：

```
from myproject.constants import CONNECTION_TIMEOUT
```

像这样集中存储信息可让代码重用更容易，还有助于避免无意的重复。

有关分离模块及创建 Python 包的更详细信息，请参阅第 10 章，该章从软件架构的角度讨论了这些主题。

3.8　小结

本章探索了多个有助于实现整洁设计的原则。代码是设计的一部分，明白这一点是实现高质量软件的关键，这是本章及第 4 章的重点。

有了这些理念后，就可构建更强大的代码。例如，通过应用 DbC，可确保创建的组件在约束条件下工作。更重要的是，如果发生错误，我们也不会觉得手足无措，而是会清楚地知道谁是罪魁祸首以及是哪部分违反了契约，而这种分辨能力是有效调试的关键。

同理，如果能够防范恶意或错误的输入，组件将更健壮。虽然这个理念与 DbC 背道而驰，却可能为它提供很好的补充。防御式编程是一种很不错的理念，对应用程序的关键部分来说尤其如此。

对 DbC 和防御式编程这两种方法来说，正确地处理断言都至关重要。请记住在 Python 中该如何使用断言，同时不要在程序的流程控制逻辑中使用断言，也不要捕获断言引发的异常。

说到异常，知道如何以及何时使用它们很重要，而最重要的一点是，不要将异常用作流程控制（go-to）结构。

我们探讨了一个反复出现的面向对象设计的主题：使用继承还是组合。我们从中学到的主要经验教训是哪个更合适就使用哪个，而不是使用这个而不使用那个。另外，还应避免一些常见的反模式，这些反模式在 Python 中经常会出现，考虑到 Python 的高度动态性时尤其如此。

最后，我们讨论了函数的参数数量，以及确保代码整洁的经验法则，那就是任何时候都不要忘了 Python 的独特性。

这些概念都是基本的设计理念，旨在为你学习第 4 章的内容打下坚实的基础。你必须先明白这些理念，这样我们才能接着探讨高阶主题，如 SOLID 原则。

3.9 参考资料

下面列出了本章涉及的文献，以供参考。

- PEP-570：*Python Positional-Only Parameters*。
- PEP-3102：*Keyword-Only Arguments*。
- Bertrand Meyer 编著的 *Object-Oriented Software Construction*（第 2 版）。
- *The Pragmatic Programmer: From Journeyman to Master*（Andrew Hunt 和 David Thomas 编著，Addison-Wesley 于 2000 年出版）。
- PEP-316：*Programming by Contract for Python*。
- REAL 01：*The Most Diabolical Python Antipattern*。
- PEP-3134：*Exception Chaining and Embedded Tracebacks*。
- *Idiomatic Python: EAFP versus LBYL*。
- *Composition vs. Inheritance: How to Choose*。
- *Python HTTP*。
- Source reference for exceptions in the requests library。
- Steve McConnell 编著的 *Code Complete: A Practical Handbook of Software Construction*（第 2 版）。

第 4 章
SOLID 原则

本章继续探讨适用于 Python 的整洁设计概念。特别是，我们将回顾 SOLID 原则以及如何以符合 Python 语言习惯的方式实现它们。这些原则指定了为实现高质量软件必须遵循的一系列最佳实践。有些读者可能不知道 SOLID 指的是什么，因此这里做以下说明。

- S：单一职责原则（Single Responsibility Principle，SRP）。
- O：开/闭原则（Open/Closed Principle，OCP）。
- L：里氏替换原则（Liskov's Substitution Principle，LSP）。
- I：接口分离原则（Interface Segregation Principle，ISP）
- D：依赖倒置原则（Dependency Inversion Principle，DIP）。

本章的学习目标如下。

- 熟悉用于软件设计的 SOLID 原则。
- 设计遵循单一职责原则的软件组件。
- 通过遵循开/闭原则让代码更容易维护。
- 在面向对象设计中，通过遵循里氏替换原则实现合适的类层次结构。
- 按接口分离原则和依赖倒置原则进行设计。

4.1 单一职责原则

单一职责原则（SRP）指出，一个软件组件（通常是类）只能有一个职责。一个类只能有一个职责意味着它只负责做一件具体的事情，由此可得出结论，修改它的原因只有一个。

仅当域问题的特定方面发生变化时，才必须修改这个类。如果由于其他原因而必须修改这个类，就意味着抽象是不正确的，且类承担的职责太多。这可能昭示着至少缺少一个抽象，因此需要创建其他对象，以分担当前这个负担过多的类承担的额外职责。

第 2 章说过，这个设计原则有助于构建内聚性更高的抽象——遵循 UNIX 理念的对象，即做一件事情且只做一件事情的对象。在任何情况下，请避免对象承担多项职责（这种对象常被称为"上帝对象"，因为它们知道得太多了，或者比它们应该知道的更多）。这些对象将不同（大都不相关）的行为组合在一起，因此更难维护。

再说一遍，类越小越好。

SRP 与软件设计中的内聚理念紧密相关，内聚理念在第 3 章讨论关注点分离时探讨过。在这里，我们力图要实现的目标是，以特定的方式设计类，使其大部分特性和属性都被其方法使用。出现这样的情况后，我们便知道它们是相关的概念，将它们放在同一个抽象中合情合理。

从某种程度上说，这个理念有点类似于关系数据库设计中的规范化概念。如果我们发现对象接口的方法或属性之间有隔阂（partition），还不如将它们移到其他地方，这昭示着将两个或更多的抽象合而为一了。

还可以以另一种方式来看待这个原则。查看类时，如果发现其中的方法是互斥的且彼此不相关，就说明它们是不同的职责，必须将当前类分为多个更小的类。

4.1.1　一个职责过多的类

我们来看一个案例。在这个案例中，一个应用程序负责从数据源（可以是日志文件、数据库或众多其他的数据源）读取有关事件的信息，并根据事件确定要采取的措施。

图 4.1 是一种未遵循 SRP 的设计。

在不考虑实现的情况下，这个类的代码可能类似于下面这样：

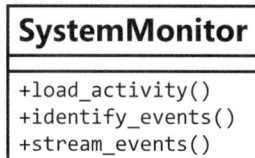

图 4.1　一个职责过多的类

```
# srp_1.py
class SystemMonitor:
    def load_activity(self):
        """Get the events from a source, to be processed."""

    def identify_events(self):
        """Parse the source raw data into events (domain objects)."""

    def stream_events(self):
        """Send the parsed events to an external agent."""
```

这个类存在的问题是，它定义了一个包含一系列方法的接口，但这些方法对应的操作是相互正交的：每个操作都可以独立于其他操作完成。

这种设计缺陷导致这个类僵硬、不灵活且容易出错，因为它难以维护。在这个示例中，每个方法都表示类的一个职责，而每个职责都是导致类可能需要修改的原因。在这里，每个方法都是导致类必须修改的各种原因中的一个。

请看方法 load_activity，它从特定的数据源检索信息。不管这是如何完成的（这里可将实现细节抽掉），这个方法都将执行一系列步骤，如连接到数据源、加载数据、将数据转换为所需的格式等。如果我们要修改某个方面（如用于存储数据的数据结构），就必须修改 SystemMonitor 类。请你问一问自己，这合理吗？仅仅因为修改了数据的表示方式，就必须修改系统监视器对象吗？不是的。

同样的论证也适用于其他两种方法。如果改变了采集事件指纹的方式，或者要将事件发送给另一个数据源，就必须修改 SystemMonitor 类。

这个类非常脆弱且不太容易维护，这一点现在应该很清楚。大量不同的原因都会导致需要修改这个类，而我们要最大限度地降低外部因素对代码的影响。同样，解决方案是创建更小、更内聚的抽象。

4.1.2　分配职责

为让解决方案更容易维护，我们将每个方法都放在不同的类中。这样，每个类的职责都是单一的，如图 4.2 所示。

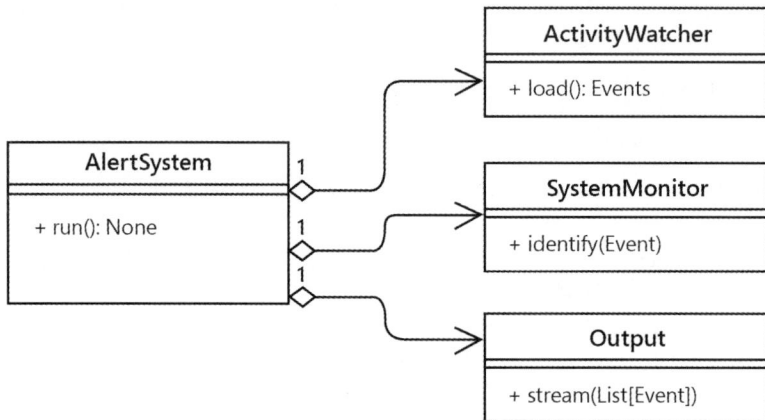

图 4.2　在类之间分配职责

通过使用一个与这些新类的实例交互的对象（从而将这些对象都作为协作者），实现了同样的行为，同时遵循了这样的理念：每个类都封装一组特定的方法，这些方法独立于其他类的方法。现在，修改这些类中的任何一个类都不会影响其他的类，同时每个类都有明确而具体的职责。如果我们修改从数据源加载事件的方式，AlertSystem 甚至都不知道做了这样的修改，因此不需要对系统监视器做任何修改（条件式契约没变），也无须修改数据目标。

现在，修改被局部化，带来的影响很小，因此每个类都更容易维护。

这些新类定义的接口不仅更容易维护，而且可重用性更高。现在假设在这个应用程序的另一个部分，也需要从日志中读取活动，但这样做的目的不同。在采用图 4.2 所示设计的情况下，我们只需使用 ActivityWatcher 类型的对象（实际上，应将这个类定义为一个接口，但就这里而言，这个细节无关紧要，因此将在后面讨论其他原则时做出解释）。这样做是合理的，但如果采用的是图 4.1 所示的设计，这样做就不合理，因为如果重用图 4.1 所示设计中唯一的一个类，将同时获得一些根本不需要的方法，如 identify_events() 和 stream_events()。

必须澄清的一点是，这个原则并不意味着每个类都只能有一个方法。图 4.2 所示的每个类都可以有其他方法，只要它们与这个类负责处理的逻辑相关。

对于本章探讨的大部分（乃至所有）原则来说，有趣的一点是，不应在刚开始设计时就试图完全遵循它们。你的目标是设计易于扩展和修改并可演化为更稳定版本的软件。

具体地说，可将 SRP 作为一种思路。例如，如果你正设计一个组件（假定是一个类），而它需要做很多不同的事情（就像前面的示例中那样），那么一开始你就知道不会有什么好结果，而需要将职责分离。这是一个不错的开始，但接下来的问题是：根据什么样的边界来分离职责合适？为了理解这一点，可先编写一个大一统的类，以确定有哪些内部协作以及职责是如何分配的。这有助于你更清楚地知道需要创建哪些新抽象。

4.2 开/闭原则

开/闭原则（OCP）指出，模块应该是既开放又关闭的，即在有些方面是开放的，在有些方面是关闭的。

例如，设计类时应仔细封装实现细节使其易于维护，这意味着它对扩展是开放的，对修改是关闭的。

简单地说，我们希望代码是可扩展的，能够适应新需求或域问题中的变化。这意味着域问题中出现新东西时，我们只想在模型中添加新东西，而不想修改任何既有的对修改关闭的东西。

如果由于某种原因必须添加新东西时，我们必须对代码进行修改，就说明逻辑可能设计得很糟糕。理想情况下，我们希望在需求发生变化时，只需扩展模块使其支持新的行为，而无须大面积地修改当前逻辑。

这条原则适用于多种软件抽象，这可以是类或模块，但理念是一样的。在 4.2.1 小节和 4.2.2 小节中，你将看到将该原则应用于类或模块的示例。

4.2.1　因未遵循 OCP 而带来可维护性问题的示例

我们先列举一个设计时未遵循 OCP 的系统，看看这样做带来的可维护性问题和不灵活的问题。

在这个系统中，有一部分负责识别被监视的另一个系统中发生的事件。我们希望这个组件能够根据以前收集的数据确定事件的类型（为简单起见，我们假定这些数据被打包到一个字典中，并通过日志、查询等方式获取了它们）。我们有一个基于这些数据的类，它检索事件，并位于一个独立的类层次结构中。

从图 4.3 所示的类图可知，有一个使用接口的对象，其中的接口是一个基类，它有多个可以用多态方式使用的子类。

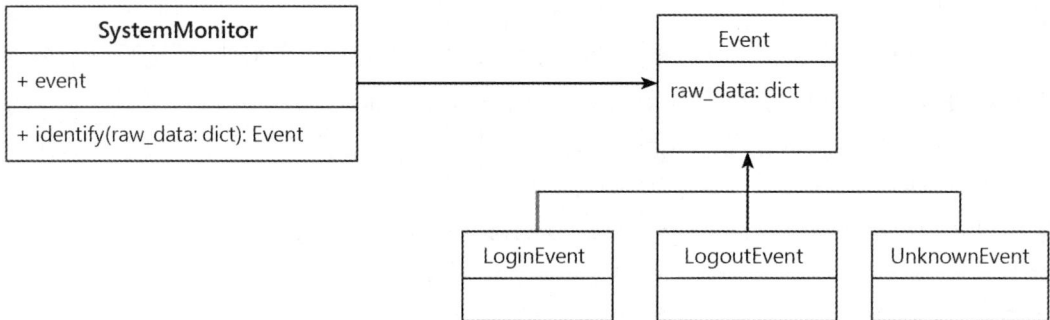

图 4.3　一个未对修改关闭的设计

乍一看，这种设计好像是可扩展的：要添加新事件，只需创建一个新的 Event 子类，然后系统监视器（SystemMonitor）就能够处理它们了。然而，这种看法并不准确，因为这完全取决于 SystemMonitor 类中方法的实际实现。

为解决这个问题，你所做的第一次尝试可能类似于下面这样：

```
# openclosed_1.py
@dataclass
class Event:
    raw_data: dict


class UnknownEvent(Event):
```

```
        """A type of event that cannot be identified from its data."""


class LoginEvent(Event):
    """A event representing a user that has just entered the system."""


class LogoutEvent(Event):
    """An event representing a user that has just left the system."""


class SystemMonitor:
    """Identify events that occurred in the system."""

    def __init__(self, event_data):
        self.event_data = event_data

    def identify_event(self):
        if (
            self.event_data["before"]["session"] == 0
            and self.event_data["after"]["session"] == 1
        ):
            return LoginEvent(self.event_data)
        elif (
            self.event_data["before"]["session"] == 1
            and self.event_data["after"]["session"] == 0
        ):
            return LogoutEvent(self.event_data)

        return UnknownEvent(self.event_data)
```

上述代码的预期行为如下:

```
>>> l1 = SystemMonitor({"before": {"session": 0}, "after": {"session":
1}})
>>> l1.identify_event().__class__.__name__
'LoginEvent'

>>> l2 = SystemMonitor({"before": {"session": 1}, "after": {"session":
0}})
>>> l2.identify_event().__class__.__name__
'LogoutEvent'

>>> l3 = SystemMonitor({"before": {"session": 1}, "after": {"session":
```

```
1}}})
>>> 13.identify_event().__class__.__name__
'UnknownEvent'
```

请注意事件类型的层次结构和构造它们的一些业务逻辑。例如，在事前会话标记为 0，而事后会话标记为 1 时，我们将记录标识为登录事件；而出现相反的情况时，意味着记录为注销事件。如果事件无法识别，就返回一个类型为未知的事件。这样做旨在遵循空对象模式（不返回 None，而使用默认逻辑返回一个相应类型的对象）以保留多态性。空对象模式将在第 9 章讨论。

这种设计存在一些问题。首先，确定事件类型的逻辑集中放在一个大一统的方法中。要支持的事件类型数量增加时，这个方法也将增大，最终可能导致这个方法非常大，这可不是好事，因为本书前面讨论过，它不再是只做一件事并将这件事做好。

根据刚才的讨论可知，这个方法并不是对修改关闭的。每当需要在系统中新增事件类型时，都必须修改这个方法（更别说其中的 elif 语句链阅读起来就是一场噩梦了）。

我们希望能够在不修改这个方法（对修改关闭）的情况下添加新的事件类型，同时希望能够支持新的事件类型（对扩展开放），即添加新的事件时，只需添加代码，而无须修改既有的代码。

4.2.2　重构事件系统以提高可扩展性

前一个示例的问题是，SystemMonitor 类直接与它要检索的具体类交互。

为让设计遵循开/闭原则，必须面向抽象。

一种可能的替代解决方案是，让这个类与事件协作，将判断特定事件类型的逻辑委托给相应的类，如图 4.4 所示。

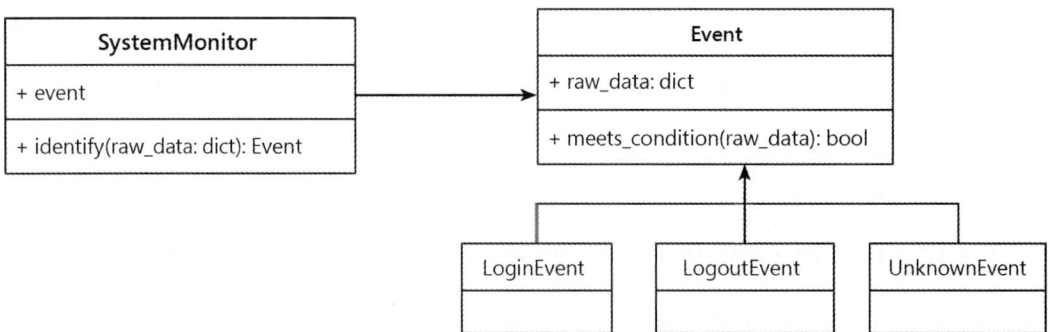

图 4.4　遵循 OCP 的设计

接下来，必须在每个事件类型中添加一个多态方法，这个方法唯一的职责是判断当前事件类型是否与传入的数据匹配。我们还需修改 SystemMonitor 类中方法的逻辑，使其遍历所有的事件类型，以找到正确的。

新代码应类似于下面这样：

```python
# openclosed_2.py
class Event:
    def __init__(self, raw_data):
        self.raw_data = raw_data

    @staticmethod
    def meets_condition(event_data: dict) -> bool:
        return False


class UnknownEvent(Event):
    """A type of event that cannot be identified from its data"""


class LoginEvent(Event):
    @staticmethod
    def meets_condition(event_data: dict):
        return (
            event_data["before"]["session"] == 0
            and event_data["after"]["session"] == 1
        )


class LogoutEvent(Event):
    @staticmethod
    def meets_condition(event_data: dict):
        return (
            event_data["before"]["session"] == 1
            and event_data["after"]["session"] == 0
        )


class SystemMonitor:
    """Identify events that occurred in the system."""

    def __init__(self, event_data):
        self.event_data = event_data

    def identify_event(self):
```

```
for event_cls in Event.__subclasses__():
    try:
        if event_cls.meets_condition(self.event_data):
            return event_cls(self.event_data)
    except KeyError:
        continue
return UnknownEvent(self.event_data)
```

注意到现在的交互是面向抽象的（这里使用的是基类 Event，你甚至可将 Event 类声明为抽象基类或接口，但就这里而言，将其声明为具体基类就够了）。方法 identify_event 不再直接与具体的事件类型打交道，而只与泛型事件类型打交道。泛型事件类型都遵循通用接口，因此方法 meets_condition 是多态的。

注意到各种事件类型是通过方法 __subclasses__() 来获得的。要支持新的事件类型，只需创建一个新类，让它扩展 Event 类，并根据该事件类型的特点实现方法 meets_condition()。

这个示例依赖于方法 __subclasses__()，因为就说明可扩展的设计理念而言，这样做就足够了。也可以使用其他的替代解决方案，如使用模块 abc 注册类或创建自己的注册表，但主要理念是相同的，对象之间的关系也不变。

在这个设计中，方法 identify_event 是关闭的：向域中添加新的事件类型时，无须修改它。相反，事件类层次结构对扩展是开放的：当新的事件类型出现在域中时，我们只需创建一个新类，并根据它实现的接口定义判断这种事件的标准。

4.2.3　扩展事件系统

下面来证明这种设计确实像我们希望的那样，是可扩展的。假设出现了新需求，必须支持与用户在被监视的系统中执行的事务对应的事件。

在这个设计的类图中，必须包含这个新的事件类型，如图 4.5 所示。

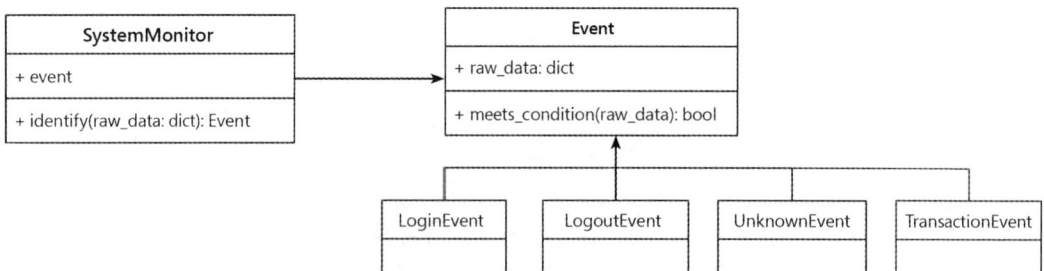

图 4.5　扩展后的设计

我们创建这个新类，在其方法 meets_condition 中实现判断这种事件的标准，而逻辑的其他部分（在添加新的事件类型后）依然管用。

下面是这个新类的代码，而所有其他以前的定义不变：

```
# openclosed_3.py

class TransactionEvent(Event):
    """Represents a transaction that has just occurred on the
system."""

    @staticmethod
    def meets_condition(event_data: dict):
        return event_data["after"].get("transaction") is not None
```

可以证明，能够识别以前的所有事件类型，还能正确地识别新的事件类型：

```
>>> l1 = SystemMonitor({"before": {"session": 0}, "after": {"session":
1}})
>>> l1.identify_event().__class__.__name__
'LoginEvent'


>>> l2 = SystemMonitor({"before": {"session": 1}, "after": {"session":
0}})
>>> l2.identify_event().__class__.__name__
'LogoutEvent'


>>> l3 = SystemMonitor({"before": {"session": 1}, "after": {"session":
1}})
>>> l3.identify_event().__class__.__name__
'UnknownEvent'


>>> l4 = SystemMonitor({"after": {"transaction": "Tx001"}})
>>> l4.identify_event().__class__.__name__
'TransactionEvent'
```

注意到添加新的事件类型后，方法 SystemMonitor.identify_event()根本没变。因此，可以说这个方法对新的事件类型是关闭的。

相反，Event 类让我们能够在必要时添加新的事件类型，因此说 Event 对使用新类型进行扩展是开放的。

这就是开/闭原则的真谛：域问题中出现新东西时，我们只想添加新代码，而不想修改任何既有代码。

4.2.4 OCP 小结

你可能注意到了，这个原则与有效地使用多态紧密相关。我们的目标是设计这样的抽象，即它们遵守客户端可以使用的多态契约，且足够通用，使得只要保留多态关系，整个模型就是可扩展的。

这个原则解决了一个重要的软件工程问题：可维护性。如果不遵循 OCP，将面临连锁反应带来的风险：修改软件的一个地方后，必须修改代码库的各个地方，否则代码的其他部分可能不能正确地运行。

最后需要指出的一点是，为达到无须修改代码就可扩展行为的目标，需要能够对要保护的抽象（在这个示例中，是新的事件类型）进行合适的封闭（closure）。这并非在所有程序中都是可能的，因为有些抽象可能相互冲突，例如，我们可能有一个合适的抽象，它对某种类型的需求是封闭的，但对其他类型的需求不是。在这种情况下，我们必须做出选择，通过采取策略确保抽象对可扩展性要求最高的需求是封闭的。

4.3 里氏替换原则

里氏替换原则（LSP）指出，对象类型必须具备一系列特性才能确保其设计的可靠性。

LSP 背后的主要理念是，对于任何类，客户端都应该能够不加区分地使用其所有子类，甚至不需要注意，因此在运行时也不会影响期望的行为。这意味着客户端是完全隔离的，即便类层次结构发生了变化，它也意识不到。

LSP 的原始定义（LISKOV 01）如下：如果 S 是 T 的子类型，则可将类型为 T 的对象替换为类型为 S 的对象，而不会破坏程序。

类似于图 4.6 所示的通用类图有助于理解这一点。假设有一个客户端类，需要（包含）另一种类型的对象。通常，我们希望这个客户端与这种类型的对象交互，即通过接口进行工作。

然而，这种类型可能只是一个通用的接口定义（即为抽象类或接口），而不是本身有行为的类，同时可能有多个子类（图 4.6 中的

图 4.6 一个泛型子类层次结构

Subtype1 到 SubtypeN）扩展了它。这个原则背后的理念是，如果正确地实现了层次结构，客户端类就能够使用任何子类的实例，甚至在使用过程中都不知道使用的是哪个子类的实例。这些对象应该是可以相互替换的。

这与本书前面讨论过的其他设计原则（如以接口为中心的设计，designing for interface）相关。良好的类必须定义清晰而简洁的接口，这样只要子类遵循了这个接口，程序就能继续保持正确。

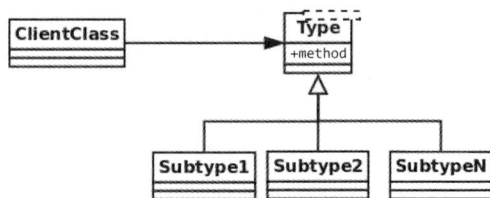

因此，这个原则也与契约式设计背后的理念相关。在给定类型和客户端之间有契约，通过遵守 LSP 规则，设计可确保子类遵守父类定义的契约。

4.3.1　使用工具找出 LSP 问题

存在一些在遵守 LSP 方面错得离谱的情形，你可以使用第 1 章介绍的工具（主要是 Mypy 和 Pylint）轻松地找出它们。

1. 使用 Mypy 找出错误的方法签名

通过在代码的各个地方使用类型注解（就像第 1 章推荐的那样）并配置 Mypy，可以在早期快速发现一些基本错误，还可以进行基本的 LSP 遵守情况检查。

如果 Event 的子类以不兼容的方式覆盖了一个方法，Mypy 将能够通过检查注解发现这一点：

```
class Event:
    ...
    def meets_condition(self, event_data: dict) -> bool:
        return False


class LoginEvent(Event):
    def meets_condition(self, event_data: list) -> bool:
        return bool(event_data)
```

如果你对这个文件运行 Mypy，将出现一条类似于下面的错误消息：

error: Argument 1 of "meets_condition" incompatible with supertype "Event"

这里显然违反了 LSP，因为派生类给参数 event_data 指定的类型与基类中指定的类型不同，因此无法期望它们以相同的方式工作。记住，根据 LSP，这些层次结构的调用者必须能够透明地使用 Event 或 LoginEvent，而注意不到它们之间有任何差别。互换这两种类型的对象不应导致应用程序失败。如果不能互换，就意味着层次结构的多态性遭到了破坏。

如果返回类型不是 Boolean 值，将发生同样的错误，原因是这些代码的客户端期望返回的是 Boolean 值。如果派生类改变返回类型，就违反了契约，因此不能期望程序还能正常运行。

在这个演示错误的简单示例中，使用的分别是字典和列表，它们虽然是不同的类型，但接口相同，因此需要对此做简短的说明。字典和列表确实有相同之处——它们都是可迭代的，这意味着在有些情况下，让一个方法期望接收一个字典，而让另一个方法期望接收一个列表可能是合法的，条件是它们都通过可迭代的接口来处理参数。在这个示例中，问题并非出在逻辑本身（可能依然遵守了 LSP），而在签名中的类型定义上：不应将类型指定为 list 或 dict，而应将其指定为它们的父类。无论如何，都必须做出修改（无论是方法的代码、整个设计还是类型注解），而不能对警告置若罔闻，对 Mypy 指出的错误置之不理。

> 不要使用 # type: ignore 或类似的东西来忽略这种错误。请通过重构或修改代码来解决实际问题。工具不会无缘无故地报告实际的设计缺陷。

从面向对象设计的角度看，这个原则也合情合理。记住，派生子类时，创建的应是更具体的类型，但每个子类都必须是父类声明的那样。在 4.2 节的示例中，系统监视器希望能够以相同的方式处理任何类型的事件，但每种类型的事件都是事件（LoginEvent 必须是 Event，其他子类也必须如此）。如果这些对象没有实现基类 Event 的方法、没有实现基类 Event 中没有声明的另一个公有方法或者没有修改方法的签名，而导致层次结构遭到破坏，那么方法 identify_event 可能不再管用。

2. 使用 Pylint 找出不兼容的签名

除改变层次结构上参数的类型外，另一种严重违反 LSP 的情形是，方法的签名完全不同。这看似是非常愚蠢的错误，但并非总是那么容易发现；Python 是解释型的，早期并没有编译器来检测这些类型的错误，因此直到运行阶段才能捕获它们。所幸有 Mypy 和 Pylint 等静态代码分析器，它们能够提早捕获这种错误。

虽然 Mypy 也会捕获这些类型的错误，但最好也运行 Pylint 以获得更多的信息。

如果类破坏了层次结构定义的兼容性（如修改了方法的签名、添加了额外参数等），如下所示：

```
# lsp_1.py
class LogoutEvent(Event):
    def meets_condition(self, event_data: dict, override: bool) ->
bool:
        if override:
            return True
        ...
```

Pylint 将发现这一点，进而显示一条信息丰富的错误消息：

Parameters differ from overridden 'meets_condition' method (arguments-differ)

同样，与前面一样，不要抑制这些错误消息。相反，应关注工具给出的警告和错误消息，并相应地调整代码。

4.3.2 更微妙的 LSP 违反情形

然而，在其他情况下，违反 LSP 的方式不那么明显，工具无法自动识别，因此只能依靠代码审核期间的详细代码检查。

修改契约的情况尤其难以自动检测出来。鉴于 LSP 的整个理念是客户端可像使用父类那样使用子类，因此在层次结构中，必须正确地确保契约是不变的。

第 3 章说过，在契约式设计中，客户端和提供者之间的契约设置了一些规则：客户端必须满足方法的前置条件，而提供者可能对此进行验证并向客户端返回结果，而客户端将检查结果是否满足后置条件。

父类定义了它与客户端之间的契约，而子类必须遵守这个契约。这意味着：

● 子类不能让前置条件比父类定义的前置条件更严格；
● 子类不能让后置条件比父类定义的后置条件更宽松。

请看 4.2 节定义的事件层次结构，但为说明 LSP 和 DbC 之间的关系，这里将做些修改。

给根据数据检查标准的方法指定一个前置条件，这个前置条件要求提供的参数必须是一个这样的字典，即包含键 before 和 after，且这些键的值也是嵌套字典。这让我们能够进一步封装事件，因为现在客户端无须捕获 KeyError 异常，而只需调用检查前置条件的方法（假定系统在错误的假设下运行时，失败是可以接受的）。

随便说一句，可以在客户端中删除异常处理代码是件好事，因为现在 SystemMonitor 不需要知道协作者类的方法可能引发哪些类型的异常（记住，异常会削弱封装，因为它们要求调用者对被调用的对象有更深的了解）。

为实现这样的设计，可对代码做如下修改：

```
# lsp_2.py
from collections.abc import Mapping


class Event:
    def __init__(self, raw_data):
        self.raw_data = raw_data

    @staticmethod
    def meets_condition(event_data: dict) -> bool:
        return False

    @staticmethod
    def validate_precondition(event_data: dict):
        """Precondition of the contract of this interface.
```

```
        Validate that the ``event_data`` parameter is properly formed.
        """
        if not isinstance(event_data, Mapping):
            raise ValueError(f"{event_data!r} is not a dict")
        for moment in ("before", "after"):
            if moment not in event_data:
                raise ValueError(f"{moment} not in {event_data}")
            if not isinstance(event_data[moment], Mapping):
                raise ValueError(f"event_data[{moment!r}] is not a
dict")
```

现在，确定事件类型的代码先检查前置条件，再接着确定事件的类型：

```
# lsp_2.py
class SystemMonitor:
    """Identify events that occurred in the system."""

    def __init__(self, event_data):
        self.event_data = event_data

    def identify_event(self):
        Event.validate_precondition(self.event_data)
        event_cls = next(
            (
                event_cls
                for event_cls in Event.__subclasses__()
                if event_cls.meets_condition(self.event_data)
            ),
            UnknownEvent,
        )
        return event_cls(self.event_data)
```

契约只做了如下规定：必须有顶级键 before 和 after，而且它们的值必须是字典。在子类中，如果对参数提出更严格的要求，将以失败告终。

对于表示事务事件的类，原来的设计是正确的。如果你查看其代码，将发现它并没有要求存在内部键 transaction，而只是使用了它的值（但这并没有要求这个键必须存在）：

```
# lsp_2.py
class TransactionEvent(Event):
    """Represents a transaction that has just occurred on the
system."""

    @staticmethod
    def meets_condition(event_data: dict) -> bool:
        return event_data["after"].get("transaction") is not None
```

然而，另外两个类的方法是不正确的，因为它们要求存在键 session，而原来的契约并没有这样的要求。这违反了契约，导致客户端现在不能像使用其他类那样使用它们，因为它们的方法会引发异常 KeyError。

修复这种问题（将方括号表示法替换为方法.get()）后，便遵守了 LSP，同时恢复了多态性：

```
>>> l1 = SystemMonitor({"before": {"session": 0}, "after": {"session":
1}})
>>> l1.identify_event().__class__.__name__
'LoginEvent'

>>> l2 = SystemMonitor({"before": {"session": 1}, "after": {"session":
0}})
>>> l2.identify_event().__class__.__name__
'LogoutEvent'

>>> l3 = SystemMonitor({"before": {"session": 1}, "after": {"session":
1}})
>>> l3.identify_event().__class__.__name__
'UnknownEvent'

>>> l4 = SystemMonitor({"before": {}, "after": {"transaction":
"Tx001"}})
>>> l4.identify_event().__class__.__name__
'TransactionEvent'
```

不要指望自动化工具能够发现像这样的 LSP 违反情况，不管它们有多好、多有帮助。设计类时必须非常小心，以免无意间以与客户端期望不兼容的方式改变方法的输入或输出。

4.3.3　LSP 小结

LSP 是优良面向对象软件设计的基础，它强调面向对象软件设计的核心特征之一——多态性，旨在帮助你创建正确的层次结构，确保从父类派生出子类时，其接口中的方法是多态的。

有趣的一点是，这个原则与前一个原则是相关联的，如果试图从父类派生出一个不兼容的子类，将以失败告终，因为这违反了父类与客户端之间的契约，因此这样的扩展是不可能的（要让这样的扩展变得可能，必须违反另一个原则——对原本应该对修改关闭的客户端代码进行修改，这绝对是不可取的，也是完全不能接受的）。

创建新类时，请按 LSP 建议的方式思考，这可帮助你正确地扩展层次结构。因此，可以说，LSP 有助于 OCP。

4.4　接口分离

本书反复提到了一个理念，那就是接口应该很小，而接口分离原则（ISP）为实现这个理念提供了指南。

在面向对象的术语中，接口由对象暴露的一系列方法和属性表示。也就是说，对象能够接收或解读的全部消息构成了其接口，这是其他客户端可以请求的。接口分离了类暴露的行为的定义和实现。

在 Python 中，接口是由类根据其方法隐式定义的，这是因为 Python 遵循所谓的鸭子类型原则。

传统上，鸭子类型背后的理念是，任何对象实际上都是由其拥有的方法以及能够做的事情表示的。这意味着最终决定对象本质的是其拥有的方法，而无关乎类的类型、名称、文档字符串、类属性和实例属性。类中定义的方法（即知道做什么）决定了对象将是什么样的。为什么称之为鸭子类型呢？因为其背后的理念是，如果走起来像鸭子，叫起来像鸭子，那它就是鸭子。

在很长时间内，鸭子类型原则都是 Python 定义接口的唯一方式。后来，PEP-3119 引入了抽象基类概念，将其作为另一种定义接口的方式。抽象基类定义基本行为或接口，由派生类负责实现。在需要确保某些关键方法被覆盖时，这很有用，抽象基类还可作为覆盖或扩展方法（如 isinstance()）的机制。

引入抽象基类旨在提供强大而有用的工具，让开发人员能够指定必须实现的方法。例如，在前面介绍 LSP 时列举的示例中，如果我们不想使用 Event 类本身（因为它什么都代表不了），而要处理实际的事件（如 LoginEvent 等子类），可将 Event 定义为抽象基类，将这种想法明确地指出来。这样，系统监视器将具体的事件，而 Event 类将充当接口（这相当于说派生类的行为将与 Event 类似）。我们可再进一步，假定方法 meets_condition 的默认实现不足以解决问题（在有些情况下，接口不能提供实现），因此要求每个派生类都必须实现这个方法。为此，可使用装饰器 @abstractmethod。

模块 abc 提供了一种将类型注册为层次结构一部分的方式，这样注册的类型被称为虚拟子类。这进一步扩展了鸭子类型的概念，增加了一个新的判断标准：走起来像鸭子、叫起来像鸭子或者说自己是鸭子。

这些就是有关 Python 如何解释接口的概念，它们对理解接口分离原则和依赖倒置原则很重要。

抽象地说，ISP 指出，与其定义一个提供大量方法的接口，不如将其分成多个接口，这样每个接口包含的方法都更少（最好只有一个），且范围具体而准确。通过将接口分解为尽可能小的单元，有助于提高代码的可重用性，且每个要实现这些接口的类都很可能是高度内聚的，因为其行为和职责都非常明确。

4.4.1 一个提供了太多功能的接口

现在，我们希望能够对来自多个数据源且格式不同（如 XML 和 JSON）的事件进行分析。根据最佳实践，我们决定将接口（而不是具体类）作为依赖，并设计了类似于图 4.7 所示的接口。

在 Python 中，要创建这个接口，可使用一个抽象基类，并将方法（from_xml()和 from_json()）定义为抽象的，从而迫使派生类实现它们。从这个抽象基类派生而来并实现了这些方法的事件类能够处理相应类型的事件。

图 4.7 一个提供太多不相关功能的接口

但如果某个类不需要 XML 方法，且只能从 JSON 构建呢？它依然从接口获得了方法 from_xml()，尽管不需要这个方法，却不得不保留它。这不太灵活，因为形成了耦合，且接口的客户端被迫处理它们不需要的方法。

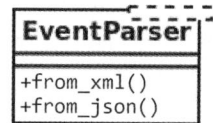

4.4.2 接口越小越好

更佳的做法是，将这个接口分成两个，每个方法一个。我们依然可以获得同样的功能，方法是让事件分析器类实现这两个接口（因为接口和抽象基类是约束更严格的常规类，而 Python 支持多继承），如图 4.8 所示。不同的是，现在每个方法都是在一个更具体的接口中声明的，因此需要时可以在代码的其他地方重用它们。

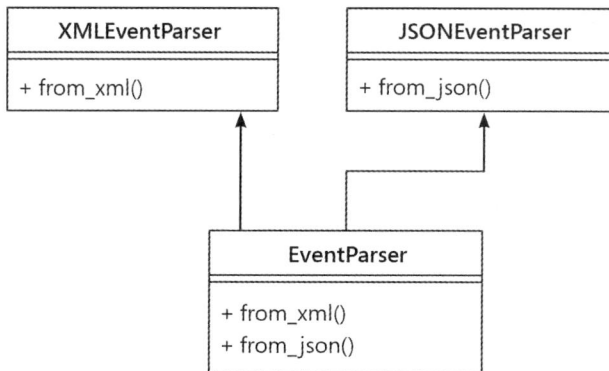

图 4.8 通过分离接口实现相同的功能

采用这种设计时，从 XMLEventParser 派生而来并实现了方法 from_xml() 的对象知道如何从 XML 构建，而从 JSONEventParser 派生而来并实现了方法 from_json() 的对象知道如何从 JSON 文件构建，但最重要的是，我们让这两个独立的函数是正交的，并在不丢失任何功能（这些功能可以通过组合更小的新对象来实现）的情况下保留系统的灵活性。

实现图 4.8 所示设计的代码类似于下面这样：

```python
from abc import ABCMeta, abstractmethod

class XMLEventParser(metaclass=ABCMeta):
    @abstractmethod
    def from_xml(xml_data: str):
        """Parse an event from a source in XML representation."""

class JSONEventParser(metaclass=ABCMeta):
    @abstractmethod
    def from_json(json_data: str):
        """Parse an event from a source in JSON format."""

class EventParser(XMLEventParser, JSONEventParser):
    """An event parser that can create an event from source data either
    in XML or JSON format.
    """

    def from_xml(xml_data):
        pass

    def from_json(json_data: str):
        pass
```

请注意，在具体类中，必须实现接口指定的抽象方法（但在这个示例中，这些方法的实际实现无关紧要）。如果不实现它们，将触发运行时错误，如下所示：

```
>>> from src.isp import EventParser
>>> EventParser()
Traceback (most recent call last):
  File "<stdin>", line 1, in <module>
TypeError: Can't instantiate abstract class EventParser with abstract
methods from_json, from_xml
```

ISP 与 SRP 有些相似之处，但主要差别是 ISP 针对的是接口，因此它是行为的抽象定义。没有理由对这个接口进行修改，因为被实现前，这个接口中什么都没有。然而，如果不遵循这个原则，创建的接口将在正交的功能之间形成耦合，而从这种接口派生而来的类也将违反 SRP（因此，对于这样的接口，存在多个修改的理由）。

4.4.3　接口应多小

4.4.2 小节提出的观点完全正确，但需要注意的是，不要误解这个观点或走极端。

基类（无论是否是抽象的）为扩展它的其他类定义了一个接口。接口应尽可能小，对此你必须从内聚的角度来理解，即接口应该只做一件事情。这并不意味着接口只能包含一个方法。在前面的示例中，碰巧两个方法所做的事情不相关，因此将它们放在不同的类中是合理的。

但可能存在这样的情况，即多个方法恰好属于同一个类。假设你要提供一个混合类，它抽象了一个上下文管理器的逻辑，让所有从这个混合类派生而来的类都免费获得这个上下文管理器的逻辑。我们已经知道，上下文管理器必须包含两个方法：__enter__ 和 __exit__。它们必须协同工作，否则派生出来的类根本就不是有效的上下文管理器。

如果不将这两个方法放在同一个类中，将导致组件损坏，不仅没有用，还很危险。但愿这个极端的示例消除了 4.4.2 小节示例给你带来的负面影响，让你对如何设计接口有更准确的认识。

4.5　依赖倒置

这是一个强大的理念，第 9 章和第 10 章探索设计模式时会再次提到它。

依赖倒置原则（DIP）提出了一个有趣的代码保护原则：让代码独立于那些脆弱、易变或不受我们控制的事情。依赖倒置指的是不应该让我们的代码去适应细节或具体的实现，而应该反过来，通过 API 迫使实现或细节来适应我们的代码。

必须以特定的方式组织抽象，使其不依赖于细节，而是反过来，让细节（具体的实现）依赖于抽象。

假设设计中有两个需要协作的对象——A 和 B。A 使用 B 的实例，但我们的模块不能直接控制 B（它可能是一个外部库或者是由另一个团队维护的模块）。如果代码严重依赖于 B，一旦 B 发生变化，代码就将崩溃。为避免这种情况发生，必须倒置依赖，让 B 适应 A。这是通过定义一个接口，并让代码不依赖于 B 的具体实现，而依赖于这个接口来实现的。在这种情况下，遵守这个接口是 B 的职责。

与前面探讨的概念一样，抽象也是以接口（或 Python 中的抽象基类）的形式出现的。

通常，具体实现的变更频率比抽象组件高得多，因此我们将抽象（接口）放在灵活点（flexibility point）处，使得无须修改抽象本身就能修改或扩展系统。

4.5.1　一个刚性依赖案例

在我们的事件监视系统中，最后一部分是将识别的事件交给数据收集器，以便做进一步的分析。为实现这种想法，一种简单的做法是创建一个与数据目的地（如 Syslog）交互的事件传输（streamer）类，如图 4.9 所示。

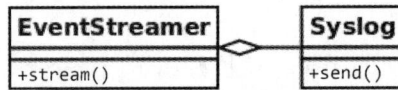

图 4.9　一个类严重依赖于另一个类

然而，这种设计不太好，因为这让一个高级类（EventStreamer）依赖于低级类（Syslog 属于实现细节）。如果向 Syslog 发送数据的方式发生了变化，就必须修改 EventStreamer。如果要在运行时更换或添加数据目的地，将会遇到麻烦，因为你将发现，为适应这些需求，需要不断地修改方法 stream()。

4.5.2　倒置依赖

对于这些问题，解决方案是让 EventStreamer 使用接口而不是具体类。这样，将由包含实现细节的低级类负责实现这个接口，如图 4.10 所示。

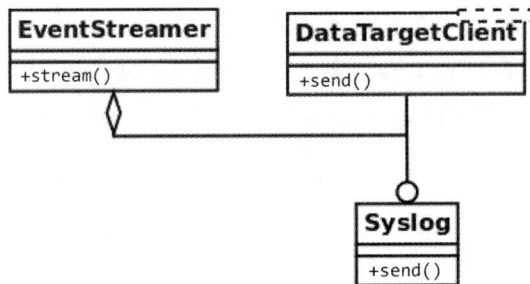

图 4.10　通过倒置依赖重构后的功能

现在有了一个接口，它表示数据将发送到的通用数据目的地。请注意，由于 EventStreamer 不依赖于数据目的地的具体实现，因此依赖倒置了：EventStreamer 无须随数据目的地的变化而变化，同时正确地实现这个接口并在必要时适应变化是每个数据目的地的职责。

换而言之，第一个实现的原始 EventStreamer 只能使用类型为 Syslog 的对象，这不太灵活。然后，我们认识到，EventStreamer 可以使用任何能够响应消息.send()的对象，进而将这个方法作为需要遵循的接口。现在，在这个版本中，Syslog 实际上扩展了抽象基类 DataTargetClient，而这个抽象基类定义了方法 send()。从现在起，由每种新的数据目的地类型（如 email）负责扩展这个抽象基类并实现方法 send()。

我们甚至可以在运行时修改相应的属性，将其设置为其他任何实现了方法 send()的对象。这就是它经常被称为依赖注入的原因，因为可以动态地提供（注入）依赖。

敏锐的读者可能会问，为什么要这样做呢？Python 足够灵活（有时候太灵活了），允许我们向 EventStreamer 对象提供任何数据目的地对象，而不要求数据目的地对象遵守任何接口，因为 Python 是动态类型的。也就是说，既然只需向 EventStreamer 传递一个包含方法 send()的对象即可，为何还要定义抽象基类（接口）呢？

平心而论，确实如此。实际上，即便不定义接口，这个程序也将以同样的方式工作。毕竟，多态并不意味着需要继承。然而，定义抽象基类是一种最佳实践，可以带来一些好处。首先是鸭子类型，其次是模块更容易理解。记住，继承遵守是一个规则，因此通过声明抽象基类并扩展它，相当于说 Syslog 是一个 DataTargetClient，这是代码的使用者能够看到并理解的（同样，这是鸭子类型）。

总而言之，并非必须定义抽象基类，但这样做可让设计更清晰。这是本书的目的之一——帮助程序员避免易犯的错误。不定义抽象基类之所以不是错误，是因为 Python 太灵活了。

4.5.3　依赖注入

4.5.2 小节探讨的概念给我们提供了坚强的信念：不要让我们的代码依赖于特定的具体实现，而创建一个充当中间层的强大抽象。在前面的示例中，我们讨论了依赖于 Syslog 会导致僵硬的设计，因此我们为所有客户端创建了一个接口，并发现 Syslog 是客户端之一，因为它实现了接口 DataTargetClient。这让我们能够添加其他的客户端，为此，只需创建一个新类，让它实现接口 DataTargetClient 并定义方法 send。现在的设计对扩展是开放的，对修改是封闭的（我们开始发现原则是彼此相关的）。

接下来的问题是，这些对象如何协作？本节将探讨如何将依赖提供给需要它的对象。

提供依赖的方式之一是，让 EventStreamer 直接创建它需要的对象（这里是 Syslog）：

```python
class EventStreamer:
    def __init__(self):
        self._target = Syslog()

    def stream(self, events: list[Event]) -> None:
```

```
for event in events:
    self._target.send(event.serialise())
```

然而，这样的设计不太灵活，且没有充分利用我们创建的接口。请注意，这个设计也更难测试：要为这个类编写单元测试，必须模拟 Syslog 对象或在创建这个对象后立即覆盖它。如果创建 Syslog 对象时存在副作用（这通常不符合最佳实践，但在有些情况下问题不大，如要建立连接时），那么这些副作用将被带入初始化方法中。诚然，这种问题可使用延迟特性（lazy property）来克服，但依然不能灵活地控制我们提供的对象。

一种更佳的设计是使用依赖注入，向 EventStreamer 提供数据目的地：

```
class EventStreamer:
    def __init__(self, target: DataTargetClient):
        self._target = target

    def stream(self, events: list[Event]) -> None:
        for event in events:
            self._target.send(event.serialise())
```

这里利用了接口并启用了多态。现在，可以在初始化阶段传递任何实现了这个接口的对象，同时更明确地指出了 EventStreamer 使用一个实现了接口 DataTargetClient 的对象。

相比于前一个版本，这个版本测试起来也更容易。如果不想在单元测试中处理 Syslog，可以提供一个测试替身（只是一个符合接口的新类，对我们需要测试的任何东西都有用）。

> 不要在初始化方法中强制创建依赖。相反，通过在方法 __init__ 中使用参数，让用户以更灵活的方式定义依赖。

在有些情况下，当对象的初始化方法更复杂（有更多参数），或者这样的对象很多时，最好在依赖图中声明它们之间的交互，并让一个库为替你完成实际的对象创建工作（即将绑定不同对象的胶水代码模板删除）。

一个这样的库是 pinject，它让你能够声明对象之间是如何交互的。对于这个简单的示例，一种使用这个库的方式是编写类似于下面的代码：

```
class EventStreamer:
    def __init__(self, target: DataTargetClient):
        self.target = target

    def stream(self, events: list[Event]) -> None:
        for event in events:
            self.target.send(event.serialise())
```

```
class _EventStreamerBindingSpec(pinject.BindingSpec):
    def provide_target(self):
        return Syslog()

object_graph = pinject.new_object_graph(
    binding_specs=[_EventStreamerBindingSpec()])
```

在这里，类的定义与以前一样，但定义了一个绑定规范——一个知道如何注入依赖的对象。在这个对象中，任何名称形如 provide_<dependency>的方法都应返回以该名称作为后缀的依赖（这里返回的是 Syslog）。

接下来，我们创建图形对象，用于获取已将依赖提供给它的对象。例如，下面的代码获取一个 event_streamer 对象，该对象的属性 target 为一个 Syslog 实例：

```
event_streamer = object_graph.provide(EventStreamer)
```

当在对象之间有多个依赖关系或相互关系时，最好以声明方式定义这些依赖，并让工具来替你处理初始化工作。这里的理念是，在一个地方定义如何创建这些依赖，并让工具替我们创建它们（从这种意义上说，工具类似于工厂对象）。

记住，这并不会导致设计失去原有的灵活性。对象图是知道如何根据给定的定义构建其他实体的对象，但我们依然完全控制着 EventStreamer 类，可以像以前一样使用它：在初始化方法中传递任何遵守了相关接口的对象。

4.6　小结

SOLID 原则是优良面向对象软件设计的关键准则。

构建软件是一项非常艰巨的任务：代码的逻辑很复杂，其运行时的行为很难甚至无法预测，需求和环境都在不断地变化，并且很多地方都可能出错。

另外，构建软件的方式有多种，它们结合使用不同的技术、范式和工具以特定的方式解决特定的问题。然而，随着时间的推移及需求的发展变化，并非所有这些方法都将被证明是正确的。到这个时候，要对不正确的设计做点什么已为时太晚，因为它僵化、不灵活，很难重构为正确的解决方案。

这意味着要是设计方案错了，将为此付出巨大的代价。我们如何才能做出一个最终会有回报的优良的设计呢？答案是不知道。我们面对的是未来，而未来是不确定的，因此无法判断多年后设计是否依然正确、软件是否依然灵活而适用。正是出于这个原因，我们才必须坚持原则。

这正是 SOLID 原则的用武之地。它们并非魔法规则（毕竟，在软件工程中，根本没有灵丹妙药），却提供了卓越的指南。这些指南在过去的项目中已被证明是行之有效的，并可极大地提高软件获得成功的可能性。这里的理念不是一开始就满足所有的需求，而是实现可扩展和足够灵活的设计，以便需要时可对其进行修改。

本章探索了 SOLID 原则，旨在让你理解整洁的设计。接下来的几章将继续探索 Python 语言的细节，看看在有些情况下将这些工具和特性同这些原则结合起来使用。

在第 5 章中，我们将探索如何利用装饰器改善代码。在本章中，我们专注于软件工程领域的抽象概念，而在第 5 章将专注于 Python 本身，但会用到我们在本章中学到的原则。

4.7　参考资料

下面列出了本章涉及的文献，以供参考。

- SRP 01：*The Single Responsibility Principle*。
- PEP-3119：*Introducing Abstract Base Classes*。
- Bertrand Meyer 编著的 *Object-Oriented Software Construction*，第 2 版。
- LISKOV 01：Barbara Liskov 撰写的论文 *Data Abstraction and Hierarchy*。

第 5 章
使用装饰器改善代码

本章探讨装饰器，它们在很多需要改善设计的情形下都很有用。我们将首先探讨装饰器是什么、装饰器是如何工作的以及如何实现装饰器。

具备这些知识后，我们将复习前几章学习的与软件设计最佳实践相关的概念，并看看在遵守这些原则方面，装饰器可提供什么样的帮助。

本章的学习目标如下。

- 理解 Python 装饰器的工作原理。
- 学习如何实现用于函数和类的装饰器。
- 有效地实现装饰器，避免常见的实现错误。
- 分析如何使用装饰器避免代码重复（DRY 原则）。
- 研究如何使用装饰器帮助实现关注点分离。
- 分析优良的装饰器示例。
- 总结适合使用装饰器的常见场景、惯用法和模式。

5.1 Python 装饰器是什么

很久以前，Python 就通过 PEP-318 引入了装饰器，它最初是一种简化函数和方法修改工作的机制。

你首先必须明白的是，在 Python 中，函数与其他任何东西一样，也是常规对象。这意味着可将其赋给变量、作为函数参数甚至将其他函数应用于它们。经常需要编写小型函数，再对其进行变换，生成修改后的新版本（这类似于数学中的复合函数）。

最初引入装饰器的动机之一是，使用 classmethod 和 staticmethod 等函数来变换方法的原始定义时，必须使用一行额外的代码，在单独的语句中修改函数的原始定义。

一般而言，每次要对函数进行变换时，我们都必须使用 modifier 函数调用它，然后将它重新赋值给函数最初定义时使用的名称。

例如，假设有一个名为 original 的函数，还有一个名为 modifier 的函数，可用于改变其他函数的行为。要使用函数 modifier 对函数 original 进行变换，必须编写类似于下面的代码：

```
def original(...):
    ...

original = modifier(original)
```

注意到我们修改了函数 original，并将修改结果赋给了 original。这很麻烦、令人迷惑、容易出错（如忘记将修改结果赋给原来的函数，或者在离函数定义很远的地方而不是紧跟在函数定义后面这样做）。有鉴于此，Python 引入了一些支持语法。

对于前面的示例，可重写为下面这样：

```
@modifier
def original(...):
    ...
```

这意味着装饰器不过是语法糖，用于调用装饰器后面的任何内容作为装饰器本身的第一个参数，其结果为装饰器返回的任何内容。

这种装饰器语法极大地提高了代码的可读性，因为现在阅读代码的人可以在一个地方找到整个函数定义。记住，依然可以像以前那样手工修改函数。

> 一般而言，对于已设计好的函数，尽量不要在不使用装饰器语法的情况下给它重新赋值。尤其是不要在离函数定义很远的地方给函数重新赋值，否则将导致代码更难阅读。

根据 Python 术语，以及我们的示例，modifier 是装饰器，而 original 是被装饰的函数——通常也称为被包装的对象（wrapped object）。

虽然装饰器最初主要用于装饰方法和函数，但实际语法允许使用可装饰任何类型的对象，因此我们将探索用于函数、方法、生成器和类的装饰器。

最后需要指出的一点是，虽然名称"装饰器"是正确的（毕竟装饰器修改、扩展被包装的函数或在其基础之上工作），但不要将其与装饰器设计模式混为一谈。

5.1.1　函数装饰器

在可被装饰的 Python 对象中，函数可能是最简单的。可使用装饰器将各种逻辑应用于函数：验证参数、检查前置条件、完全改变行为、修改签名、缓存结果（创建原始函数的内存版）等。

在下面的示例中，创建了一个实现重试（retry）机制的基本装饰器——控制特定的域级异常并重试一定的次数：

```
# decorator_function_1.py
class ControlledException(Exception):
    """A generic exception on the program's domain."""


def retry(operation):
    @wraps(operation)
    def wrapped(*args, **kwargs):
        last_raised = None
        RETRIES_LIMIT = 3
        for _ in range(RETRIES_LIMIT):
            try:
                return operation(*args, **kwargs)
            except ControlledException as e:
                logger.info("retrying %s", operation.__qualname__)
                last_raised = e
        raise last_raised

    return wrapped
```

现在可暂时不管其中的@wraps，它将在 5.4 节介绍。

> 在 for 循环中，使用_意味着数字将被赋给一个我们不感兴趣的变量，因为在这个 for 循环中，没有使用它。在 Python 中，将要忽略的值命名为_是一种常见的惯用法。

装饰器 retry 不接收任何参数，因此可以轻松地将其应用于任何函数，如下所示：

```
@retry
def run_operation(task):
    """Run a particular task, simulating some failures on its execution."""
    return task.run()
```

run_operation 前面的@retry 是 Python 提供的语法糖，用于执行 run_operation = retry(run_operation)。

从这个简单的示例可知，可以使用装饰器来创建通用的重试（retry）操作，在特定条件下（这里是与超时相关的异常），它让你能够调用被装饰的代码多次。

5.1.2　类装饰器

在 Python 中，类也是对象（坦率地说，在 Python 中，几乎所有的东西都是对象，很难找到反例，但在技术上存在细微的差别）。这意味着与函数类似，也可将类作为参数、赋给变量、请求其方法或对其进行变换（装饰）。

类装饰器是 PEP-3129 引入的，与刚才探讨的函数装饰器很像，唯一的不同是，编写类装饰器时必须考虑这样一点：收到的参数是类而不是函数。

第 2 章介绍过装饰器 dataclasses.dataclass，而你已经知道如何使用类装饰器，因此本章将介绍如何编写自己的类装饰器。

有些业内人士可能反驳说，对类进行装饰是件非常复杂的事情，这样做可能影响可读性，因为我们在类中声明了一些属性和方法，但在幕后，装饰器可能将类改得面目全非。

这种评价是正确的，但仅在过渡滥用了这种技术时才如此。客观地说，装饰类与装饰函数没什么两样，毕竟类与函数一样，也是 Python 生态系统中的一种对象类型。5.5.3 小节将概述使用装饰器的优缺点，因此这里只探讨将装饰器应用于类的好处。

- 代码重用的各种好处以及遵守 DRY 原则的各种好处。类装饰器的一种用途是，让多个类符合特定的接口或标准（只需在装饰器中编写执行这些检查的代码一次，就可以将装饰器应用于很多类）。
- 可创建更小、更简单的类，并在以后使用装饰器来改进它们。
- 与使用更复杂的方法（如元类，通常不提倡这样做）相比，使用装饰器时，需要应用于特定类的变换逻辑维护起来要容易得多。

装饰器用途众多，这里将探讨一个简单的示例，让你知道使用装饰器可以做什么样的事情。记住，这并非类装饰器的唯一用途，另外，对于这里演示的代码，有很多其他的编写方法，它们各有优缺点，这里之所以选择使用装饰器，只是为了演示装饰器的用途。

还记得本书前面的监控平台中的事件系统吗？现在我们需要对每个事件的数据进行变换，并将其发送给一个外部系统。然而，在选择如何发送其数据时，每种事件都有其独特之处。

具体地说，登录事件可能包含需要隐藏的敏感信息，如凭证；其他字段可能需要进行变换，例如，对于 timestamp，我们要以特定的格式显示它。开始尝试满足这些需求时，我们采取简单的方式，将每种事件都映射到一个知道如何序列化它的类：

```python
class LoginEventSerializer:
    def __init__(self, event):
        self.event = event

    def serialize(self) -> dict:
        return {
            "username": self.event.username,
            "password": "**redacted**",
            "ip": self.event.ip,
            "timestamp": self.event.timestamp.strftime("%Y-%m-%d
```

```
                %H:%M"),
        }


@dataclass
class LoginEvent:
    SERIALIZER = LoginEventSerializer

    username: str
    password: str
    ip: str
    timestamp: datetime

    def serialize(self) -> dict:
        return self.SERIALIZER(self).serialize()
```

这里声明了一个直接映射到登录事件的类，其中包含相关的逻辑：隐藏字段 password，并根据要求设置 timestamp 的格式。

这可行，在刚开始时看起来也是不错的选择，但随时间推移而要扩展这个系统时，将发现一些问题。

- 类太多：随着事件类型的增加，序列化类也将成比例地增加，因为它们之间为一对一关系。

- 解决方案不够灵活：如果要重用组件的某个部分（例如，另一种事件也包含密码，而我们想要隐藏这些密码），就必须将这部分提取到一个函数中，并从多个类中调用它，这意味着并没有重用那么多代码。

- 样板代码：在所有的事件类中，都必须包含方法 serialize()，并在其中调用相同的代码。虽然可以将这个方法提取到另一个类中（创建混合类），但在这里使用继承看起来并非很好的选择。

另一种解决方案是动态地创建一个对象，这个对象将一组给定的过滤器（变换函数）应用于给定事件实例的字段，从而将事件实例序列化。这样，我们只需定义对每个字段进行变换的函数，并通过组合这些函数来创建序列化器（serializer）。

有了这个对象后，就可以对事件类进行装饰以添加方法 serialize()，这个方法只会调用这些 Serialization 对象：

```
from dataclasses import dataclass



def hide_field(field) -> str:
    return "**redacted**"
```

```python
def format_time(field_timestamp: datetime) -> str:
    return field_timestamp.strftime("%Y-%m-%d %H:%M")


def show_original(event_field):
    return event_field


class EventSerializer:
    def __init__(self, serialization_fields: dict) -> None:
        self.serialization_fields = serialization_fields

    def serialize(self, event) -> dict:
        return {
            field: transformation(getattr(event, field))
            for field, transformation
            in self.serialization_fields.items()
        }


class Serialization:

    def __init__(self, **transformations):
        self.serializer = EventSerializer(transformations)

    def __call__(self, event_class):
        def serialize_method(event_instance):
            return self.serializer.serialize(event_instance)
        event_class.serialize = serialize_method
        return event_class


@Serialization(
    username=str.lower,
    password=hide_field,
    ip=show_original,
    timestamp=format_time,
)
@dataclass
class LoginEvent:
    username: str
    password: str
```

```
        ip: str
        timestamp: datetime
```

注意到装饰器 Serialization 让用户无须查看其他类的代码，就知道各个字段将被如何处理。只需查看传递给这个类装饰器的参数，就知道用户名和 IP 地址将保持不变，密码将被隐藏，而时间戳将被重新设置格式。

现在，在事件类中无须定义方法 serialize()，也无须扩展实现了这个方法的混合类，因为装饰器将添加这个方法。这可能是创建类装饰器的唯一原因，因为如果不这样做，就得将 Serialization 对象作为 LoginEvent 的类属性，但由于 Serialization 修改类（给类添加一个新方法），因此不能作为 LoginEvent 的类属性。

5.1.3　其他类型的装饰器

知道装饰器语法@的含义后，便可得出如下结论：并非只有函数、方法和类是可以装饰的；实际上，可定义的任何东西（如生成器、协程乃至已被装饰的对象）都是可以装饰的，这意味着装饰器可以堆叠。

前一个示例展示了装饰器是如何被串接的。我们首先定义了事件类，再通过应用@dataclass 将其转换为数据类，以充当指定属性的容器。然后，@Serialization 将相应的逻辑应用于这个类，从而生成一个新类，其中添加了新方法 serialize()。

知道装饰器的基本知识以及如何编写它们后，就可以研究一些更复杂的示例了。5.2 节将介绍如何使用参数来提高装饰器的灵活性，以及实现这种装饰器的各种方式。

5.2　高级装饰器

通过前面的简介，我们掌握了装饰器的基本知识：装饰器是什么以及装饰器的语法和语义。

下面介绍装饰器的高级用法，这些用法让我们能够以更整洁的方式组织代码。

可以使用装饰器将关注点分离到较小的函数中并重用代码，但为了有效地达成这种目标，需要参数化装饰器（否则将出现重复的代码）。为此，我们将探讨向装饰器传递参数的各种方式。

然后，我们将列举一些有效利用装饰器的示例。

5.2.1　向装饰器传递参数

至此，我们已经将装饰器视为 Python 中的一种功能强大的工具，但如果能够向装饰器传递参数，从而使其逻辑更加抽象，那么其功能将更强大。

要实现可接收参数的装饰器，方法有多种，但这里只介绍最常见的。第一种方法是以嵌套函数的方式创建装饰器，这增加了一个间接层，让装饰器中的一切都下沉一个层级。第二种方法是创建一个充当装饰器的类（即实现一个充当装饰器的可调用对象）。

一般而言，第二种方法的可读性更强，因为从对象的角度思考，比理解 3 个甚至更多使用闭包的嵌套函数更容易。然而，出于完整性考虑，这两种方法我们都将进行探讨，你可以根据要解决的问题判断哪种方法更合适。

1．使用嵌套函数实现装饰器

大致而言，装饰器的基本思想是创建一个返回函数的函数（在函数式编程中，将函数作为参数的函数被称为高阶函数，这里谈论的是同样的概念）。在装饰器中定义的内部函数将是实际被调用的函数。

要向装饰器传递参数，需要增加一个间接层。第一个函数接收参数，在这个函数内部，定义一个新函数，这个函数就是装饰器，在装饰器中，再定义一个函数，即作为装饰结果返回的函数。这意味着至少有 3 级函数嵌套。

如果你还不明白，也不用担心，在看过了下面的示例后，一切都将变得清晰起来。

我们看到的第一个例子是装饰器在一些函数上实现了重试功能。这个主意挺好，但存在一个问题：我们不能指定重试次数，相反，重试次数是固定的，这是在装饰器中指定的。

现在我们希望能够指定重试次数，甚至给表示重试次数的参数指定默认值。为此，需要再增加一个嵌套函数：第一个函数接收参数，第二个函数为装饰器本身。

这是因为我们希望能够像下面这样应用这个装饰器：

```
@retry(arg1, arg2,... )
```

另外，必须返回一个装饰器，因为语法@将计算结果应用于被装饰的对象。从语义上说，上述代码将被转换为类似于下面这样：

```
<original_function> = retry(arg1, arg2, ....)(<original_function>)
```

除重试次数外，还可指定要控制的异常类型。支持这些新需求的代码可能类似于下面这样：

```
_DEFAULT_RETRIES_LIMIT = 3

    def with_retry(
        retries_limit: int = _DEFAULT_RETRIES_LIMIT,
        allowed_exceptions: Optional[Sequence[Exception]] = None,
    ):
```

```
        allowed_exceptions = allowed_exceptions or
    (ControlledException,) # type: ignore

        def retry(operation):
            @wraps(operation)
            def wrapped(*args, **kwargs):
                last_raised = None
                for _ in range(retries_limit):
                    try:
                        return operation(*args, **kwargs)
                    except allowed_exceptions as e:
                        logger.warning(
                            "retrying %s due to %s",
                            operation.__qualname__, e
                        )
                        last_raised = e
                raise last_raised

            return wrapped

        return retry
```

下面的示例演示了将这个装饰器应用于函数的各种不同的方式：

```
# decorator_parametrized_1.py
@with_retry()
def run_operation(task):
    return task.run()




@with_retry(retries_limit=5)
def run_with_custom_retries_limit(task):
    return task.run()




@with_retry(allowed_exceptions=(AttributeError,))
def run_with_custom_exceptions(task):
    return task.run()




@with_retry(
    retries_limit=4, allowed_exceptions=(ZeroDivisionError,
AttributeError)
```

```
)
def run_with_custom_parameters(task):
    return task.run()
```

使用嵌套函数来实现装饰器可能是我们首先想到的事情。在大多数情况下，这种方法的效果都很好，但你可能注意到了，每创建一个新函数，都必须进一步缩进，因此总缩进量可能很大。另外，函数是无状态的，因此以这种方法编写的装饰器不能像对象那样存储内部数据。

还有另一种实现装饰器的方式，它不使用嵌套函数，而使用对象，这将在下面探讨。

2．装饰器对象

前面的示例要求 3 级函数嵌套。第一个函数接收装饰器的参数，在这个函数中，包含两个函数（它们是使用这些参数的闭包）以及装饰器逻辑。

对于这个示例，一种更清晰的实现是使用类来定义装饰器。在这种情况下，可以在方法__init__中传递参数，并在魔法方法__call__中实现装饰器逻辑。

这种装饰器的代码类似于下面这样：

```
_DEFAULT_RETRIES_LIMIT = 3
class WithRetry:
    def __init__(
        self,
        retries_limit: int = _DEFAULT_RETRIES_LIMIT,
        allowed_exceptions: Optional[Sequence[Exception]] = None,
    ) -> None:
    self.retries_limit = retries_limit
    self.allowed_exceptions = allowed_exceptions or
(ControlledException,)

    def __call__(self, operation):
        @wraps(operation)
        def wrapped(*args, **kwargs):
            last_raised = None

            for _ in range(self.retries_limit):
                try:
                    return operation(*args, **kwargs)
                except self.allowed_exceptions as e:
                logger.warning(
                    "retrying %s due to %s",
                    operation.__qualname__, e
```

```
            )
                last_raised = e
        raise last_raised

    return wrapped
```

这个装饰器的应用方式与前一个很像，如下所示：

```
@WithRetry(retries_limit=5)
def run_with_custom_retries_limit(task):
    return task.run()
```

重要的是要注意 Python 语法在这里是如何发挥作用的。首先，我们创建对象，这样在应用@操作前，便使用传入的参数创建了对象。这将按方法__init__定义的那样，创建一个新对象并使用传入的参数初始化它。然后，调用@操作，让这个对象对函数 run_with_custom_retries_limit 进行包装，这意味着它将被传递给魔法方法__call__。

在魔法方法__call__中，像通常那样定义了装饰器的逻辑：包装原始函数，以返回一个包含所需逻辑的新函数。

5.2.2　指定了参数默认值的装饰器

在刚才的示例中，我们看到了一个接收参数的装饰器，且这些参数都有默认值。这个装饰器的编写方式使得，只要用户使用这个装饰器时在函数调用后面加上了括号，这个装饰器就能正确地工作。

例如，如果要使用默认值，可像下面这样做：

```
@retry()
def my function(): ...
```

但这样做不行：

```
@retry
def my function(): ...
```

你可能认为没有必要考虑这个问题，直接接受如下事实就好（可能使用合适的文档指出这一点）：调用这个装饰器，必须使用第一种语法；而第二种语法是错误的。这挺好，但需要特别注意，否则将出现运行错误。

当然，如果装饰器接收的参数没有默认值，第二种语法将行不通，而只能使用第一种语法，因此情况更简单。

可以让装饰器同时支持这两种语法。你可能猜到了，这需要付出额外的劳动，因此应该权衡这样做是否值得。

下面通过一个简单示例（使用带参数的装饰器向函数注入参数）来说明这一点。我们定义了一个函数和一个装饰器，它们都接收两个参数，但调用这个函数时没有提供任何参数，让它使用装饰器传递的参数：

```
@decorator(x=3, y=4)
def my_function(x, y):
    return x + y
my_function() # 7
```

之所以能够在调用函数时不指定任何参数，是因为给装饰器的参数指定了默认值。然而，我们还希望调用这个函数时可不指定括号。

为此，最简单、最朴素的编写方式是，使用一个条件将这两种情况分开：

```
def decorator(function=None, *, x=DEFAULT_X, y=DEFAULT_Y):
    if function is None: # called as '@decorator(...)'

        def decorated(function):
            @wraps(function)
            def wrapped():
                return function(x, y)

            return wrapped

        return decorated
    else: # called as '@decorator'

        @wraps(function)
        def wrapped():
            return function(x, y)

        return wrapped
```

请注意，在这个装饰器的签名中，参数被声明为关键字参数，这极大地简化了装饰器的定义，因为如果调用这个装饰器时没有指定参数，可假定函数为 None（如果按位置传递值，将无法将函数与传递的第一个参数区分开来）。如果要更加小心，而不是使用 None（或其他哨兵值），我们可以检查参数的类型，断言一个期望类型的函数对象，然后相应地移动（shift）参数，但这样做将导致这个装饰器复杂得多。

另一种解决方案是，使用 functools.partial 给装饰器指定参数。为更好地说明这一点，让我们使用一个中间状态，并使用一个 lambda 函数来演示如何给装饰器指定参数，进而移动参数：

```
def decorator(function=None, *, x=DEFAULT_X, y=DEFAULT_Y):
    if function is None:
        return lambda f: decorator(f, x=x, y=y)
```

```
@wraps(function)
def wrapped():
    return function(x, y)

return wrapped
```

这与前一个示例类似，在某种意义上，我们有 wrapped 函数的定义（该定义指定了如何进行装饰）。如果没有提供参数 function，将返回一个新函数。这个函数将一个函数作为参数（f），返回应用了该函数参数并绑定了其他参数的装饰器。这样，在第二次递归调用中，参数 function 不再为 None，因此将返回常规装饰器函数 wrapped。

用函数偏化（partial application of the function）替换前述 lambda 定义可获得同样的效果：

```
return partial(decorator, x=x, y=y)
```

如果对你的用例来说，这过于复杂，可让装饰器参数接收强制值。

在任何情况下，将装饰器参数设置为关键字参数（不管它们是否有默认值）都可能是不错的主意。因为应用装饰器时，通常没有太多的上下文指出各个参数值的用途，如果参数为位置参数，应用装饰器的表达式的含义可能不那么清晰，因此如果能够随值传递参数的名称，含义将更清晰。

> 定义带参数的装饰器时，最好将参数设置为关键字参数。

如果装饰器不接收任何参数，而你想明确地指出这一点，可使用第 2 章介绍的语法将装饰器接收的函数指定为唯一的位置参数。

对于我们的第一个示例，明确指出这一点的语法如下：

```
def retry(operation, /): ...
```

但请记住，这只是明确地指出了该如何调用装饰器，并非必须这样做。

5.2.3 协程装饰器

本章开头说过，在 Python 中，几乎所有的东西都是对象，因此几乎所有的东西都是可以装饰的，包括协程。

然而，需要注意的是，Python 异步编程（这在本书前面说过）带来了语法上的变化，因此这些语法差异也将被带入装饰器中。

简单地说，如果你要编写协程装饰器，可使用新语法（记住 await 被包装的协程，并将被包装的对象定义为协程本身，这意味着内部函数可能必须使用 async def，而不能只使用 def）。

　　如果要让装饰器广泛适用于函数和协程，该怎么办呢？在大多数情况下，创建两个装饰器可能是最简单（也是最佳）的方法，但如果我们希望给用户暴露一个更简单的接口（减少用户必须记住的对象数量），可创建一个瘦包装器，让它充当两个内部（未暴露的）装饰器的调度器。这相当于创建了一个门面，但针对的是装饰器。

　　创建可同时用于函数和协程的装饰器有多难呢？不存在对此做出判断的统一规则，因为这取决于要在装饰器中包含什么样的逻辑。例如，在下面的代码中，有一个装饰器，它修改它收到的函数的参数，这个装饰器适用于常规函数，也适用于协程：

```
X, Y = 1, 2

def decorator(callable):
    """Call <callable> with fixed values"""

    @wraps(callable)
    def wrapped():
        return callable(X, Y)

    return wrapped

@decorator
def func(x, y):
    return x + y

@decorator
async def coro(x, y):
    return x + y
```

重要的是，将这个装饰器用于协程时，情况会有所不同。这个装饰器通过参数 callable 接收协程，再使用指定的参数调用它。这将创建协程对象（进入事件循环的任务），但这个装饰器没有 await 它，这意味着调用 await coro() 的人将等待装饰器生成的协程。在像这里这样的简单情形下，无须将协程替换为另一个协程（虽然通常推荐这样做）。

　　同样，这取决于你要做什么。如果需要做的是计时（timing 函数），就需等待函数或协程执行完毕，以便计算时间；在这种情况下，必须使用 await 来调用它，这意味着包装对象也必须是协程（虽然主装饰器不必是协程）。

　　下面的代码演示了这一点，其中的装饰器根据情况决定如何包装调用函数：

```
import inspect

def timing(callable):
```

```
@wraps(callable)
def wrapped(*args, **kwargs):
    start = time.time()
    result = callable(*args, **kwargs)
    latency = time.time() - start
    return {"latency": latency, "result": result}


@wraps(callable)
async def wrapped_coro(*args, **kwargs):
    start = time.time()
    result = await callable(*args, **kwargs)
    latency = time.time() - start
    return {"latency": latency, "result": result}


if inspect.iscoroutinefunction(callable):
    return wrapped_coro


return wrapped
```

第二个包装器必须是协程，否则代码将存在两个问题。首先，调用 callable 时如果没有使用 await，将不会等待操作结束，这意味着结果将是不正确的。更糟糕的是，在字典中，result 键对应的值将不是结果本身，而是创建的协程。因此，响应将是一个字典，而调用者将试图等待一个字典，这将导致错误。

> 一般而言，应将被装饰的对象替换为另一个同类型的对象，即如果被装饰的对象是函数，就将其替换为另一个函数；如果是协程，就替换为另一个协程。

结束本节前，还需研究一项 Python 改进。这项改进是最近添加的，它放松了对装饰器语法的限制。

5.2.4　扩展的装饰器语法

在 Python 3.9 中，通过 PEP-614 给装饰器带来了新气象，允许使用更通用的装饰器语法。在引入这项改进前，装饰器调用语法非常严格，在@后面可使用的表达式很有限，并非所有的 Python 表达式都可以出现在@后面。

放松这种限制后，可编写更复杂的表达式，并将其用在装饰器中——如果你觉得这样做可以节省几行代码。但始终要小心谨慎，不要过于复杂，得到一个更紧凑但更难以阅读的行。

例如，在将函数调用及其参数写入日志的简单装饰器中，通常包含嵌套函数，但可以对其进行简化。在下面完全为演示而编写的代码中，将装饰器通常包含的嵌套函数定义替换成了两个 lambda 表达式：

```
def _log(f, *args, **kwargs):
    print(f"calling {f.__qualname__!r} with {args=} and {kwargs=}")
    return f(*args, **kwargs)


@(lambda f: lambda *args, **kwargs: _log(f, *args, **kwargs))
def func(x):
    return x + 1
```

```
>>> func(3)
calling 'func' with args=(3,) and kwargs={}
```

在这个 PEP 文档中，通过一些示例指出了这种特性很有用的情形，如简化无操作函数以评估其他表达式或避免使用 eval 函数）。

对于这项特性，本书的建议与其他可用来编写更紧凑语句的特性相同：如果编写更紧凑的代码版本不会影响可读性，就这样做好了。如果这样做会导致装饰器表达式变得难以阅读，就采用更啰嗦但更简单的方案——编写两个或更多的函数。

5.3 充分利用装饰器

本节介绍一些充分利用装饰器的常见模式。在这些常见场景中，使用装饰器是不错的选择。

装饰器的用途数不胜数，这里只列举其中最常见或最为相关的 5 个。

- 变换参数：修改函数的签名，以暴露更好的 API，同时将有关参数将被如何处理和变换的细节封装起来。这样使用装饰器时必须小心，因为仅当你是有意这样做时，它才是一个好的特性。这意味着如果显式地使用装饰器来给原本相当复杂的函数提供良好的签名，那么利用装饰器实现更整洁的代码是一种很好的方法。相反，如果你使用装饰器无意间修改了函数的签名，那么这样的事情应尽可能避免（本章末尾将讨论如何避免）。

- 跟踪代码：将函数的执行情况及其参数写入日志。你可能熟悉多个提供跟踪功能的库，它们通常以装饰器的方式暴露这种功能，以添加到我们的函数中。这是很好的抽象，提供了良好的接口，让你能够集成第三方代码，同时不受太大的干扰。

另外，这也是灵感的源泉，所以我们可以编写自己的日志或跟踪功能作为装饰器。

- 验证参数：可以使用装饰器以透明的方式验证参数的类型（根据期望值或注解进行验证）。通过使用装饰器，我们可以为抽象强化前置条件，从而遵守契约式设计理念。
- 实现重试操作：方式与 5.2 节探讨的示例类似。
- 将重复的逻辑移到装饰器中以简化类：这与本章末尾将重温的 DRY 原则相关。

5.3.1～5.3.3 小节将更详细地讨论上面列出的一些主题。

5.3.1 调整函数的签名

在面向对象的设计中，有时对象的接口不符合交互要求。对于这种问题，一种解决方案是使用适配器设计模式，这将在第 7 章回顾主要的设计模式时讨论。

本节的主题与此类似，因为在有些情况下，需要调整函数的签名（而不是对象）。

设想一个这样的场景：你正在处理遗留代码，其中有一个模块，包含大量签名非常复杂的函数（参数众多、遵循样板等）。如果能够通过更整洁的接口与这些函数交互就好了，但修改大量的函数意味着大面积重构。

为最大限度地减少修改量，可使用装饰器。

有时候，可将装饰器作为我们的代码和框架之间的适配器——如果框架存在前述问题。

假设一个框架将调用我们定义的函数，并维护一个特定的接口，如下所示：

```
def resolver_function(root, args, context, info): ...
```

这种函数签名无处不在，我们判断更好的做法是根据这些参数创建一个抽象，它封装了这些参数并暴露了在应用程序中需要的行为。

这样处理后，将有大量这样的函数：在第 1 行都包含创建相同对象的样板代码，而函数的其他部分只与我们的域对象交互：

```
def resolver_function(root, args, context, info):
    helper = DomainObject(root, args, context, info)
    ...
    helper.process()
```

在这个示例中，我们可以使用一个装饰器来修改函数的签名，以便编写函数时，可假定直接将 helper 对象传递给了它。在这里，装饰器的任务是拦截原始参数、创建域对象再将这个 helper 对象传递给我们的函数。这样，定义函数时，可假定它只将所需的对象（该对象已初始化）作为参数。

也就是说，可以像下面这样编写函数的代码：

```
@DomainArgs
def resolver_function(helper):
    helper.process()
    ...
```

也可以反过来使用装饰器。例如，如果遗留代码接收的参数太多，而你总是要对创建好的对象进行解构（不能重构遗留代码，因为这样做的风险太大），那么可以将装饰器作为中间层，让它来替你完成这项工作。

通过这样的方式使用装饰器，你能够编写签名更简单、更紧凑的函数。

5.3.2　验证参数

前面说过，装饰器可用于验证参数（甚至按照契约式设计（DbC）理念来检查前置条件或后置条件），由此可知，需要处理或操作参数时，常常会用到装饰器。

具体地说，在有些情况下，我们发现自己反复地创建类似的对象或执行类似的变换，而我们想要将这些操作抽象出来。在大多数情况下，使用装饰器就可达成这样的目标。

5.3.3　跟踪代码

本节所说的跟踪是一个较为笼统的概念，指的是监视函数的执行情况，这包括想要执行如下操作的场景。

- 跟踪函数的执行情况（如记录函数执行的代码行）。
- 监视函数的某些指标（如 CPU 使用情况或内存占用量）。
- 测量函数运行了多长时间。
- 将被调用的函数以及传递给它的参数写入日志。

5.4 节将探讨一个简单的装饰器，它将函数的执行情况（包括函数的名称和运行时间）写入日志。

5.4　有效的装饰器：避免常见错误

装饰器是很好的 Python 特性，但使用不当也会带来问题。本节介绍要创建有效的装饰器必须避免的常见问题。

5.4.1　保留被包装的原始对象的数据

将装饰器应用于函数时，最常见的问题之一是，原始函数的某些特性或属性未能得以保留，进而导致你不希望看到且难以跟踪的副作用。

为了说明这一点，我们来看一个装饰器，它在函数运行前将相关信息写入日志：

```python
# decorator_wraps_1.py

def trace_decorator(function):
    def wrapped(*args, **kwargs):
        logger.info("running %s", function.__qualname__)
        return function(*args, **kwargs)

    return wrapped
```

现在，假设对一个函数应用了这个装饰器。你可能认为，不会对这个函数的原始定义做任何修改：

```python
@trace_decorator
def process_account(account_id: str):
    """Process an account by Id."""
    logger.info("processing account %s", account_id)
    ...
```

但实际上可能修改了。

你以为这个装饰器不会修改原始函数的任何方面，但由于存在缺陷，它实际上修改了函数的名称、文档字符串和其他属性。

下面尝试使用 help 来获取有关这个函数的帮助信息：

```
>>> help(process_account)
Help on function wrapped in module decorator_wraps_1:

wrapped(*args, **kwargs)
```

再来看看这个函数的全限定名称：

```
>>> process_account.__qualname__
'trace_decorator.<locals>.wrapped'
```

另外，原始函数的注解也丢失了：

```
>>> process_account.__annotations__
{}
```

这个装饰器实际上用一个新函数（wrapped）替换了原始函数，因此我们看到的是这个新函数（而不是原始函数）的属性。

将类似这样的装饰器应用于多个名称不同的函数时，它们都将名为 wrapped，这是个大问题。例如，如果要记录或跟踪函数，这个问题将导致调试更加困难。

另一个问题是，如果我们在函数中添加了包含测试的文档字符串，它们将被替换为装饰器的文档字符串。因此，使用第 1 章介绍的模块 doctest 调用我们的代码时，不会运行我们原本要运行的测试。

这些问题修复起来很简单，只需对内部函数（wrapped）应用装饰器 wraps，指出它实际上是一个包装函数，如下所示：

```
# decorator_wraps_2.py
def trace_decorator(function):
    @wraps(function)
    def wrapped(*args, **kwargs):
        logger.info("running %s", function.__qualname__)
        return function(*args, **kwargs)

    return wrapped
```

现在如果查看属性，将发现它们与我们预期的相同。

使用 help 获取有关这个函数的帮助信息时，结果类似于下面这样：

```
>>> from decorator_wraps_2 import process_account
>>> help(process_account)
Help on function process_account in module decorator_wraps_2:

process_account(account_id)
    Process an account by Id.
```

函数的全限定名称也是正确的，如下所示：

```
>>> process_account.__qualname__
'process_account'
```

最重要的是，我们恢复了可能对文档字符串进行的单元测试。使用装饰器 wraps 后，还可通过属性 __wrapped__ 访问未修改的原始函数。虽然不应在生产环境中使用这个属性，但在单元测试中需要检查未修改的函数版本时，这个属性提供了极大的方便。

对于简单的装饰器，通常按下面的通用格式或结构来使用 functools.wraps：

```
def decorator(original_function):
    @wraps(original_function)
    def decorated_function(*args, **kwargs):
        # modifications done by the decorator ...
        return original_function(*args, **kwargs)

    return decorated_function
```

> 创建装饰器时，务必像上面这样将 functools.wraps 应用于被包装的函数。

5.4.2　在装饰器中处理副作用

本节你将学到，在装饰器中避免副作用是明智的。在有些情况下，装饰器存在副作用是可以接受的，但底线是，如果心存疑惑，就应该避免副作用，原因将在下文中解释。除被装饰的函数外，装饰器要执行的其他操作也应放在最里面的函数定义中，否则导入时将出现问题。尽管如此，有时候必须或希望在导入时出现副作用。

我们将列举这两方面的示例，并说说这两种做法适用的情形。如果心存疑惑，请谨慎行事，将所有副作用都推迟到最后一刻，即调用函数 wrapped 时。

接下来，我们将看到在函数 wrapped 外面添加额外的逻辑是个馊主意。

1．在装饰器中错误地处理副作用

假设你创建了一个装饰器，它在函数运行前将相关信息写入日志，并在函数运行完毕后将其运行时间写入日志：

```
def traced_function_wrong(function):
    logger.info("started execution of %s", function)
    start_time = time.time()

    @wraps(function)
    def wrapped(*args, **kwargs):
        result = function(*args, **kwargs)
        logger.info(
            "function %s took %.2fs",
            function,
            time.time() - start_time
        )
        return result
    return wrapped
```

接下来，我们将这个装饰器应用于一个常规函数，并以为就此万事大吉：

```
@traced_function_wrong
def process_with_delay(callback, delay=0):
    time.sleep(delay)
    return callback()
```

这个装饰器存在微妙而严重的 bug。

首先，我们导入这个函数并调用它几次，看看结果如何：

```
>>> from decorator_side_effects_1 import process_with_delay
INFO:started execution of <function process_with_delay at 0x...>
```

仅仅通过导入函数，我们就发现有些地方出错了。此时不应执行写入日志的代码行，因为函数还未被调用呢。

现在，如果运行这个函数并了解其运行时间多长，结果将如何呢？实际上，我们希望多次调用同一个函数会得到类似的结果：

```
>>> main()
...
INFO:function <function process_with_delay at 0x> took 8.67s

>>> main()
...
INFO:function <function process_with_delay at 0x> took 13.39s

>>> main()
...
INFO:function <function process_with_delay at 0x> took 17.01s
```

每次运行同一个函数时，运行时间都在不断增长！至此，你应该发现了错误，现在这种错误已经很明显了。

记住装饰器的语法。@traced_function_wrong 的含义如下：

```
process_with_delay = traced_function_wrong(process_with_delay)
```

导入模块时将运行上述代码，因此起始时间被设置为导入模块的时间。接下来调用函数时，计算的是这个起始时间与函数运行完毕的时间之差。写入日志的时间也不对——不是在函数将被调用时写入日志。

所幸这种问题修复起来非常容易，只需将相关的代码移到函数 wrapped 中，便可推迟执行它们：

```
def traced_function(function):
    @functools.wraps(function)
    def wrapped(*args, **kwargs):
        logger.info("started execution of %s", function.__qualname__)
        start_time = time.time()
        result = function(*args, **kwargs)
        logger.info(
            "function %s took %.2fs",
            function.__qualname__,
            time.time() - start_time
        )
        return result
    return wrapped
```

在这个新版本中，前述问题都不复存在。

如果这个装饰器的行为不是前面说的那样，后果可能严重得多。例如，如果它要求将事件写入日志并发送给外部服务，那么这将以失败告终，除非在导入前做了相关的配置（但这一点是无法保证的）。即便能够保证这一点，这也是一种糟糕的做法。如果装饰器存在其他类型的副作用（如读取文件、分析配置等），情况亦如此。

2. 必不可少的装饰器副作用

在有些情况下，装饰器副作用必不可少，不应将其推迟到最后一分钟才执行，因为这些副作用是确保装饰器能够正常工作的机制的一部分。

不应将装饰器副作用推迟的一个常见场景是，需要向公有注册机构注册对象，让它们在模块中可用。

例如，在前面的事件系统示例中，假设我们只希望有些事件（而不是全部事件）在模块中可用。在事件层次结构中，可能有一些中间类，它们不是我们要在系统中处理的事件，而是要处理的事件的派生类。

与其根据它是否被处理来标记每个类，不如通过装饰器显式地注册每个要处理的类。

在这个示例中，我们有一个与用户活动相关的所有事件的类。然而，这只是我们真正想要的事件类型的中间表——UserLoginEvent 和 UserLogoutEvent，如下所示：

```python
EVENTS_REGISTRY = {}


def register_event(event_cls):
    """Place the class for the event into the registry to make it
    accessible in the module.
    """
    EVENTS_REGISTRY[event_cls.__name__] = event_cls
    return event_cls


class Event:
    """A base event object"""


class UserEvent:
    TYPE = "user"


@register_event
```

```
class UserLoginEvent(UserEvent):
    """Represents the event of a user when it has just accessed the system."""


@register_event
class UserLogoutEvent(UserEvent):
    """Event triggered right after a user abandoned the system."""
```

从根据上面的代码可知，EVENTS_REGISTRY 好像是空的，但从这个模块导入一些东西后，它将包含装饰器 register_event 下的所有类：

```
>>> from decorator_side_effects_2 import EVENTS_REGISTRY
>>> EVENTS_REGISTRY
{'UserLoginEvent': decorator_side_effects_2.UserLoginEvent,
 'UserLogoutEvent': decorator_side_effects_2.UserLogoutEvent}
```

这些代码看起来难以阅读，甚至会误导人，因为 EVENTS_REGISTRY 的最终值是在运行时（导入模块后）才有的，因此仅靠查看代码难以预测这个最终值。

确实如此，但在有些情况下，有充分的理由使用这个模式。事实上，很多 Web 框架和著名库都采用这种方式来暴露对象（让它们可用）。话虽如此，但在你自己的项目中实现类似的功能时，务必对风险心中有数：在大多数情况下，使用其他替代解决方案更合适。

在这个示例中，装饰器没有修改被包装的对象，也没有改变其工作方式。但需要指出的是，即便做了修改或定义了一个修改被包装对象的内部函数，也应将注册对象的代码放在这个内部函数的外面。

请注意，这里使用的是"外面"一词，这并不意味着必须在内部函数前面，而是说不要在同一个闭包中，即在外部作用域中，这样就不会推迟到运行时再执行。

5.4.3　创建在任何情况下都管用的装饰器

可能需要将装饰器应用于多个不同的场景，还可能需要将同一个装饰器应用于不同场景中的对象，如重用装饰器，并将其应用于函数、类、方法或静态方法。

创建装饰器时，如果只想着支持某类对象，可能发现它无法应用于其他类型的对象。一个这样的典型示例是，我们创建了一个用于函数的装饰器，然后想将其应用于类的方法，却发现它不管用。类似的情景是，我们设计了一个用于方法的装饰器，然后想将它应用于静态方法或类方法。

设计装饰器通常是为了重用代码，因此我们希望它同时适用于函数和方法。

通过给装饰器指定参数*args 和**kwargs，可让它在任何情况下都管用，因为这样的签名是最通用的。然而，在有些情况下，我们可能不想这样做，而根据原始函数的签名来定义装饰器包装函数，其中的主要原因有两个。

- 它类似于原始函数，因此可读性更高。
- 需要使用参数来做些事情，因此接收*args 和**kwargs 不方便。

来看这样一种情形：在代码库中，有很多函数都需要根据一个参数创建特定的对象。例如，很多函数会接收一个字符串参数，并使用它来创建驱动程序对象。有鉴于此，我们认为可以使用装饰器来消除这些重复的代码，这个装饰器会相应地对这些参数进行转换。

在下面的示例中，假定 DBDriver 是一个知道如何连接到数据库并执行数据库操作的对象，但它需要一个连接字符串。其中的方法被设计成接收一个包含数据库信息的字符串，并要求我们总是创建一个 DBDriver 实例。装饰器负责自动完成这种转换工作：函数依然接收一个字符串，但装饰器将创建一个 DBDriver，并将其传递给函数，因此在内部可以假设直接收到了 DBDriver 对象。

下面的代码演示了如何创建 DBDriver 并将其应用于一个函数：

```
# src/decorator_universal_1.py
from functools import wraps
from log import logger


class DBDriver:
    def __init__(self, dbstring: str) -> None:
        self.dbstring = dbstring

    def execute(self, query: str) -> str:
        return f"query {query} at {self.dbstring}"


def inject_db_driver(function):
    """This decorator converts the parameter by creating a ``DBDriver``
    instance from the database dsn string.
    """
    @wraps(function)
    def wrapped(dbstring):
        return function(DBDriver(dbstring))
    return wrapped


@inject_db_driver
```

```
def run_query(driver):
    return driver.execute("test_function")
```

如果向这个函数传递一个字符串，将得到使用 DBDriver 实例得到的结果，这表明这个装饰器像预期的那样工作，如下所示：

```
>>> run_query("test_OK")
'query test_function at test_OK'
```

但是现在，我们想在类方法中重用同一个装饰器，我们发现了同样的问题：

```
class DataHandler:
    @inject_db_driver
    def run_query(self, driver):
        return driver.execute(self.__class__.__name__)
```

我们尝试使用这个装饰器，却发现不管用：

```
>>> DataHandler().run_query("test_fails")
Traceback (most recent call last):
  ...
TypeError: wrapped() takes 1 positional argument but 2 were given
```

问题出在什么地方呢？

这个方法多了一个参数——self。

方法不过是将 self（表示当前对象）作为第一个参数的特殊函数。

在这里，装饰器被设计成只接收一个参数（dbstring），因此它将 self 视为参数 dbstring，并在调用这个方法时将传入的字符串作为 self，而将第二个参数设置为空。

要修复这个问题，需要让装饰器同时适用于方法和函数，为此可将装饰器定义为实现了描述符协议的对象。

描述符将在第 6 章全面讨论，这里直接使用这种解决方案来让这个装饰器管用。

解决方案是将装饰器实现为一个类对象，并通过实现方法__get__让这个对象成为描述符：

```
from functools import wraps
from types import MethodType


class inject_db_driver:
    """Convert a string to a DBDriver instance and pass this to the
        wrapped function."""

    def __init__(self, function) -> None:
        self.function = function
        wraps(self.function)(self)
```

```
    def __call__(self, dbstring):
        return self.function(DBDriver(dbstring))

    def __get__(self, instance, owner):
        if instance is None:
            return self
        return self.__class__(MethodType(self.function, instance))
```

描述符的细节将在第 6 章讨论，就这里而言，描述符将它装饰的可调用对象重新绑定到一个方法，这意味着将把函数绑定到对象，然后使用这个新的可调用对象重新创建装饰器。

对于函数，这个装饰器依然管用，因为它根本不会调用方法__get__。

5.5　装饰器与整洁的代码

至此，我们对装饰器有了更深入的了解，还知道如何编写装饰器以及如何避免常见的问题，接下来该再进一步，看看如何利用学到的知识来改善软件质量。

本章前面的内容涉及过这个主题，但列举的示例与代码联系紧密，因为其中的建议涉及的是如何提高特定代码行（或代码块）的可读性。

从现在开始，讨论的主题都与一般性设计原则联系紧密。其中有些理念在本书前面讨论过，这里再次讨论它们旨在让你明白如何使用装饰器来实现相关的目标。

5.5.1　组合胜过继承

本书前面简要地讨论过，通常情况下，组合胜过继承，因为后者会带来一些问题，导致不同代码部分的耦合度更高。

在 *Design Patterns: Elements of Reusable Object-Oriented Software*（DESIG01）一书中，与设计模式相关的理念大都基于如下理念：组合胜过类继承。

第 2 章简要地介绍了使用魔法方法__getattr__来动态解析对象属性的理念，还列举了相关的示例：在外部框架要求的情况下，使用这种方式根据命名约定来自动解析属性。下面来探讨解决这种问题的两个不同版本。

在这个示例中，假设我们要与一个框架交互，这个框架遵循如下约定：通过调用名称中带前缀 resolve_ 的方法来解析属性；但我们的域对象只包含那些没有前缀 resolve_ 的属性。

显然，我们不想为每个属性都编写大量重复的名为 resolve_x 的方法，因此我们首先想到的是利用魔法方法__getattr__，并将其放在基类中：

```python
class BaseResolverMixin:
    def __getattr__(self, attr: str):
        if attr.startswith("resolve_"):
            *_, actual_attr = attr.partition("resolve_")
        else:
            actual_attr = attr
        try:
            return self.__dict__[actual_attr]
        except KeyError as e:
            raise AttributeError from e


@dataclass
class Customer(BaseResolverMixin):
    customer_id: str
    name: str
    address: str
```

这管用，但有没有更好的办法呢？

可以使用一个类装饰器来直接定义这个方法：

```python
from dataclasses import dataclass


def _resolver_method(self, attr):
    """The resolution method of attributes that will replace __getattr__."""
    if attr.startswith("resolve_"):
        *_, actual_attr = attr.partition("resolve_")
    else:
        actual_attr = attr
    try:
        return self.__dict__[actual_attr]
    except KeyError as e:
        raise AttributeError from e


def with_resolver(cls):
    """Set the custom resolver method to a class."""
    cls.__getattr__ = _resolver_method
    return cls


@dataclass
```

```
@with_resolver
class Customer:
    customer_id: str
    name: str
    address: str
```

这两个版本都实现了如下行为：

```
>>> customer = Customer("1", "name", "address")
>>> customer.resolve_customer_id
'1'
>>> customer.resolve_name
'name'
```

首先，我们定义了独立函数_resolve_method，其签名与原始__getattr__相同（这就是我将其第一个参数的名称设置为 self 的原因，因为这个函数将被作为方法）。

其他的代码非常简单。这里的装饰器通过参数接收一个类，并设置其方法__getattr__。接下来，将这个装饰器应用于我们的类，这样就不用使用继承了。

这个版本怎么就比前一个版本要好些呢？首先，使用装饰器意味着将使用组合（获取一个类，对其进行修改，再返回一个新类）而不是继承，因此代码不像原来那样与基类紧密耦合。

另外，在第一个版本中（通过混合类）使用继承的理由很不充分。我们没有使用继承来创建更具体的类，只是利用了方法__getattr__。这种做法很糟糕，其原因有两个。首先，继承并非重用代码的最佳方式。优良的代码重用方式是创建小而内聚的抽象，而不是创建类层次结构。

其次，前几章说过，创建子类时应遵循具体化理念，即建立"是一个"关系。请从概念的角度想一想，客户确定是 BaseResolverMixin 吗？如果不是，那是什么呢？

为了更清楚地说明第二点，假设有一个类似于下面的类层次结构：

```
class Connection: pass
class EncryptedConnection(Connection): pass
```

在这里，使用继承无疑是正确的，毕竟加密连接是一种更具体的连接。但一种更具体的 BaseResolverMixin 是什么呢？BaseResolverMixin 是一个混合类，用于与层次结构中的其他类混合（通过多继承）。使用这个混合类完全是从实用主义出发——方便实现。请不要误解我的意思，本书是一部实用著作，而你在工作中肯定会遇到混合类，因此完全可以使用它们，但如果能够避免这种纯粹的实现抽象，用不影响域对象（这里是 Customer 类）的东西取而代之，那不是更好。

新的设计还有一个激动人心的特征，那就是可扩展性。我们已经看到了如何对装饰器进行参数化。设想一下，如果让装饰器能够设置任何解析器函数（而不仅仅是这里定义的函数），我们可以在设计中实现多大的灵活性。

5.5.2　DRY 原则与装饰器

我们已经看到装饰器是如何让我们将特定的逻辑抽象到独立的组件中。这样做的优点是，以后可以将装饰器应用于不同的对象，从而重用代码。这遵循了 DRY 原则，因为对于特定的知识，我们定义了一次且只定义一次。

本章前面的重试机制是一个很好的例子，充分展示了可以多次应用装饰器以重用代码。我们应创建一个装饰器并多次应用它，而不是在每个特定的函数都包含重试逻辑。一旦确保装饰器可以同时适用于方法和函数，这就很有意义了。

定义如何表示事件的类装饰器也遵循了 DRY 原则，因为它使得只需在一个地方定义序列化事件的逻辑，避免了在不同的类中复制这些代码。因为我们希望重用这个装饰器并将其应用于很多类中，所以它的开发（和复杂性）是值得的。

当你试图使用装饰器重用代码时，务必牢记这样一点：必须 100% 地确定这样做可以减少需要编写的代码量。

任何装饰器都在代码中增加了一个间接层，导致代码更为复杂，非精心设计的装饰器尤其如此。阅读代码的人可能希望遵循装饰器的路径来完全理解函数的逻辑，因此这种复杂度必须是有回报的（有关这些方面的考虑，将在 5.5.3 小节讨论）。如果不能实现大规模的重用，就不要使用装饰器，而应选择更简单的解决方案（也许使用一个独立的函数或小类就够了）。

但大规模重用到底是多大规模呢？是否存在相关的规则，可用于判断在什么情况下应将既有代码重构为装饰器呢？Python 装饰器没什么特别的，下面的软件工程经验规则（GLASS01）也适用：至少尝试一个组件 3 次后，再考虑以可重用组件的方式创建通用的抽象。*Facts and Fallacies of Software Engineering*（GLASS 01）是一部非常出色的著作，建议你去阅读。该著作还指出，创建可重用组件比创建简单组件要难 3 倍。

总之，通过使用装饰器来重用代码是可以接受的，条件是你做到了如下 3 点。

- 不要一开始就白手起家地创建装饰器。等到模式显现出来了且装饰器抽象变得清晰后，再进行重构。
- 确定装饰器将被应用多次（至少 3 次）后再去实现它。
- 让装饰器包含的代码尽可能少。

从装饰器的角度重温 DRY 原则后，还需从装饰器的角度讨论关注点分离，这将在 5.5.3 小节进行。

5.5.3 装饰器与关注点分离

前面说过，要让装饰器包含的代码尽可能少，这一点非常重要，有必要专辟一节加以阐述。本书前面探讨过重用代码的理念，并指出了重用代码的关键在于让组件是内聚的。这意味着应让它们的职责尽可能少：做一件事且只做一件事，并将这件事做好。组件越小，可重用性就越高，同时可在更多的场景中使用它，而不会带来额外行为（导致耦合和依赖，进而让软件变得僵化）。

为帮助你理解这段话的意思，我们重温一下本章前面使用过的一个装饰器。这个装饰器跟踪函数的执行情况，其代码类似于下面这样：

```
def traced_function(function):
    @functools.wraps(function)
    def wrapped(*args, **kwargs):
        logger.info("started execution of %s", function.__qualname__)
        start_time = time.time()
        result = function(*args, **kwargs)
        logger.info(
            "function %s took %.2fs",
            function.__qualname__,
            time.time() - start_time
        )
        return result
    return wrapped
```

这个装饰器虽然管用，但存在一个问题——做的事情不止一件。它将被调用的函数写入日志，还将函数的运行时间写入日志。每当我们使用这个装饰器时，都将执行这两项职责，即便我们只想执行其中的一项。

应将这个装饰器分成两个更小的装饰器，每个都承担更具体和有限的职责：

```
def log_execution(function):
    @wraps(function)
    def wrapped(*args, **kwargs):
        logger.info("started execution of %s", function.__qualname__)
        return function(*kwargs, **kwargs)
    return wrapped


def measure_time(function):
    @wraps(function)
    def wrapped(*args, **kwargs):
        start_time = time.time()
        result = function(*args, **kwargs)
```

```
        logger.info(
            "function %s took %.2f",
            function.__qualname__,
            time.time() - start_time,
        )
        return result
    return wrapped
```

要提供与以前相同的功能，只需将这两个装饰器组合起来即可：

```
@measure_time
@log_execution
def operation():
    ....
```

请注意，装饰器的应用顺序也很重要。

> 不要让一个装饰器承担多项职责。单一职责原则（SRP）也适用于装饰器。

终于可以分析一些优良的装饰器，让你对如何在实际工作中使用装饰器有所认识了。5.5.4 小节将分析装饰器，给本章的学习之旅画上句号。

5.5.4　分析优良的装饰器

结束本章之前，我们来看一些优良的装饰器以及 Python 和流行库是如何使用装饰器的，以期获得优良装饰器创建指南。

列举示例前，我们先来说说优良装饰器应具备的特征。

- 封装（关注点分离）：优良装饰器应将不同的职责（装饰器的职责和被装饰者的职责）有效地分离。装饰器不能是存在裂缝的抽象，这意味着客户端只能以黑盒模式调用装饰器，不用知道装饰器是如何实现其逻辑的。
- 正交性：装饰器所做的事情必须是独立的，并尽可能与它装饰的对象解耦。
- 可重用性：装饰器应该可以应用于多种不同的类型，而不应只能应用于一个函数的一个实例中（要是装饰器只应用于一个函数，就应将其定义为函数）。换而言之，装饰器必须足够通用。

在项目 Celery 中，就有优良的装饰器。在这个项目中，通过将装饰器@app.task 应用于函数来定义任务：

```
@app.task
def mytask():
    ....
```

这个装饰器为何优良呢？原因之一是它非常擅长做一件事情——封装。Celery 库的用户只需定义函数体，这个装饰器将自动将函数转换为任务。装饰器@app.task 确实包装了大量的逻辑和代码，但它们都与 mytask()的函数体不相关。这个装饰器实现了完全的封装和关注点分离，用户根本不用管它做了什么，因此它是正确的抽象，没有泄露任何细节。

装饰器的另一个常见用途是在 Web 框架（Pyramid、Flask 和 Sanic 等）中。在这些框架中，通过装饰器将视图处理程序与 URL 关联起来，如下所示：

```
@route("/", method=["GET"])
def view_handler(request):
    ...
```

这些装饰器需要考虑的因素与其他装饰器相同，它们也实现了完全的封装，因为 Web 框架用户很少需要（甚至根本不需要）知道@route 做了些什么。就装饰器@route 而言，我们知道它还做了一些其他的事情，如通过注册函数将其映射到 URL、修改原始函数的签名以提供更好的接口（这个接口接收一个各种信息都已设置好的 request 对象）。

前面两个示例足以让我们注意到 Web 框架中装饰器使用方式的其他特征：遵循 API。这些框架库通过装饰器向用户暴露功能，事实证明，装饰器是定义整洁编程接口的绝佳方式。

这可能是我们看待装饰器的最佳方式。前面的类装饰器的示例让我们知道事件的属性将被如何处理，同样，优良的装饰器应该提供整洁的接口，让用户知道该对装饰器有什么样的期望，同时无须知道它是如何工作的（甚至无须知道它的任何细节）。

5.6 小结

装饰器是一个功能强大的 Python 工具，可以应用于很多东西，如类、方法、函数、生成器等。本章介绍了各种创建装饰器的方式以及装饰器的各种用途，并在此过程中得出了一些结论。

创建函数装饰器时，应尽力使其签名与被装饰的原始函数匹配。不要使用通用参数 *args 和**kwargs，而要让装饰器的签名与原始函数匹配，这样装饰器阅读和维护起来将更容易，同时装饰器将与原始函数更像，让代码阅读者更熟悉。

装饰器是重用代码和遵守 DRY 原则的非常有用的工具。然而，这是需要付出代价的，如果使用不当，可能弊大于利。有鉴于此，我们强调指出，仅当会被应用多次（3次或更多次）时，才应该使用装饰器。除 DRY 原则外，我们也采用了关注点分离原则，目的是让装饰器尽可能小。

装饰器的另一个不错的用途是创建更整洁的接口，例如，将类的部分逻辑提取到装饰器中，以简化其定义。从这种意义上说，装饰器还有助于提高可读性，这是通过封装（让用户知道特定的组件是做什么的，同时用户无须知道它是如何做的）实现的。

我们将在第 6 章介绍另一个 Python 进阶特性——描述符。尤其是，将介绍如何借助描述符创建更好的装饰器，并解决我们在本章遇到的一些问题。

5.7　参考资料

下面列出本章涉及的文献，以供参考。

- PEP-318：*Decorators for Functions and Methods*。
- PEP-3129：*Class Decorators*。
- WRAPT 01。
- WRAPT 02。
- 模块 Functools：*The wraps function in the functools module of Python's standard library*。
- ATTRS 01：*The attrs library*。
- PEP-557：*Data Classes*。
- GLASS 01：Robert L. Glass 的著作 *Facts and Fallacies of Software Engineering*。
- DESIG01：Erich Gamma 的著作 *Design Patterns: Elements of Reusable Object-Oriented Software*。
- PEP-614：*Relaxing Grammar Restrictions On Decorators*。

第6章
使用描述符更充分地利用对象

本章将介绍一个新概念——描述符。这是一个 Python 开发进阶概念，也是使用其他语言的程序员不熟悉的，因此无法进行简单的类比。

描述符是另一个独特的 Python 特性，让面向对象编程更上一层楼，还让用户能够构建更强大、可重用性更高的抽象。很多库和框架都充分利用了描述符。

本章将帮助你实现下述与描述符相关的目标。

- 明白描述符是什么、它们是如何工作的以及如何有效地实现它们。
- 从概念和实现细节的角度出发，分析两类描述符——数据描述符和非数据描述符。
- 通过描述符有效地重用代码。
- 分析一些有效利用描述符的示例以及如何在 API 库中利用描述符。

6.1 初识描述符

本节探讨描述符背后的主要理念，帮助你理解其机制和内部工作原理。清楚这些后，将更容易理解 6.2 节的主题——各种描述符是如何工作的。

当你对描述符背后的理念有了大致认识后，我们将通过一个示例阐述如何使用描述符让实现更整洁、更符合 Python 语言习惯。

6.1.1 描述符背后的机制

描述符的工作原理并不复杂，但需要注意的地方有很多，因此实现细节至关重要。

要实现描述符，至少需要两个类——客户端类和描述符类，其中描述符类实现了描述符本身的逻辑，而客户端类将利用描述符实现的功能（客户端类通常是域模型类——我们为解决问题创建的常规抽象）。

因此，描述符只是一个对象，它是实现了描述符协议的类的实例。这意味着类的接口必须至少包含下述魔法方法中的一个（在 Python 3.6+ 中，这些魔法方法构成了描述符协议）：

- __get__；
- __set__；
- __delete__；
- __set_name__。

本章遵循如表 6.1 所示的描述符命名约定。

表 6.1　本章遵循的描述符命名约定

名称	含义
ClientClass	这个类是利用描述符实现的功能的域级抽象，被称为描述符的客户端。 这个类包含一个类属性（根据这里的约定，将其命名为 descriptor），这个类属性是一个 DescriptorClass 实例
DescriptorClass	这个类实现了描述符，它必须实现构成描述符协议的部分魔法方法
client	一个 ClientClass 实例（client = ClientClass()）
descriptor	一个 DescriptorClass 实例（descriptor = DescriptorClass()），它是 ClientClass 的一个类属性

图 6.1 说明了 ClientClass 和 DescriptorClass 之间的关系。

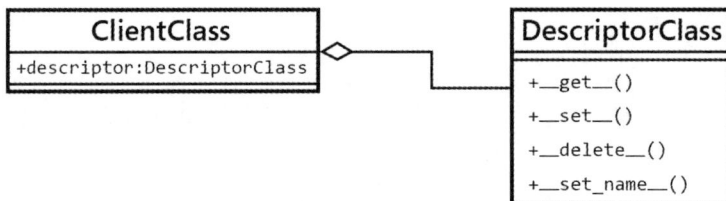

图 6.1　ClientClass 和 DescriptorClass 之间的关系

要让协议起作用，必须将 descriptor 定义为类属性，这一点非常重要，务必牢记在心。将 descriptor 作为实例属性不管用，因为必须在类体（而不是方法__init__）中创建它。

务必将 descriptor 定义为类属性。

需要指出的另外一点是，可以部分实现描述符协议。换而言之，并非必须定义前述所有的魔法方法，可以只实现我们需要的方法，稍后你将看到这一点。

至此，介绍了描述符实现的结构，即包含哪些元素以及这些元素之间的关系。我们需要一个描述符类（DescriptorClass）和一个使用描述符逻辑的类（ClientClass）；ClientClass类包含一个名为 descriptor 的类属性，这个类属性是一个描述符对象（DescriptorClass 实例）。接下来的问题是，这些元素在运行时是如何协同工作的呢？答案是当你访问 ClientClass 实例的属性 descriptor 时，将遵循描述符协议。

对于常规类，访问其实例的属性时，将获得该属性指向的对象（即便该属性是使用特性定义的），如下面的示例所示：

```
>>> class Attribute:
...     value = 42
...
>>> class Client:
...     attribute = Attribute()
...
>>> Client().attribute
<__main__.Attribute object at 0x...>
>>> Client().attribute.value
42
```

但在属性为描述符时，情况有所不同。对于指向描述符对象的类属性，当客户端请求它时，不会像前一个示例那样获得对象本身，而将获得调用魔法方法__get__的结果。

我们先来看一些简单的代码，它们将一些有关上下文的信息写入日志，再返回相同的客户端对象：

```
class DescriptorClass:
    def __get__(self, instance, owner):
        if instance is None:
            return self
        logger.info(
            "Call: %s.__get__(%r, %r)",
            self.__class__.__name__,
            instance,
            owner
        )
        return instance


class ClientClass:
    descriptor = DescriptorClass()
```

如果我们运行这些代码并请求 ClientClass 实例的属性 descriptor，将发现获得的不是

一个 DescriptorClass 实例,而是方法__get__()返回的结果:

```
>>> client = ClientClass()
>>> client.descriptor
INFO:Call: DescriptorClass.__get__(<ClientClass object at 0x...>,
<class 'ClientClass'>)
<ClientClass object at 0x...>
>>> client.descriptor is client
INFO:Call: DescriptorClass.__get__(ClientClass object at 0x...>, <class
'ClientClass'>)
True
```

注意到除返回我们创建的对象外,还调用了方法__get__中的写入日志的代码行。在这里,我们让这个方法返回客户端本身,因此最后一条语句中的比较结果为 True。有关方法__get__的参数,稍后将介绍,因此现在暂时不要管它们。这个示例旨在让你明白,当类包含描述符属性时,属性查找行为将不同(在这里,是因为描述符属性指向的对象包含方法__get__)。

从这个简单的、演示性的示例开始,我们可以创建更复杂的抽象和更好的装饰器,因为我们有一个功能强大的新工具(描述符)可以使用。请注意,这是如何以一种完全不同的方式让程序的控制流程发生了翻天覆地的变化。使用这个工具,我们可以抽象方法__get__背后的各种逻辑,让描述符透明地运行各种变换(客户端甚至都不会注意到),这让封装更上了一层楼。

6.1.2 探讨描述符协议中的各个方法

前面通过一些示例让你明白了描述符的工作原理。这些示例让你领略了描述符的威力,但你可能对前面未阐述的实现细节和惯用法感到好奇。

描述符也是对象,因此所有描述符协议方法将 self 作为第一个参数。在所有这些方法中,self 指的都是描述符对象本身。

本节将详细探讨描述符协议的每个方法:阐述每个参数的含义和用法。

1. 方法__get__

这个魔法方法的签名如下:

```
__get__(self, instance, owner)
```

第一个参数(instance)指的是调用描述符的对象。在前面的第一个示例中,为客户端对象 client。

参数 owner 指向客户端对象所属的类,在我们的示例(图 6.1)中,为 ClientClass。

　　总而言之，在方法__get__的签名中，参数 instance 为描述符所属的对象，而 owner 是该对象所属的类。敏锐的读者可能会问，考虑到可直接获取实例所属的类（owner = instance.__class__），为何要这样定义__get__的签名呢？因为存在一个边缘情况：通过类（ClientClass）而不是实例（client）调用描述符时，参数 instance 的值将为 None，但在这种情况下，我们可能仍然希望做些处理。这就是 Python 选择通过另一个参数来传递类的原因。

　　通过下面的简单代码，我们可以演示从类中调用描述符与从实例中调用描述符之间的区别。在这里，方法__get__在这两种情况下所做的事情不同：

```
# descriptors_methods_1.py

class DescriptorClass:
    def __get__(self, instance, owner):
        if instance is None:
            return f"{self.__class__.__name__}.{owner.__name__}"
        return f"value for {instance}"


class ClientClass:
    descriptor = DescriptorClass()
```

当我们直接从 ClientClass 调用描述符时，生成一个由类名组成的命名空间：

```
>>> ClientClass.descriptor
'DescriptorClass.ClientClass'
```

而通过创建的对象调用描述符时，返回一条不同的消息：

```
>>> ClientClass().descriptor
'value for <descriptors_methods_1.ClientClass object at 0x...>'
```

一般而言，除非要使用参数 owner 来做些事情，否则通常在 instance 为 None 时只返回描述符本身。这是因为当用户从类中调用描述符时，他们很可能期望获得描述符本身，因此这种惯常做法是合理的。当然，是否遵循这种惯常做法要看具体情况，本章后面将采取不同的做法，并做出相关的说明。

2. 方法__set__

这个方法的签名如下：

```
__set__(self, instance, value)
```

这个方法在我们试图给 descriptor 赋值时被调用，即它将被类似于下面的语句激活。在这个示例中，descriptor 是一个实现了__set__()的对象，参数 instance 为 client，参数 value 为字符串"value"：

```
client.descriptor = "value"
```

　　注意到这种行为与本书前面介绍的装饰器@property.setter 有点像。setter 函数的参数也被设置为语句右边的值（在这里是字符串"value"）。这一点将在本章后面更详细地说明。

　　如果 client.descriptor 指向的对象没有实现__set__()，将把这个属性设置为字符串"value"（语句右边的对象）。

> 给描述符属性赋值时务必小心。请确保它实现了方法__set__，且不会带来不想要的副作用。

　　通常使用这个方法将数据存储到对象中，但前面说过，描述符功能强大，可以利用它们来创建可应用多次的通用验证对象（同样，如果不将这种逻辑抽象出来，它可能出现在多个特性的 setter 方法中）。

　　下面的代码演示了如何利用这个方法来创建通用的属性验证对象——将值赋给属性前，使用函数动态地创建验证对象，以便对值进行验证：

```
class Validation:

    def __init__(
        self, validation_function: Callable[[Any], bool], error_msg: str
    ) -> None:
        self.validation_function = validation_function
        self.error_msg = error_msg

    def __call__(self, value):
        if not self.validation_function(value):
            raise ValueError(f"{value!r} {self.error_msg}")


class Field:

    def __init__(self, *validations):
        self._name = None
        self.validations = validations

    def __set_name__(self, owner, name):
        self._name = name

    def __get__(self, instance, owner):
        if instance is None:
            return self
        return instance.__dict__[self._name]
```

```
    def validate(self, value):
        for validation in self.validations:
            validation(value)

    def __set__(self, instance, value):
        self.validate(value)
        instance.__dict__[self._name] = value


class ClientClass:
    descriptor = Field(
        Validation(lambda x: isinstance(x, (int, float)), "is not a
        number"),
        Validation(lambda x: x >= 0, "is not >= 0"),
    )
```

这些代码的运行情况如下：

```
>>> client = ClientClass()
>>> client.descriptor = 42
>>> client.descriptor
42
>>> client.descriptor = -42
Traceback (most recent call last):
  ...
ValueError: -42 is not >= 0
>>> client.descriptor = "invalid value"
  ...
ValueError: 'invalid value' is not a number
```

对于通常放在特性中的逻辑，可将其抽象到描述符中，这样可以重用它多次。在这里，使用方法__set__()实现了通常由@property.setter实现的功能。

这种机制比特性更通用，因为在本书后面你将看到，特性是特殊的描述符。

3. 方法__delete__

这个方法的签名更简单，它类似于下面这样：

```
__delete__(self, instance)
```

这个方法由下面的语句调用。在我们的示例中，参数 self 为属性 descriptor，而参数 instance 为客户端对象 client：

```
>>> del client.descriptor
```

在下面的示例中，我们使用这个方法创建一个描述符，目的是禁止没有管理员权限的用户从对象中删除属性。在这里，描述符具有逻辑，用于断言使用它的对象的值，而不是不同的相关对象的值：

```python
# descriptors_methods_3.py

class ProtectedAttribute:
    def __init__(self, requires_role=None) -> None:
        self.permission_required = requires_role
        self._name = None

    def __set_name__(self, owner, name):
        self._name = name

    def __set__(self, user, value):
        if value is None:
            raise ValueError(f"{self._name} can't be set to None")
        user.__dict__[self._name] = value

    def __delete__(self, user):
        if self.permission_required in user.permissions:
            user.__dict__[self._name] = None
        else:
            raise ValueError(
                f"User {user!s} doesn't have {self.permission_required}"
                "permission"
            )


class User:
    """Only users with "admin" privileges can remove their email address."""

    email = ProtectedAttribute(requires_role="admin")

    def __init__(self, username: str, email: str, permission_list: list
= None) -> None:
        self.username = username
        self.email = email
        self.permissions = permission_list or []

    def __str__(self):
        return self.username
```

在通过示例说明这个描述符如何工作之前，需要说一说它提出的一些要求。请注意，
User 类将参数 username 和 email 设置成了必不可少的。根据其方法 __init__ 可知，没有属

性 email 的用户不能成为用户。如果将这个属性删除并让它完全消失，将创建不一致的对象——处于与 User 类定义的接口不一致的无效中间状态。为了避免出现问题，类似这样的细节很重要。其他对象可能使用 User 对象，而它们期望这个对象包含属性 email。

有鉴于此，我们决定将删除 email 的操作定义为将其设置为 None，在前面的代码中，使用粗体突出了这一点。同理，必须禁止用户将 email 设置为 None，因为这种操作绕过了我们在方法__delete__中实现的机制。

在这里，我们可以看到它的运行情况，假设仅当用户具有 admin 权限时，才能删除其 email 地址：

```
>>> admin = User("root", "root@d.com", ["admin"])
>>> user = User("user", "user1@d.com", ["email", "helpdesk"])
>>> admin.email
'root@d.com'
>>> del admin.email
>>> admin.email is None
True
>>> user.email
'user1@d.com'
>>> user.email = None
...
ValueError: email can't be set to None
>>> del user.email
...
ValueError: User user doesn't have admin permission
```

在这个简单的描述符中，我们看到仅当用户有 admin 权限时，才能删除其 email 属性。对于其他用户，试图对其 email 属性调用 del 将引发 ValueError 异常。

描述符的这种方法通常不像前两种方法那样常用，这里介绍它是出于完整性考虑。

4. 方法__set_name__

这个方法相对较新，是 Python 3.6 新增的，其签名如下：

```
__set_name__(self, owner, name)
```

在将要使用描述符的类中创建它时，通常需要让描述符知道它将要处理的属性的名称。在方法__get__和__set__中读取和写入__dict__时，将使用这个属性名。

在 Python 3.6 之前，描述符不能自动获得这个名称，因此最常见的做法是在初始化描述符时显式地传入属性名。这可行，但存在一个问题，那就是每当需要将这个描述符用于新属性时，都需要重复这个名称。

引入方法__set_name__前，定义描述符的代码通常类似于下面这样：

```
class DescriptorWithName:
    def __init__(self, name):
        self.name = name

    def __get__(self, instance, value):
        if instance is None:
            return self
        logger.info("getting %r attribute from %r", self.name, instance)
        return instance.__dict__[self.name]

    def __set__(self, instance, value):
        instance.__dict__[self.name] = value


class ClientClass:
    descriptor = DescriptorWithName("descriptor")
```

下面演示了描述符是如何使用这个属性名的：

```
>>> client = ClientClass()
>>> client.descriptor = "value"
>>> client.descriptor
INFO:getting 'descriptor' attribute from <ClientClass object at 0x...>
'value'
```

如果要避免输入属性名两次（一次是在类中给变量赋值，另一次是在初始化描述符时将其作为第一个参数），必须来点技巧，如使用类装饰器或使用元类（这更麻烦）。

在 Python 3.6 中，新增了方法__set_name__，它将接收创建描述符的类以及被赋予描述符的名称。最常见的惯用法是在描述符中使用这个方法，以便它可以在此方法中存储所需的名称。

为确保兼容性，最好在定义方法__set_name__的同时，在方法__init__中给参数 name 指定默认值。

通过使用方法__set_name__，可将前面的描述符修改成下面这样：

```
class DescriptorWithName:
    def __init__(self, name=None):
        self.name = name

    def __set_name__(self, owner, name):
        self.name = name
    ...
```

__set_name__用于获取给描述符指定的属性名，但可以优先使用方法__init__来覆盖这个属性名，这提供了灵活性。

虽然可以根据喜好随意地给描述符命名，但是描述符名称（属性名）通常会被用作客户端对象中__dict__的一个键，这意味着描述符将被解释为一个属性。有鉴于此，给描述符命名时，请使用合法的 Python 标识符。

> 如果你要给描述符指定自定义名称，务必使用合法的 Python 标识符。

6.2　描述符类型

根据前面探讨的方法，可从工作方式的角度对描述符做出重要的区分。要有效地使用描述符，明白这种区分很重要，明白这一点还有助于避开陷阱和常见的运行时错误。

如果描述符实现了方法__set__或__delete__，它就是数据描述符；如果描述符只实现了方法__get__，它就是非数据描述符。请注意，方法__set_name__对描述符分类没有任何影响。

解析对象的属性时，数据描述符优先于对象的字典，但非数据描述符没有这样的优先权。这意味着对于非数据描述符，如果对象的字典中有与该描述符同名的键，那么它将始终被调用，描述符本身将永远不会运行。

相反，对于数据描述符，即便字典中有与该描述符同名的键，这个键也永远不会被使用，因为描述符本身总是被调用。

6.2.1 小节和 6.2.2 小节将更详细地阐述这一点，让你更深入地认识到对每种描述符应该有什么样的期待。

6.2.1　非数据描述符

我们先来看看只实现了方法__get__的描述符及其用法：

```python
class NonDataDescriptor:
    def __get__(self, instance, owner):
        if instance is None:
            return self
        return 42



class ClientClass:
    descriptor = NonDataDescriptor()
```

与往常一样，如果我们请求 descriptor，得到的将是其方法__get__的结果：

```
>>> client = ClientClass()
>>> client.descriptor
42
```

如果我们修改属性 descriptor 的值，将无法访问原来的值，相反，得到的是新赋给它的值：

```
>>> client.descriptor = 43
>>> client.descriptor
43
```

现在，删除 descriptor 并再次请求它，看看得到的是什么：

```
>>> del client.descriptor
>>> client.descriptor
42
```

我们来回顾一下整个过程。刚创建对象 client 时，属性 descriptor 位于类（而不是这个实例）中，如果此时查看对象 client 的字典，将发现它是空的：

```
>>> vars(client)
{}
```

接下来，我们请求属性.descriptor，但在 client.__dict__ 中，没有名为 descriptor 的键，因此前往类中查找，但只找到了描述符 descriptor，因此返回方法__get__的结果。

然后，我们修改属性.descriptor 的值，这将在实例的字典中设置指定的值（99），因此这个字典不再为空：

```
>>> client.descriptor = 99
>>> vars(client)
{'descriptor': 99}
```

因此，当我们再次请求属性.descriptor 时，将在对象中查找它。这次将找到这个属性（因为在对象的属性__dict__中，有一个名为 descriptor 的键），因此直接返回它，而不再在类中查找。有鉴于此，不会调用描述符协议，再次请求这个属性时，将返回新设置的值（99）。

接下来，我们调用 del 将这个属性删除，这将把名为 descriptor 的键从对象的字典中删除，从而回到最初的场景，即请求属性 descriptor 时，将在类中查找，进而触发描述符协议：

```
>>> del client.descriptor
>>> vars(client)
{}
>>> client.descriptor
42
```

这意味着给属性 descriptor 设置为其他值，可能无意间破坏了它。这是为什么呢？因为这个描述符没有处理删除操作（有些描述符不需要这样做）。

这里的描述符为非数据描述符，因为它没有像下面的示例那样实现魔法方法__set__。

6.2.2 数据描述符

现在来看看使用数据描述符有何不同。为此，我们将创建另一个实现了方法__set__的简单描述符：

```
class DataDescriptor:

    def __get__(self, instance, owner):
        if instance is None:
            return self
        return 42

    def __set__(self, instance, value):
        logger.debug("setting %s.descriptor to %s", instance, value)
        instance.__dict__["descriptor"] = value


class ClientClass:
    descriptor = DataDescriptor()
```

我们来看看 descriptor 返回的值：

```
>>> client = ClientClass()
>>> client.descriptor
42
```

接下来我们修改这个属性，再看看它返回的是什么：

```
>>> client.descriptor = 99
>>> client.descriptor
42
```

descriptor 返回的值没变。但当我们给 descriptor 赋不同的值时，必须像前面一样将这个值存储到对象的字典中：

```
>>> vars(client)
{'descriptor': 99}

>>> client.__dict__["descriptor"]
99
```

因此，调用方法__set__()，这个方法确实将值存储到了对象的字典中，但当我们请求属性 descriptor 时，不会通过字典的属性__dict__来获取它，而优先使用描述符（因为它是数据描述符）。

另外，这里也不能删除这个属性：

```
>>> del client.descriptor
Traceback (most recent call last):
    ...
AttributeError: __delete__
```

原因如下：由于这个描述符优先于属性__dict__，因此对这个属性调用 del 时，不会试图将其从对象的字典（__dict__）中删除，而将调用描述符的方法__delete__()，但在这个示例中，没有实现这个方法，因此出现异常 AttributeError。

这就是数据描述符和非数据描述符的不同之处。如果描述符实现了__set__()，它总是优先，而不管对象的字典中包含哪些属性；如果没有实现这个方法，那么将首先在对象的字典中查找，如果没有找到，再运行描述符。

你可能注意到了，方法__set__包含如下代码行，这很有意思：

```
instance.__dict__["descriptor"] = value
```

这行代码有很多需要说明的地方，我们一一道来。

首先，为何直接使用属性名 descriptor？这里这样做只是为了简化，实际上，描述符此时并不知道给它指定的属性名，但我们知道属性名将为 descriptor，因此直接使用了它。这种简化让这个示例包含的代码更少，使用 6.1 节介绍的方法__set_name__可以轻松地解决这个问题。

在实际项目中，可采用两种解决方案。一是让方法__init__通过参数接收属性名，并在内部存储它，这样可以直接使用这个内部属性。另一种更佳的解决方案是使用方法__set_name__。

在上述代码行中，为何直接访问实例的属性__dict__呢？这也是个好问题，答案至少有两个。首先，你可能会想，为何不像下面这样做呢？

```
setattr(instance, "descriptor", value)
```

记住，当我们试图给描述符属性赋值时，都将调用方法__set__。因此，如果使用 setattr()，将再次调用描述符，而调用描述符将导致 setattr() 被再次调用，以此类推。这将形成无限递归。

> 在描述符的方法__set__中，不要使用 setattr()或赋值表达式，因为这将导致无限递归。

既然如此，为何不让描述符记录其所属对象的属性值呢？

ClientClass 包含指向描述符的引用，如果再在描述符中包含指向对象 client 的引用，将形成循环依赖，导致这些对象永远不会作为垃圾被回收。由于它们彼此指向对方，因此它们的引用计数永远不会降低到低于回收阈值，这将导致程序出现内存泄漏。

> 使用描述符（推而广之是对象）时，务必注意可能出现的内存泄漏。确保没有创建循环依赖。

　　一种替代方案是使用弱引用：如果你愿意，使用模块 weakref 创建一个弱引用键字典。这种实现将在本章后面介绍，但对于本书中的实现，我们都更愿意使用这里的惯用法（而不是 weakref），因为编写描述符时，这是大家普遍接受的方法。

　　至此，我们研究了不同类型的描述符——它们的定义和工作原理，还对如何利用描述符有了粗略的认识。6.3 节将专注于最后一点，深入介绍如何使用描述符。从现在开始，我们将采取更务实的方法，看看如何使用描述符来改善代码，再列举一些有效利用描述符的示例。

6.3　使用描述符

　　知道描述符是什么及其工作原理和背后的理念后，便可以看看如何使用它们了。本节探讨一些可通过描述符优雅地解决的问题。

　　在这里，我们将列举一些描述符使用示例、介绍实现描述符时需要注意的事项（各种创建描述符的方式及其优缺点）并讨论最适合使用描述符的场景。

6.3.1　描述符的一种用途

　　我们将从一个简单的示例开始，它可以工作但会导致一定的代码重复。然后，我们将设计一个方案，将重复的逻辑抽象到一个描述符中，以解决代码重复问题，并且我们将观察到客户端类的代码将大大减少。

1．一次不使用描述符的尝试

　　我们要解决的问题是这样的：有一个常规类，它包含一些属性，而我们要跟踪特定属性随时间的推移所取的各种值（比如将它们放在列表中）。首先想到的解决方案是使用特性：每个该属性的值发生变化时，都在相应特性的方法 setter 中将新值添加到一个内部列表中（这个列表跟踪该属性取值的变化轨迹）。

　　假设这个类表示应用程序中的游客，它记录了游客当前所在的城市，而我们要跟踪游客在程序运行期间到过的所有城市。下面的代码是一种可能的实现，满足了所有这些需求：

```
class Traveler:

    def __init__(self, name, current_city):
        self.name = name
        self._current_city = current_city
        self._cities_visited = [current_city]

    @property
    def current_city(self):
        return self._current_city

    @current_city.setter
    def current_city(self, new_city):
        if new_city != self._current_city:
            self._cities_visited.append(new_city)
        self._current_city = new_city

    @property
    def cities_visited(self):
        return self._cities_visited
```

这些代码完全按我们的要求工作，这一点很容易检查：

```
>>> alice = Traveler("Alice", "Barcelona")
>>> alice.current_city = "Paris"
>>> alice.current_city = "Brussels"
>>> alice.current_city = "Amsterdam"

>>> alice.cities_visited
['Barcelona', 'Paris', 'Brussels', 'Amsterdam']
```

到目前为止，这些就是需要编写的所有代码。就这个问题而言，使用特性来解决绰绰有余。如果需要在应用程序的多个地方使用同样的逻辑呢？这意味着这个问题实际上是一个更通用的问题（在另一个属性中跟踪属性的所有取值）的实例。如果要对其他属性做同样的事情，如跟踪 Alice 购买的所有票券或她到过的所有国家呢？必须在所有这些地方重复前述逻辑。

另外，如果需要在不同的类中实现同样的行为呢？要么重复这些代码，要么设计一种通用的解决方案（使用装饰器、特性构建器或描述符）。由于特性构建器是特殊的描述符（且更复杂），也不在本书的讨论范围内，因此建议使用描述符来实现一种更整洁的处理方案。

对于这个问题，另一种解决方案是使用第 2 章介绍的魔法方法__setattr__。在第 5 章讨论类装饰器时，这种解决方案作为使用__getattr__的替代方案介绍过。这些解决方案的思路很像：需要创建一个实现了这种通用方法的新基类，再定义一些类属性来指出需要跟踪哪些属性，最后，在这个方法中实现前述逻辑。这个类是一个混合类，可加入类层次结构中，但也存在前面讨论的问题（耦合度较高、层次结构可能从概念上说是不正确的）。

在第 5 章，经过对使用类装饰器的解决方案和使用这种魔法方法的解决方案的差异进行分析后，发现前者优于后者；在这里，我也认为使用描述符的解决方案将更整洁，因此不考虑使用这个魔法方法，而只探讨如何使用描述符来解决这个问题（见下面第 2 点）。话虽如此，但欢迎读者使用__setattr__来实现解决方案，并对这两种解决方案进行比较和分析。

2. 惯用法实现

现在来看看如何使用描述符来解决上面的问题，这个描述符足够通用，适用于任何类。同样，并非一定要像这个示例这样做，因为需求并没有指定这样的通用行为（我们甚至没有遵循至少有三个类似的实例后才创建抽象这一原则），这里展示它旨在描绘如何使用描述符。

> 除非有证据表明，存在我们要解决的重复，且实现描述符带来的复杂性物超所值，否则不要这样做。

下面来创建一个通用的描述符，给定一个列表属性的名称的情况下，这个描述符将另一个属性的各种取值存储在列表属性中。

前面说过，这里的代码对解决问题来说绰绰有余，但旨在展示描述符在这里可提供什么样的帮助。考虑到描述符的通用特征，读者将注意到其中的逻辑（方法和属性的名称）与当前的域问题（Traveler 对象）并不相关。因为这里要让这个描述符可用于任何类（可能是其他项目中的类）中，并获得同样的效果。

为弥补这种不足，对有些代码做了注解，并在列出代码后对各部分做了解释（它是做什么的以及它与原始问题之间的关系）：

```python
class HistoryTracedAttribute:
    def __init__(self, trace_attribute_name: str) -> None:
        self.trace_attribute_name = trace_attribute_name # [1]
        self._name = None

    def __set_name__(self, owner, name):
        self._name = name

    def __get__(self, instance, owner):
        if instance is None:
            return self
```

```
        return instance.__dict__[self._name]

    def __set__(self, instance, value):
        self._track_change_in_value_for_instance(instance, value)
        instance.__dict__[self._name] = value

    def _track_change_in_value_for_instance(self, instance, value):
        self._set_default(instance) # [2]
        if self._needs_to_track_change(instance, value):
            instance.__dict__[self.trace_attribute_name].append(value)

    def _needs_to_track_change(self, instance, value) -> bool:
        try:
            current_value = instance.__dict__[self._name]
        except KeyError: # [3]
            return True
        return value != current_value # [4]

    def _set_default(self, instance):
        instance.__dict__.setdefault(self.trace_attribute_name, []) # [6]


class Traveler:

    current_city = HistoryTracedAttribute("cities_visited") # [1]

    def __init__(self, name: str, current_city: str) -> None:
        self.name = name
        self.current_city = current_city # [5]
```

　　这个描述符旨在创建一个新的属性，用于跟踪另一个属性的取值变化轨迹。为方便对代码进行说明，将这两个属性分别称为跟踪者（tracer）和被跟踪的属性。

　　下面是对代码所做的一些说明（这里的编号对应于代码中的注解编号）。

　　（1）让被跟踪的属性（这里为 current_city）指向一个描述符对象。我们将用于跟踪另一个属性的名称传递给描述符。在这里，我们让对象在属性 cities_visited（跟踪者）中跟踪属性 current_city 的所有取值。

　　（2）在方法__init__中首次调用描述符时，跟踪属性还不存在，因此我们将其初始化为一个空列表，供以后在其中追加值。

　　（3）在方法__init__中，属性 current_city 也不存在，因此我们也要跟踪这种变化。

这相当于前一个示例中使用第一个值来初始化列表。

（4）仅当新值与当前值不同时，才跟踪变化。

（5）在方法__init__中，描述符已经存在，因此这条赋值指令将触发第（2）步的操作（创建空列表以开始跟踪值）和第（3）步的操作（将值追加到列表中，并使用它来设置对象的字典中相应键下的值，供以后检索）。

（6）使用字典的方法 setdefault 来避免 KeyError。在这里，对于不可用的属性，将返回一个空列表。

这个描述符的代码确实非常复杂，但客户端类的代码要简单得多。当然，正如前面说过的，仅当将使用这个描述符多次时，这样做才值得。

当前，可能还不太清晰的一点是，这个描述符确实独立于客户端类。这个描述符未涉及任何业务逻辑，因此可在任何类中使用。即便这个类所做的事情完全不同，这个描述符的效果也一样。

这就是 Python 描述符的特点：更适合用于定义库、框架和内部 API，但不那么适合用于定义业务逻辑。

见过一些描述符的实现示例后，可以看看各种描述符的编写方式了。前面的描述符都是使用同一种方式编写的，但正如本章前面指出的，有各种不同的描述符实现方式，你将在稍后看到这一点。

6.3.2　各种描述符实现方式

研究描述符的实现方式前，需要搞明白描述符特有的一个常见问题。因此，我们将首先讨论全局共享状态带来的问题，再带着这个问题去研究各种描述符实现方式。

1．共享状态的问题

前面说过，描述符必须作为类属性才能管用。虽然在大多数情况下，这都不是问题，但确实存在一些需要考虑的注意事项。

类属性存在的问题是，它们是在类的所有实例之间共享的，描述符也不例外，因此如果在描述符中存储数据，记住描述符所在类的所有对象都能够访问这些数据。

下面来看看如果错误地定义了描述符，让它自己存储数据，而不是将数据存储在每个对象中，将出现什么样的情况：

```
class SharedDataDescriptor:
    def __init__(self, initial_value):
        self.value = initial_value
```

```
    def __get__(self, instance, owner):
        if instance is None:
            return self
        return self.value

    def __set__(self, instance, value):
        self.value = value


class ClientClass:
    descriptor = SharedDataDescriptor("first value")
```

在这个示例中，描述符自己存储数据。这带来了不便：通过一个实例修改这个值后，通过其他所有实例访问这个值时，得到的也是修改后的值。下面的代码证明了这一点：

```
>>> client1 = ClientClass()
>>> client1.descriptor
'first value'

>>> client2 = ClientClass()
>>> client2.descriptor
'first value'

>>> client2.descriptor = "value for client 2"
>>> client2.descriptor
'value for client 2'

>>> client1.descriptor
'value for client 2'
```

注意到我们修改一个对象后，这种修改在其他所有对象中都反映出来了。这是因为 ClientClass.descriptor 是独一无二的，由所有对象共享。

在有些情况下，这种效果可能正是我们想要的（例如，如果你要实现 Borg 模式，就要在类的所有对象之间共享状态），但通常不是这样的，而需要区分不同的对象。模式将在第 9 章更详细地讨论。

为此，描述符需要知道每个实例的值并相应地返回它，这就是本章前面一直使用每个实例的字典（__dict__）来设置和获取值的原因所在。

这种方法是最常用的。前面说明了为何不能使用 getattr()和 setattr()，因此修改属性 __dict__ 是常用的解决方案，在这里，这也是可以接受的。

2. 访问对象的字典

本书实现描述符时，都让描述符在对象的字典__dict__中存储和获取值。

> 务必在实例的属性__dict__中存储和获取数据。

本书前面所有的实例使用的都是这种方法，但下面将采取另一种方法。

3. 使用弱引用

另一种方法（如果不想使用__dict__）是，让描述符在一个内部映射中跟踪每个实例的值，并从这个映射中返回值。

但需要注意的是，这个映射不能是普通字典。由于客户端类包含指向描述符的引用，如果在描述符中包含指向使用它的对象的引用，将形成循环依赖，导致这些对象永远不会被作为垃圾回收，因为它们彼此指向对方。

为解决这个问题，字典必须是模块 weakref（WEAKREF 01）中定义的弱键（weak key）字典。

在这个示例中，描述符的代码可能类似于下面这样：

```python
from weakref import WeakKeyDictionary


class DescriptorClass:
    def __init__(self, initial_value):
        self.value = initial_value
        self.mapping = WeakKeyDictionary()

    def __get__(self, instance, owner):
        if instance is None:
            return self
        return self.mapping.get(instance, self.value)

    def __set__(self, instance, value):
        self.mapping[instance] = value
```

这解决了问题，但也带来了一些需要考虑的注意事项。

- 对象不再存储其属性，而由描述符存储。是否该这样做存在争议，从概念的角度来说，这可能并非完全正确无误的。如果忘记了这个细节，你可能在对象的字典中查找那里没有的东西（例如，调用 vars(client)不会返回完整的数据）。
- 这要求对象必须是可散列的。如果对象不是可散列的，就不能作为映射中的键。对有些应用程序来说，这样的要求可能太苛刻了（开发人员必须实现自定义的魔法方法__hash__和__eq__）。

由于这些原因，我们更喜欢本书前面一直在展示的实现方法，即使用每个实例的字典。然而，出于完整性考虑，我们必须演示这里介绍的方法。

6.3.3　使用描述符时需要考虑的其他方面

本节讨论有关描述符的一般性考虑：可使用描述符做什么；在什么情况下使用描述符是个不错的主意；如何使用描述符改善使用其他方法实现的解决方案。我们将对原始解决方案和使用描述符的解决方案进行分析，指出它们的优缺点。

1．重用代码

描述符是通用工具，同时是功能强大的抽象，可用来避免代码重复。

一个适合使用描述符的场景是，需要编写特性（使用@property、@<property>.setter或@<property>.deleter 装饰的方法），并需要编写相同的特性逻辑多次。也就是说，需要编写通用特性或需要编写多个包含相同逻辑和样板代码的特性。特性是特殊的描述符（装饰器@property 是一个描述符，实现了整个描述符协议，即定义了方法__get__、__set__和__delete__），这意味着可以使用描述符来完成非常复杂的任务。

另一个可用于重用代码的强大类型是装饰器，这在第 5 章介绍过。描述符可以帮助我们创建更好的装饰器——确保它们可用于类方法。

对于装饰器，稳妥的做法是在其中实现方法__get__()，让它成为描述符。判断是否值得创建装饰器时，只需考虑第 5 章介绍的三个实例规则，但对于描述符，还需考虑其他方面。

决定是否创建通用的描述符时，除前面说的适用于装饰器（以及任何可重用组件）的三个实例规则外，请记住下面一点：定义内部 API（一些供客户端使用的代码）时，应使用描述符。描述符主要用于设计库和框架，而不太适合用于设计一次性解决方案。

不要将业务逻辑放在描述符中，除非有充分的理由这样做，或者这样做可让代码看起来好得多。相反，放在描述符中代码应是实现代码，而不是业务逻辑代码。定义描述符类似于定义一个新的数据结构或对象，供业务逻辑的其他部分将其作为工具使用。

> 一般而言，描述符包含的是实现逻辑，而不应包含太多的业务逻辑。

2．替代类装饰器

在第 5 章中，使用了一个类装饰器来判断如何序列化事件对象，最终的实现（适用于 Python 3.7+）使用了两个类装饰器：

```
@Serialization(
    username=show_original,
    password=hide_field,
    ip=show_original,
    timestamp=format_time,
)
@dataclass
class LoginEvent:
    username: str
    password: str
    ip: str
    timestamp: datetime
```

其中的第一个装饰器根据注解确定属性，进而声明相应的变量，而第二个定义如何处理每个文件。我们来看看能不能将这两个装饰器转换为描述符。

这里要创建一个描述符，根据要求（如隐藏敏感信息、正确地设置日期的格式）对属性的值进行变换，并返回修改后的版本：

```
from dataclasses import dataclass
from datetime import datetime
from functools import partial
from typing import Callable


class BaseFieldTransformation:

    def __init__(self, transformation: Callable[[], str]) -> None:
        self._name = None
        self.transformation = transformation

    def __get__(self, instance, owner):
        if instance is None:
            return self
        raw_value = instance.__dict__[self._name]
        return self.transformation(raw_value)

    def __set_name__(self, owner, name):
        self._name = name

    def __set__(self, instance, value):
        instance.__dict__[self._name] = value
```

```
ShowOriginal = partial(BaseFieldTransformation, transformation=lambda x: x)
HideField = partial(
    BaseFieldTransformation, transformation=lambda x: "**redacted**"
)
FormatTime = partial(
    BaseFieldTransformation,
    transformation=lambda ft: ft.strftime("%Y-%m-%d %H:%M"),
)
```

这个描述符很有趣，它是用一个接收一个参数并返回一个值的函数创建的。这个函数指定了要应用于字段的变换。这个描述符类的基本定义（base definition）定义了其工作原理；为定义处理具体字段的描述符，可指定用于变换该字段的函数。

这里用了 functools.partial 来模拟创建子类：通过指定变换函数，生成一个可直接实例化的可调用对象。

为让这个示例尽可能简单，我们将实现方法__init__()和 serialize()，虽然这两个方法原本也可进行抽象。基于这些考虑后，事件类的定义类似于下面这样：

```
@dataclass
class LoginEvent:
    username: str = ShowOriginal()
    password: str = HideField()
    ip: str = ShowOriginal()
    timestamp: datetime = FormatTime()

    def serialize(self) -> dict:
        return {
            "username": self.username,
            "password": self.password,
            "ip": self.ip,
            "timestamp": self.timestamp,
        }
```

现在可以看看这个对象在运行时的行为了：

```
>>> le = LoginEvent("john", "secret password", "1.1.1.1", datetime.
utcnow())
>>> vars(le)
{'username': 'john', 'password': 'secret password', 'ip': '1.1.1.1',
'timestamp': ...}
>>> le.serialize()
{'username': 'john', 'password': '**redacted**', 'ip': '1.1.1.1',
'timestamp': '...'}
```

```
>>> le.password
'**redacted**'
```

与以前使用装饰器的实现相比，这里的实现有一些不同的地方。这个示例添加了方法 serialize()，它对字段进行变换，再将它们放在要返回的字典中，但如果我们向位于内存中的事件的实例请求这些属性，返回的将是未经变换的原始值（我们原本也可以在设置值时对其进行变换，并在__get__中直接返回变换后的值）。

根据应用程序的敏感度，这可能是可以接受的，也可能是不可以接受的，但在这里，当我们向对象请求其公有属性时，描述符将先进行变换再显示结果。你依然可以通过请求对象的字典（访问__dict__）来获取原始值，但直接请求值时，默认将返回转换后的结果。

在这个实例中，所有描述符的逻辑都相同，这种逻辑是在基类中定义的。描述符应将值存储在对象中，再请求它（应用指定的变换）。我们原本可以创建一个类层次结构，其中的每个类都定义了自己的转换函数，这有点类似于模板方法设计模式的工作原理。在这里，由于派生类的变化较小（只是一个函数），因此我们选择以部分应用（partial application）基类的方式来创建派生类。创建任何新的转换字段都应该像定义一个将成为基类的新类一样简单，我们所需的函数部分应用基类即可。这种工作甚至可以动态地完成，这样就不需要给新类指定名称了。

不管采用什么样的实现，关键之处在于，描述符是对象，因此可以创建模型，并对其应用所有的面向对象编程规则。对于描述符，设计模式也适用。我们可以定义层次结构、设置自定义行为等。这个示例遵循了第 4 章介绍的开/闭原则（OCP），因为要添加新的变换方式，只需创建一个新类——从基类派生并指定所需的函数，而无须修改基类本身（公平地说，以前使用装饰器的实现也遵循了 OCP，但每种变换机制都没有涉及类）。

如果我们创建了一个基类，并在其中实现了方法__init__()和 serialize()，这样我们就可以简单地通过派生来定义 LoginEvent 类，如下所示：

```
class LoginEvent(BaseEvent):
    username = ShowOriginal()
    password = HideField()
    ip = ShowOriginal()
    timestamp = FormatTime()
```

这里的类代码更整洁，它只定义了所需的属性，并且可以通过查看类中的每个属性来快速分析出它的逻辑。基类将只抽象公共方法，每个事件的类看起来将更简单、更紧凑。

不仅事件类更简单，描述符也比类装饰器简单、紧凑得多。使用类装饰器的原始实现很好，但通过使用描述符，让实现更好了。

6.4 分析描述符

至此，我们知道了描述符的工作原理，还探讨了一些有趣的场景，在这些场景中，通过使用描述符，可以简化逻辑和利用更紧凑的类，让设计更整洁。

到目前为止，我们知道通过使用描述符，可以对重复的逻辑和实现细节进行抽象，让代码更整洁。但如何知道描述符的实现是整洁和正确的呢？什么样的描述符是优良的呢？我们是正确使用这个工具，还是有过度设计之嫌呢？

为回答这些问题，本节将分析一些描述符。

6.4.1 Python 如何在内部使用描述符

什么样的描述符是优良的呢？简单地说，优良的描述符与其他优良的 Python 对象一样，与 Python 使用它们的方式保持一致。要与 Python 使用描述符的方式保持一致，必须对 Python 使用描述符的方式进行分析，以便对优良的描述符实现有深入认识，进而知道该对自己编写的描述符有什么样的期待。

我们将介绍 Python 使用描述符来实现内部逻辑的常见场景，还将介绍一些公认的优雅描述符。

1．函数和方法

函数可能是公认的属于描述符的对象。函数实现了方法__get__，因此在类中定义的函数可以像方法一样工作。

在 Python 中，方法不过是多接收了一个参数的常规函数。根据约定，方法的第一个参数为 self，它表示方法所属类的一个实例。方法使用 self 来执行操作时，效果与下面的情况一样：一个函数通过参数接收 self 表示的对象，并对这个对象进行修改。

换而言之，当我们编写类似于下面的代码时：

```
class MyClass:
    def method(self, ...):
        self.x = 1
```

其效果与下面的代码相同：

```
class MyClass: pass

def method(myclass_instance: MyClass, ...):
```

```
    myclass_instance.x = 1
```

```
 method(MyClass())
```

因此，这个方法不过是一个修改对象的函数，只是它是在类中定义的（即被绑定到对象）。

当我们像下面这样调用方法时：

```
instance = MyClass()
instance.method(...)
```

Python 实际做的事情是这样的：

```
instance = MyClass()
MyClass.method(instance, ...)
```

请注意，这不过是 Python 在内部执行的语法转换，这是通过描述符实现的。

由于函数实现了描述符协议（参见下面的代码），因此调用方法前，将先调用__get__()（本章开头说过，__get__是描述符协议的一部分：获取对象时，如果它实现了__get__，将调用__get__并返回其结果）。在这个__get__方法中，将执行一些变换，再运行内部可调用对象的代码：

```
>>> def function(): pass
...
>>> function.__get__
<method-wrapper '__get__' of function object at 0x...>
```

对于语句 instance.method(…)，将评估 instance.method 部分，再处理在括号中提供给这个可调用对象的所有参数。

由于 method 是一个被定义为类属性的对象，而且它实现了方法__get__，因此调用这个方法。__get__将这个函数转换为方法，即将这个可调用对象绑定到它要处理的对象实例。

下面通过示例来说明这一点，让你知道 Python 可能在内部做什么。

我们将定义一个可调用对象，它将作为要在外部调用的函数或方法：Method 类的实例将作为要在另一个类中使用的函数或方法。这个函数只是打印它的三个参数：收到的 instance（这个参数的值为声明 Method 实例的类中 self 参数的值）以及另外两个参数。在方法__call__()中，参数 self 是一个 Method 实例，而不是 MyClass 实例。参数 instance 是一个类型为 MyClass 的对象：

```
class Method:
    def __init__(self, name):
        self.name = name
```

```
    def __call__(self, instance, arg1, arg2):
        print(f"{self.name}: {instance} called with {arg1} and {arg2}")

class MyClass:
    method = Method("Internal call")
```

在下面的代码中，创建了一个 MyClass 对象，并用两种不同的方式调用了 Method。根据前面的定义，这两种调用方式应该是等效的：

```
instance = MyClass()
Method("External call")(instance, "first", "second")
instance.method("first", "second")
```

然而，只有第一种调用方式像预期的那样工作，而第二种调用方式显示一条错误消息：

```
Traceback (most recent call last):
File "file", line , in <module>
    instance.method("first", "second")
TypeError: __call__() missing 1 required positional argument: 'arg2'
```

这里的错误与第 5 章遇到的装饰器错误相同。参数向左移了一个位置：参数 instance 被视为 self，"first"被视为参数 instance 的值，"second"被视为参数 arg1 的值，而参数 arg2 没有值。

要修复这个问题，需要让 Method 成为描述符。

这样，调用 instance.method 时，将先调用其方法__get__()，在这个方法中，我们将这个可调用对象绑定到相应的 MyClass（通过参数传递这个对象）：

```
from types import MethodType

class Method:
    def __init__(self, name):
        self.name = name

    def __call__(self, instance, arg1, arg2):
        print(f"{self.name}: {instance} called with {arg1} and {arg2}")

    def __get__(self, instance, owner):
        if instance is None:
            return self
        return MethodType(self, instance)
```

现在，两种调用方式都像期望的那样工作了：

```
External call: <MyClass object at 0x...> called with first and second
Internal call: <MyClass object at 0x...> called with first and second
```

在上面的方法__get__中，我们使用模块 types 中的 MethodType 将函数（实际上是前面定义的可调用对象）转换为方法。MethodType 的第一个参数（这里为 self）必须是一个可调用对象（根据定义，self 确实是一个可调用对象，因为它实现了__call__），而第二个参数是要将函数绑定到的对象。

在 Python 中，函数对象采取了类似的措施，这样在类中定义时，函数对象可像方法一样工作。在这个示例中，抽象 MyClass 试图模拟函数对象。因为在实际的解释器中，这是使用 C 语言实现的，所以难以进行相关的实验。但通过这里的演示，你知道了在你调用对象的方法时，Python 会在内部做些什么。

这是一个非常优雅的解决方案，也是一种符合 Python 语言习惯的对象定义方法，因此值得去探讨并牢记在心。例如，如果你要定义可调用对象，最好也让它成为描述符，以便能够在类中将其用作类属性。

2. 内置的方法装饰器

你可能通过查看官方文档（PYDESCR-02）知道了，装饰器@property、@classmethod 和@staticmethod 都是描述符。

前面说过多次，通过类请求描述符，惯常的做法是返回描述符本身。由于特性实际上是描述符，因此通过类请求特性时，得到的不是特性计算结果，而是整个特性对象：

```
>>> class MyClass:
... @property
... def prop(self): pass
...
>>> MyClass.prop
<property object at 0x...>
```

对于类方法，描述符的方法__get__确保将类作为第一个参数传递给被装饰的函数，而不管它是通过类还是实例调用的。对于静态方法，将确保除函数定义的参数外，不绑定其他任何参数，即撤销__get__()对函数所做的绑定（将 self 作为函数的第一个参数）。

我们来看一个示例。在这个示例中，我们创建了装饰器@classproperty，其工作原理与装饰器@property 类似，但用于类方法。有了这个装饰器后，下面的代码就能够正常运行了：

```
class TableEvent:
    schema = "public"
    table = "user"

    @classproperty
    def topic(cls):
        prefix = read_prefix_from_config()
        return f"{prefix}{cls.schema}.{cls.table}"
```

```
>>> TableEvent.topic
'public.user'
>>> TableEvent().topic
'public.user'
```

这个装饰器的代码紧凑而简单：

```
class classproperty:
    def __init__(self, fget):
        self.fget = fget

    def __get__(self, instance, owner):
        return self.fget(owner)
```

正如我们在第 5 章看到的，使用装饰器语法时，初始化方法将要装饰的函数作为参数。这里比较有趣的一点是，我们利用了魔法方法__get__，使得这个函数被调用时，将类作为参数来调用它。

在这个示例中，方法__get__中的代码与处理通过类调用的样板代码不同。在样板代码中，通常检查 instance 是否为 None，如果是就返回 self，但这里没有这样的代码。在这里，预期 instance 为 None（因为是通过类而不是对象调用的），因此确实需要参数 owner（它表示函数所属的类）。

3.　__slots__

__slots__是一个类属性，用于定义该类对象可以拥有的一组固定字段。

通过本书前面的示例，读者可能注意到了，在 Python 内部，对象是使用字典来表示的。这就是对象的属性被作为字符串存储在其属性__dict__中的原因，也是能够动态地给对象添加或删除属性的原因。对于对象，没有冻结其属性定义的说法。还可以在对象中动态地注入方法（在前面的示例中，我们就这样做过）。

引入类属性__slots__后，所有这一切都变了。在这个属性中，我们将类中允许的属性的名称定义为一个字符串，这样做后，就不能动态地给类实例添加新属性了。对于定义了__slots__的类，试图动态地给其对象添加额外的属性将导致 AttributeError。通过定义属性__slots__，可以让类变成静态的，导致其对象没有可在其中动态地添加属性的__dict__。

那么，如果不从对象的字典中检索它的属性，如何检索其属性呢？使用描述符。在__slots__中指定的每个名称都有相应的描述符，用于存储该属性的值，供以后检索：

```
from dataclasses import dataclass


@dataclass
class Coordinate2D:
```

```
    __slots__ = ("lat", "long")

    lat: float
    long: float

    def __repr__(self):
        return f"{self.__class__.__name__}({self.lat}, {self.long})"
```

对于定义了属性__slots__的类，Python 只会在新对象创建时为其上定义的属性预留足够的内存空间。这导致对象没有属性__dict__，因此无法动态地修改对象，如果你试图使用对象的字典（如调用函数 vars(…)），将引发 TypeError。

由于没有属性__dict__来存储实例变量的值，因此 Python 为每个指定的属性创建一个描述符，并将值存储在那里。这带来了一个副作用：不能混合类属性和实例属性（例如，一种惯常的做法是，将类属性作为实例属性的默认值，但定义属性__slots__后，就不能这样做了，因为这些值会被覆盖）。

这个特性虽然很有趣，但务必慎用，因为它消除了 Python 的动态性。一般而言，仅当确定对象是静态的，且 100%地确定不会在代码的其他部分动态地给它添加属性时，才使用这个特性。

这个特性的一个优点是，如果类定义了属性__slots__，其对象占用的内存将更少，因为只需要固定的字段来存储值，而不需要整个字典。

6.4.2　在装饰器中实现描述符

前面说过，Python 在函数中使用描述符，让它们在类中定义时能够像方法那样工作。你还知道，为让装饰器管用，可以让它遵守描述符协议，方法是通过定义__get__()让装饰器适应用来调用它的对象。像 Python 解决对象中函数作为方法时面临的问题一样，这解决了装饰器面临的问题。

要调整装饰器，通用的做法是在装饰器中实现方法__get__()，并在这个方法中使用 types.MethodType 将可调用对象（装饰器本身）转换为方法，并将其绑定到通过参数 instance 收到的对象。

要让这种方法管用，必须以对象的方式实现装饰器，因为如果以函数的方式实现装饰器，它将有方法__get__()，而这个方法可能不管用（除非对其进行修改）。因此，更整洁的做法是为装饰器定义一个类。

> 对于要应用于类方法的装饰器，请以对象的方式实现它，并在其中实现方法__get__()。

6.5　描述符结语

结束描述符分析之前，我想与读者分享一些整洁代码方面的思考和最佳实践，或经验建议。

6.5.1　描述符的接口

第 4 章介绍接口分离原则时说过，一种最佳实践是让接口较小，因此我们可能想将接口分成几个更小的接口。

这个理念在这里也适用，只是这里说的接口不是抽象基类的接口，而是描述符本身呈现的接口。

前面说过，描述符协议包含 4 个方法，但可以不全面实现这个协议，这意味着并非在任何情况下都必须实现所有这些方法。实际上，只实现必不可少的方法更佳。

在大多数情况下，你都将发现，只实现方法__get__就能满足需求。

> 不要实现不必要的方法。实现的描述符协议方法越少越好。

另外，你将发现必须实现方法__delete__的情况很少见。

6.5.2　描述符的面向对象设计

这里要说的不是通过使用描述符可以改善面向对象设计（这在本章前面说过了），而是说面向对象设计规则也适用于描述符，因为描述符也是常规对象。例如，可定义描述符基类、利用继承来创建更具体的描述符类等。

记住，所有的面向对象设计规则和最佳实践也适用于描述符。例如，如果你有一个描述符基类，它只实现了方法__get__，那么在其子类中实现方法__set__就不是什么好主意，因为这违反了里氏替换原则（因为我们有一个更具体的类型，实现了父类没有提供增强接口）。

6.5.3　描述符中的类型注解

在大多数情况下，给描述符添加注解可能会很复杂。

可能出现循环依赖的问题，即包含描述符定义的 Python 文件可能需要读取客户端文件，以获悉类型，而客户端文件又需要读取包含描述符定义的文件，以获悉如何使用描述符。即使你使用字符串而不是实际类型将这个问题消除，还存在另一个问题。

如果注解描述符的方法时，你准确地知道该指定什么类型，就意味着描述符可能只适用于特定的类，而这通常有悖于描述符的初衷：本书建议仅在你确定能够受益于通用化并能重用大量代码时，才使用描述符。如果不能重用代码，就不值得去面对使用描述符带来的复杂性。

有鉴于此，虽然通常最好给定义添加注解，但就描述符而言，不添加注解可能更简单。你可将此视为一个绝佳的机会，让你能够练习编写有用的文档字符串，准确地说明描述符的行为。

6.6 小结

描述符是一个高阶 Python 特性，它将编程边界向前推到了离元编程更近的地方。描述符有趣的方面之一是，清楚地表明了在 Python 中，类也不过是常规对象，因此它们有我们可与之交互的属性。从这种意义上说，在类可包含的属性中，描述符是最有趣的，因为描述符协议打开了通往高级面向对象编程的大门。

我们学习了描述符的机制和方法，还有它们如何组合在一起，形成了一幅更有趣的面向对象软件设计画面。搞明白描述符后，我们就能创建强大的抽象，让类整洁而紧凑。我们知道如何修复我们想应用于函数和方法的装饰器，对 Python 的内部工作方式有深入的认识，还知道描述符在 Python 实现中扮演着至关重要的核心角色。

通过研究 Python 在内部是如何使用描述符的，让你知道如何在自己的代码中有效地使用描述符，确保解决方案符合 Python 语言的习惯。

虽然描述符威力巨大，但你必须牢记在什么情况下使用它们是合适的，不会导致过度设计。对于这个问题，我们的建议是，仅在真正通用的情形下使用描述符，如设计内部开发 API、库或框架时。另一个要点是，通常不应该在描述符中包含业务逻辑，而是应该将实现技术功能的逻辑放在包含业务逻辑的其他组件中。

说到高阶功能，我们将在第 7 章介绍一个有趣而深奥的主题：生成器。从表面上看，生成器非常简单（大多数读者可能对生成器并不陌生），但生成器与描述符有一些共同之处，那就是生成器也可以很复杂，可以让你能够实现更高级、更优雅的设计，让 Python 的用法与众不同。

6.7 参考资料

下面列出了一些参考资料，它们提供了更详细的信息。
- Python 官方描述符文档。
- WEAKREF 01：Python 模块 weakref。
- PYDESCR-02：*Built-in decorators as descriptors*。

第 7 章
生成器、迭代器和异步编程

生成器是另一个让 Python 有别于传统语言的特性。本章探讨生成器的基本原理、Python 引入生成器的原因以及生成器可以解决的问题，还将介绍使用生成器解决问题的惯常方式以及如何让生成器（或者说是任何可迭代对象）符合 Python 语言的习惯。

你将明白 Python 为何自动支持迭代（迭代器模式的形式）。然后我们探讨生成器如何成为 Python 的基本特性，以支持其他功能，如协程和异步编程。

本章的学习目标如下。

- 创建生成器以改善程序的性能。
- 研究迭代器（尤其是迭代器模式）是如何深深地根植于 Python 中的。
- 以惯常方式解决设计迭代的问题。
- 了解生成器作为协程和异步编程的基础是如何工作的。
- 探讨对协程的语法支持——yield from、await 和 async def。

掌握生成器对编写符合 Python 语言习惯的代码大有裨益，因此对本书来说，生成器很重要。本章探讨生成器的用法及其内部结构，让你对其工作原理有更深入的认识。

7.1 技术要求

本章的示例可在安装了 Python 3.9 的任何平台上运行。

本章的代码可在 GitHub 中找到，相关的说明请参阅 README 文件。

7.2 创建生成器

很久前，Python 就引入了生成器（PEP-255），旨在在引入迭代的同时（通过减少占用的内存来）改善程序性能。

生成器旨在创建一个可迭代的对象，这种对象被迭代时，将以每次一个的方式提供其包含的元素。生成器的主要用途是节省内存：不是在内存中存储一个无所不包的超大型列表，而是创建一个对象，它根据需要以每次一个的方式生成元素。

这个特性让你能够像使用函数式编程语言（如 Haskell）时那样，延迟内存中的重型对象计算。由于生成器的延迟特征，你甚至可以使用它来处理无限序列。

7.2.1　初识生成器

我们先来看一个示例。假设我们要处理一个大型记录列表，以获得一些有关这些记录的统计信息。具体地说，给定一个包含销售数据的大型数据集，我们要对其进行处理，以得到最低售价、最高售价和平均售价。

为简单起见，这里假设 CSV 只包含两个字段，其格式如下：

```
<purchase_date>, <price>
...
```

我们将创建一个对象，用于接收所有销售数据，并通过计算生成所需的统计信息。我们原本可以使用内置函数 min() 和 max() 来得到一些所需的统计信息，但如果这样做，将需要多次迭代所有的销售数据，因此我们决定创建一个自定义对象，它只需一次迭代就可以得到所有这些统计信息。

计算前述统计信息的代码非常简单。这是一个对象，包含一个处理所有售价的方法；处理每个售价时，这个方法都会更新前述所有统计信息。下面列出了第一种实现，本章后面（更深入地介绍迭代后），将重温这个实现并提供更紧凑、更好得多的实现版本：

```python
class PurchasesStats:
    def __init__(self, purchases):
        self.purchases = iter(purchases)
        self.min_price: float = None
        self.max_price: float = None
        self._total_purchases_price: float = 0.0
        self._total_purchases = 0
        self._initialize()
    def _initialize(self):
        try:
            first_value = next(self.purchases)
        except StopIteration:
            raise ValueError("no values provided")

        self.min_price = self.max_price = first_value
```

```
            self._update_avg(first_value)

    def process(self):
        for purchase_value in self.purchases:
            self._update_min(purchase_value)
            self._update_max(purchase_value)
            self._update_avg(purchase_value)
        return self

    def _update_min(self, new_value: float):
        if new_value < self.min_price:
            self.min_price = new_value

    def _update_max(self, new_value: float):
        if new_value > self.max_price:
            self.max_price = new_value

    @property
    def avg_price(self):
        return self._total_purchases_price / self._total_purchases

    def _update_avg(self, new_value: float):
        self._total_purchases_price += new_value
        self._total_purchases += 1

    def __str__(self):
        return (
            f"{self.__class__.__name__}({self.min_price}, "
            f"{self.max_price}, {self.avg_price})"
        )
```

这个对象接收所有销售数据，并计算前述统计信息。我们还需编写一个函数，将销售数据加载到这个对象能够处理的数据结构中。这个函数的第一个版本如下：

```
def _load_purchases(filename):
    purchases = []
    with open(filename) as f:
        for line in f:
            *_, price_raw = line.partition(",")
            purchases.append(float(price_raw))

    return purchases
```

这个函数版本是管用的，它将文件中所有销售数据加载到一个列表中；将这个列表传递给前述自定义对象，就能生成我们想要的统计信息。然而，这些代码存在性能问题：如果使用一个超大型数据集来运行它们，运行时间会比较长，甚至可能以失败告终——数据集大到内存容纳不下的程度。

如果你查看使用这些数据的消费者，将发现它以每次一个的方式处理销售数据，那么你可能会问，生产者为何要将所有数据一次性载入内存呢？生产者创建一个列表并将文件的全部内容加入其中，但生产者其实可以做得更好。

解决方案是创建一个生成器，不将文件的全部内容加载到列表中，而以每次一个的方式生成数据。这种解决方案的代码类似于下面这样：

```
def load_purchases(filename):
    with open(filename) as f:
        for line in f:
            *_, price_raw = line.partition(",")
            yield float(price_raw)
```

如果对现在的代码进行剖析，将发现占用的内存少得多。另外，现在的代码也更简单：不需要定义列表（因此无须在列表中追加数据），也不需要 return 语句。

这里的函数 load_purchases 是一个生成器函数，简称生成器。

在 Python 中，只要包含关键字 yield，函数就会成为迭代器，而调用这样的函数，只能创建一个生成器实例：

```
>>> load_purchases("file")
<generator object load_purchases at 0x...>
```

生成器是可迭代对象（可迭代对象将在后面更详细地介绍），这意味着可以在 for 循环中使用它。请注意，修改函数 load_purchases 的实现后，无须对消费者的代码做任何修改：生成统计信息的代码与原来相同（没有修改其中的 for 循环）。

通过使用可迭代对象，可以创建对 for 循环来说是多态的强大抽象。只要保持可迭代对象的接口不变，就可以透明地迭代。

本章探讨另一种已融入 Python 中的惯用法代码。在本书前面的章节中，我们介绍了如何创建可在 with 语句中使用的上下文管理器、如何创建可在 in 运算符中使用的自定义容器对象、如何创建可在 if 语句中使用的自定义布尔对象。现在该介绍可在 for 运算符中使用的对象了，这就是迭代器。

介绍生成器的细节前，先简单地说说生成器与本书前面介绍的一个概念（推导式）的关系。使用推导式定义的生成器被称为生成器表达式，这将在 7.2.2 小节做简单的讨论。

7.2.2　生成器表达式

使用生成器可节省大量内存。另外，由于生成器是迭代器，因此可用于替代其他需要更多内存的可迭代对象和容器，如列表、元组和集合。

与上述数据结构一样，生成器也可使用推导式来定义，这种生成器被称为生成器表达式（关于是否应称之为生成器推导式一直存在争议。本书只使用规范的名称，但你可以根据自己的喜好使用任何名称）。

定义列表推导式时，使用的是方括号，如果将方括号替换为圆括号，定义的便是生成器。还可以将生成器表达式直接传递给接收可迭代对象的函数，如 sum()和max()：

```
>>> [x**2 for x in range(10)]
[0, 1, 4, 9, 16, 25, 36, 49, 64, 81]

>>> (x**2 for x in range(10))
<generator object <genexpr> at 0x...>

>>> sum(x**2 for x in range(10))
285
```

> 对于接收可迭代对象的函数，如 min()、max()和 sum()，务必向它传递生成器表达式，而不要传递列表推导式，因为这样效率更高，也符合 Python 语言习惯。

上述建议意味着尽量不要向能够处理生成器的函数传递列表，例如，要避免像下面这样做，而应采用前一个示例的做法：

```
>>> sum([x**2 for x in range(10)]) # here the list can be avoided
```

当然，与推导式一样，也可将生成器表达式赋给变量，并在其他地方使用它。记住，生成器和列表之间有一个非常重要的差别：列表可被重用和迭代多次，而生成器在迭代完毕后将被耗尽。有鉴于此，确保只使用生成器表达式的结果一次，否则结果将出乎意料。

> 记住，生成器在迭代完毕后将被耗尽，因为它们不会在内存中存储所有的数据。

一种常用的方法是，在代码中创建新的生成器表达式。这样，当第一个生成器因迭代完毕而被耗尽时，将创建一个新的迭代器。像这样串接迭代器表达式很有用，不仅可以提高代码的表达力，还可以节省内存，因为在不同的步骤中解析的是不同的迭代。这种做法很有用的一个场景是，需要对可迭代对象应用多个过滤器时；在这种情况下，可将多个生成器表达式作为串接的过滤器。

工具箱中有了新的工具（迭代器）后，我们来看看如何使用它来编写更符合 Python 语言习惯的代码。

7.3　以惯用法迭代

本节首先探讨一些惯用法，它们在你需要在 Python 中处理迭代时可派上用场。这些惯用法让你能够对如下方面有更深入的认识：使用迭代器可做什么事情（在你了解生成器表达式后尤其如此）；如何解决涉及迭代器的典型问题。

介绍一些惯用法后，我们将更深入地探讨 Python 中的迭代、分析成就迭代的方法及可迭代对象的工作原理。

迭代惯用法

你应该熟悉内置函数 enumerate()。给定一个可迭代对象，它返回另一个可迭代对象，该可迭代对象的元素都是这样的元组，即包含两个元素，其中第二个元素为原始可迭代对象中相应的元素，而第一个元素为其索引：

```
>>> list(enumerate("abcdef"))
[(0, 'a'), (1, 'b'), (2, 'c'), (3, 'd'), (4, 'e'), (5, 'f')]
```

我们要以更低级的方式创建一个类似的对象：一个可生成无限序列的对象，即可生成从 1 到无穷大的数列的对象。

像下面这样的简单对象就能做到这一点。每次调用这个对象都将得到数列中的下一个数字，直到无穷：

```
class NumberSequence:

    def __init__(self, start=0):
        self.current = start

    def next(self):
        current = self.current
        self.current += 1
        return current
```

从上述接口可知，要使用这个对象，必须显式地调用其 next()方法：

```
>>> seq = NumberSequence()
>>> seq.next()
0
>>> seq.next()
```

```
1
>>> seq2 = NumberSequence(10)
>>> seq2.next()
10
>>> seq2.next()
11
```

但使用这些代码无法如我们所愿地实现函数 enumerate()的重构，因为其接口不支持使用 Python 的常规 for 循环进行迭代，这也意味着不能将其作为参数传递给接收可迭代对象的函数。请注意，下面的代码是如何失败的：

```
>>> list(zip(NumberSequence(), "abcdef"))
Traceback (most recent call last):
  File "...", line 1, in <module>
TypeError: zip argument #1 must support iteration
```

原因是 NumberSequence 不支持迭代。要修复这种问题，必须实现魔法方法__iter__()，让这个对象是可迭代的。还必须将前面的方法 next()替换为魔法方法__next__，让这个对象成为迭代器：

```
class SequenceOfNumbers:

    def __init__(self, start=0):
        self.current = start

    def __next__(self):
        current = self.current
        self.current += 1
        return current

    def __iter__(self):
        return self
```

这样做有个优点：不仅可以迭代元素，还不再需要方法.next()，因为有了方法__next__()后，就可以使用内置函数 next()：

```
>>> list(zip(SequenceOfNumbers(), "abcdef"))
[(0, 'a'), (1, 'b'), (2, 'c'), (3, 'd'), (4, 'e'), (5, 'f')]
>>> seq = SequenceOfNumbers(100)
>>> next(seq)
100
>>> next(seq)
101
```

这里利用了迭代协议。与本书前面章节探讨过的上下文管理器协议（它包含方法 __enter__ 和 __exit__）类似，迭代协议依赖于方法 __iter__ 和 __next__。

在 Python 中支持这些协议有一个优点：熟悉 Python 的人都熟悉相关的接口，这相当于有标准契约。这意味着无须定义自己的方法（如第一个示例中的方法 next()）并与团队（以及可能阅读代码的人）达成一致，而有现成的标准或协议，只需在编写代码时遵守它即可。Python 已经提供了接口和协议，我们只需正确地实现它。

1. 函数 next()

内置函数 next() 跳到可迭代对象中的下一个元素处并返回它：

```
>>> word = iter("hello")
>>> next(word)
'h'
>>> next(word)
'e' # ...
```

如果迭代器没有更多的元素可提供，将引发 StopIteration 异常：

```
>>> ...
>>> next(word)
'o'
>>> next(word)
Traceback (most recent call last):
  File "<stdin>", line 1, in <module>
StopIteration
>>>
```

这种异常表明迭代已结束，没有更多的元素可用。

如果要处理这种情况，可以捕获异常 StopIteration，也可以向函数 next() 传递第二个参数，这个参数指定了将返回的默认值。如果提供了第二个参数，next() 将返回这个值，而不引发异常 StopIteration：

```
>>> next(word, "default value")
'default value'
```

在大多数情况下，指定默认值都是明智的选择，以避免程序在运行时引发异常。如果我们 100% 地确定将处理的迭代器不能为空，那么最好是隐式的（有意的），而不是依赖于内置函数的副作用（即还是要正确地断言这种情况）。

需要在可迭代对象中查找第一个满足特定条件的元素时，将函数 next() 和生成器表达式结合起来使用很有帮助。本章后面有很多这种惯用法的例子，但主要理念是使用这个函数，而不是创建列表推导式，然后获取其第一个元素。

2. 使用生成器

通过使用生成器，可极大地简化前面的代码。生成器对象也是迭代器，因此可以定义一个根据需要生成值的函数，而无须创建类：

```
def sequence(start=0):
    while True:
        yield start
        start += 1
```

本章前面说过，函数体中的关键字 yield 让函数成为生成器。由于这个函数是生成器，因此像这里这样创建无限循环不会有任何问题，因为当这个生成器函数被调用时，将运行所有的代码，直到到达下一条 yield 语句。这条语句生成值并挂起：

```
>>> seq = sequence(10)
>>> next(seq)
10
>>> next(seq)
11

>>> list(zip(sequence(), "abcdef"))
[(0, 'a'), (1, 'b'), (2, 'c'), (3, 'd'), (4, 'e'), (5, 'f')]
```

对于本书前面探讨的装饰器，有不同的创建方式（使用对象或函数），这里也一样，可使用生成器函数，也可像前面那样使用可迭代对象。建议尽可能使用生成器，因为其语法更简单，因此理解起来更容易。

3. 模块 itertools

使用可迭代对象的优点是，代码能够与 Python 本身水乳交融，因为迭代是 Python 语言的重要组成部分。另外，你可以利用模块 itertools（ITER-01）。实际上，刚才创建的生成器 sequence()很像 itertools.count()。然而，我们可以做的还有很多。

迭代器、生成器和 itertools 的优点之一是，它们是可组合的对象，可以串接起来。

例如，在本章前面处理销售数据以获得统计信息的例子中，如果要将没有超过特定阈值的销售数据排除在外，该如何办呢？要解决这个问题，朴素的方法是在迭代过程中设置条件：

```
# ...
    def process(self):
        for purchase in self.purchases:
            if purchase > 1000.0:
                ...
```

这不但不符合 Python 语言的习惯，而且是僵化的（僵化昭示着代码不佳）。它不能很好地应对变化。如果阈值变了呢？通过参数传递阈值吗？如果需要多个阈值呢？如果条件变了（如变成小于了）呢？传入一个 lambda 表达式吗？

这些问题不应让这个对象来回答，因为这个对象的唯一职责是根据一系列销售数据计算一组统计信息。当然，答案是否定的。做出这样的修改是巨大的错误（再次强调，整洁的代码是灵活的，我们不想让这个对象与外部因素耦合，导致代码僵化）。这些需求必须在其他地方解决。

最好让这个对象独立于客户端。这个对象承担的职责越少，对客户端来说越有用，因此得以重用的机会越大。

我们不修改这些代码，而让它们保持原样，并假设根据每个客户端的需求对数据进行过滤，再将过滤结果提供给这个对象。

例如，如果只想处理前 10 个价格超过 1000 的销售数据，可像下面这样做：

```
>>> from itertools import islice
>>> purchases = islice(filter(lambda p: p > 1000.0, purchases), 10)
>>> stats = PurchasesStats(purchases).process() # ...
```

像这样过滤不会增加内存占用量，因为使用的都是生成器，因此评估被延迟。这让我们感觉对整个数据集进行了过滤，再将结果传递给这个对象，但实际上并没有将所有数据都载入内存。

记住本章开头提及的权衡——在内存占用量和 CPU 使用之间权衡。这些代码虽然占用的内存更少，但占用的 CPU 时间可能更多。如果需要处理大量对象同时确保代码易于维护，这在大多数情况下都是可以接受的。

4．使用迭代器简化代码

下面简要地讨论一些使用迭代器（有时是模块 itertools）可改善代码的情形。对于每种情形，我们都先讨论，再给出优化建议，最后得出一个结论。

1）重复的迭代

更深入地介绍迭代器并简要介绍了模块 itertools 后，我们可以演示一下如何极大地简化本章前面的一个示例（计算有关销售数据的统计信息的示例）了：

```
def process_purchases(purchases):
    min_, max_, avg = itertools.tee(purchases, 3)
    return min(min_), max(max_), median(avg)
```

其中的 itertools.tee 从原始可迭代对象分裂出 3 个新的可迭代对象。我们使用每个新的可迭代对象来进行不同类型的迭代，而无须对 purchases 重复 3 个不同的循环。

如果通过参数 purchases 传入一个可迭代对象，将只遍历这个对象一次（多亏了函数 itertools.tee（TEE））——这是我们的主要诉求。读者可对此进行验证。另外，这个版本与原始实现等效，这也是可以验证的。这里不需要手工引发 ValueError，因为将空序列传递给函数 min()将引发这种异常。

> 如果你正考虑对同一个对象运行循环多次，先停下来，并想一想 itertools.tee 能否提供帮助。

模块 itertools 包含很多有用的函数和出色的抽象，可在你在 Python 中处理迭代时派上用场。它还提供了有关如何以惯常方式解决典型迭代问题的良好配方。如果你正在考虑该如何解决一个涉及迭代的问题，建议你去了解一下这个模块。即便在这里不能找到现成的答案，你也将从中得到启发。

2）嵌套循环

在有些情况下，为查找值，需要沿多个维度迭代，此时你首先想到的是使用嵌套循环。找到值后，需要停止迭代，但关键字 break 不管用，因为我们需要跳出两层或更多层（而不是一层）循环。

如何解决这个问题呢？使用标识跳出的标志？不。引发异常？不，引发异常比使用标志还糟糕，因为异常并非用来控制流程的。将代码移到更小的函数中并返回它。很接近了，但不完全准确。

答案是将可迭代对象扁平化，以便使用一个 for 循环就能完成迭代。

我们应避免编写类似于下面的代码：

```
def search_nested_bad(array, desired_value):
    coords = None
    for i, row in enumerate(array):
        for j, cell in enumerate(row):
            if cell == desired_value:
                coords = (i, j)
                break

        if coords is not None:
            break

    if coords is None:
        raise ValueError(f"{desired_value} not found")

    logger.info("value %r found at [%i, %i]", desired_value, *coords)
    return coords
```

这些代码的简化版没有使用标志来指示循环终止，且使用的迭代结构更简单、更紧凑，如下所示：

```
def _iterate_array2d(array2d):
    for i, row in enumerate(array2d):
        for j, cell in enumerate(row):
            yield (i, j), cell


def search_nested(array, desired_value):
    try:
        coord = next(
            coord
            for (coord, cell) in _iterate_array2d(array)
            if cell == desired_value
        )
    except StopIteration as e:
        raise ValueError(f"{desired_value} not found") from e

    logger.info("value %r found at [%i, %i]", desired_value, *coord)
    return coord
```

需要指出的是，这里创建了一个辅助生成器，用于充当所需迭代的抽象。这里只需沿两个维度迭代，但如果需要沿更多的维度迭代，可以使用另一个对象来处理这项工作，而客户端无须知道它。这是迭代器设计模式的精髓。在 Python 中，迭代器设计模式是透明的，因为 Python 自动支持迭代器对象。迭代器设计模式将在下面介绍。

> 请尽可能简化迭代，简化时需要多少抽象就使用多少抽象，直到将循环展平。

这个示例让你知道生成器并非只能用来节省内存，还可将迭代作为抽象，也就是说，不仅可以通过定义类和函数来创建抽象，还可以利用 Python 语法来创建抽象。就像对上下文管理器背后的逻辑进行抽象（无须知道 with 语句后面发生的情况）一样，你也可以对迭代器采取同样的措施（无须知道 for 循环的底层逻辑）。

有鉴于此，下面我们将探讨 Python 中迭代器模式的工作原理。

5．Python 中的迭代器模式

我们暂时将生成器放在一边，深入介绍一下 Python 中的迭代。生成器是特殊的可迭代对象，但 Python 中的迭代涉及的远不止生成器。如果能够创建优良的可迭代对象，就有机会创建出效率更高、更紧凑、可读性更强的代码。

在本章前面，你看到了一些也是迭代器的可迭代对象，因为它们实现了魔法方法__iter__()和__next__()。虽然这样做通常也是可以的，但严格地说，迭代器并非必须实现

这两个方法，因此这里将说明可迭代对象（实现了__iter__的对象）和迭代器（实现了__next__的对象）之间的细微差别。

我们还将探讨其他与迭代相关的主题，如序列和容器对象。

1）迭代接口

可迭代对象是支持迭代的对象，大致而言，这意味着对其运行 for…in…循环时不会出现任何问题。然而，可迭代对象与迭代器不是一码事（如表 7.1 所示）。

一般而言，可迭代对象是可对其进行迭代的对象，而它使用迭代器来进行迭代。这意味着在魔法方法__iter__中，要返回一个迭代器，即实现了方法__next__()的对象。

迭代器是一个对象，只知道如何生成一系列值，通过前面介绍过的内置函数 next()调用它时，它将生成一个值，而未被调用时，它将被冻结，悠闲地等待再次被调用（并生成下一个值）。从这种意义上说，生成器也是迭代器。

表 7.1　可迭代对象和迭代器

Python 概念	魔法方法	说明
可迭代对象	__iter__	它们使用迭代器来实现迭代逻辑。 可使用 for … in …循环来迭代这些对象
迭代器	__next__	定义以每次一个的方式生成值的逻辑。 异常 StopIteration 表明已迭代完毕。 可通过内置函数 next()逐个获取值

下面的代码演示了一个不是可迭代对象的迭代器，它只支持以每次一个的方式获取其值。因此，这里所说的序列指的是一系列连续的数字，而不是稍后将讨论的 Python 序列。

```
class SequenceIterator:
    def __init__(self, start=0, step=1):
        self.current = start
        self.step = step

    def __next__(self):
        value = self.current
        self.current += self.step
        return value
```

注意，我们可以每次获取一个这个序列中的值，但不能迭代这个对象（好在不能迭代，不然将导致无限循环）：

```
>>> si = SequenceIterator(1, 2)
>>> next(si)
1
>>> next(si)
3
>>> next(si)
5
>>> for _ in SequenceIterator(): pass
...
Traceback (most recent call last):
    ...
TypeError: 'SequenceIterator' object is not iterable
```

出现这种错误的原因显而易见，因为这个对象没有实现__iter__()。

这里只是为了说明，才创建一个不是可迭代对象的迭代器（为让它是可迭代对象，只需让它同时实现__iter__和__next__，但这里只实现__next__可帮助阐明前面的观点）。

2）作为可迭代对象的序列对象

正如你刚才看到的，如果对象实现了魔法方法__iter__()，就意味着可在 for 循环中使用它。这虽然很好，但并非支持迭代的唯一方式。当你编写 for 循环时，Python 会检查其中使用的对象是否实现了__iter__，如果实现了，Python 就使用它来支持迭代，如果没有，也有应变措施。

如果 for 循环中的对象是序列（即它实现了魔法方法__getitem__()和__len__()），那么它也可以被迭代。在这种情况下，解释器将按顺序提供序列中的值，直到引发异常 IndexError，这个异常类似于前面提到的 StopIteration，也表示迭代结束。

为演示这种行为，我们创建一个序列对象，它模拟了对一系列数字调用 map()的效果：

```
# generators_iteration_2.py

class MappedRange:
    """Apply a transformation to a range of numbers."""

    def __init__(self, transformation, start, end):
        self._transformation = transformation
        self._wrapped = range(start, end)

    def __getitem__(self, index):
        value = self._wrapped.__getitem__(index)
        result = self._transformation(value)
        logger.info("Index %d: %s", index, result)
```

```
        return result

    def __len__(self):
        return len(self._wrapped)
```

记住，设计这个示例只是为了演示可使用常规 for 循环来迭代序列对象。在方法 __getitem__ 中，写入日志的代码行让你知道迭代这个对象时，传递的是什么值，如下面的测试所示：

```
>>> mr = MappedRange(abs, -10, 5)
>>> mr[0]
Index 0: 10
10
>>> mr[-1]
Index -1: 4
4
>>> list(mr)
Index 0: 10
Index 1: 9
Index 2: 8
Index 3: 7
Index 4: 6
Index 5: 5
Index 6: 4
Index 7: 3
Index 8: 2
Index 9: 1
Index 10: 0
Index 11: 1
Index 12: 2
Index 13: 3
Index 14: 4
[10, 9, 8, 7, 6, 5, 4, 3, 2, 1, 0, 1, 2, 3, 4]
```

需要强调的是，虽然知道序列也可以迭代很有用，但这毕竟是在对象没有实现 __iter__ 时采取的应变机制，因此在大多数情况下，都应实现方法 __iter__，以创建正确的序列，而不只是要求对象是可以迭代的。

> 为迭代设计对象时，将其设计为可迭代对象（实现方法 __iter__），而不要将其设计为碰巧是可迭代的序列。

可迭代对象是 Python 的重要组成部分，这么说不仅是因为它给软件工程师提供的功能，也是因为它在 Python 内部扮演着至关重要的角色。

2.6 节介绍了如何解读异步代码，而这里又探讨了 Python 中的迭代器，因此可以看看这两个概念之间的关系了。具体地说，7.4 节将探讨协程，届时你将看到迭代器在协程中处于核心位置。

7.4 协程

协程的理念是让函数能够在给定时点挂起，并在以后恢复执行。有了这种功能后，程序就能够挂起部分代码，调度其他代码，再回到挂起的地方继续往下执行。

我们已经知道，生成器是可迭代对象，它们实现了 __iter__()和 __next__()。这是由 Python 自动提供的，因此当我们创建生成器时，将得到一个可迭代（即通过函数 next() 向前推进）的对象。

除这种基本功能外，生成器还有其他方法，让它们作为协程工作（PEP-342）。这里将探讨生成器是如何演变为协程，以支持基本的异步编程的；7.5 节将探索 Python 中支持异步编程的新特性和语法。

为支持协程，PEP-342 新增了如下基本方法。

- .close()。
- .throw(ex_type[, ex_value[, ex_traceback]])。
- .send(value)。

Python 利用生成器来创建协程。由于生成器能够挂起，这提供了很好的基础。但原来的生成器还不足以支持协程，因此新增了上述方法。这是因为仅能够挂起某部分代码通常还不够，还要与它通信（传递数据及告知上下文中发生的变化）。

通过更详细探讨上述每个方法，可以更深入地了解 Python 协程的内部结构。然后，我将再次概述异步编程的工作原理，但与第 2 章的概述不同，这里概述的是刚学习的内部概念。

7.4.1 生成器接口中的方法

本节将探讨前述每个方法都是做什么的、它是如何工作的以及该如何使用它。明白如何使用这些方法后，你就能够使用简单的协程了。

后面将探讨更高级的协程用法、如何通过委托给子生成器（协程）来重构代码、如何协调不同的协程。

1．close()

调用这个方法是，生成器会收到异常 GeneratorExit。如果这个异常未得到处理，生成器将结束，不再生成其他的值，并停止迭代。

这个异常可用来处理结束状态。通常，如果协程所做的是资源管理工作，我们就要捕获这种异常，并使用控制块来释放协程占用的所有资源。这类似于使用上下文管理器或将代码放在异常控制的 finally 块中，但专门处理这种异常让这一点更明确。

在下面的示例中，定义了一个协程，它使用一个数据库句柄对象（其中存储了到数据库的连接）并对其运行查询，以每次读取固定数量记录（而不是一次性读取所有记录）的方式传输数据：

```
def stream_db_records(db_handler):
    try:
        while True:
            yield db_handler.read_n_records(10)
    except GeneratorExit:
        db_handler.close()
```

每次调用这个生成器时，都将从数据库句柄返回 10 行，但当我们决定调用 close() 显式地结束迭代时，也想关闭到数据库的连接：

```
>>> streamer = stream_db_records(DBHandler("testdb"))
>>> next(streamer)
[(0, 'row 0'), (1, 'row 1'), (2, 'row 2'), (3, 'row 3'), ...]
>>> next(streamer)
[(0, 'row 0'), (1, 'row 1'), (2, 'row 2'), (3, 'row 3'), ...]
>>> streamer.close()
INFO:...:closing connection to database 'testdb'
```

> 需要时，使用生成器的方法 close() 来执行清理任务。

这个方法用于清理资源，因此在不能自动释放资源（例如，没有使用上下文管理器）时，通常使用它来手工释放资源。下面来看看如何向生成器传递异常。

2. throw(ex_type[, ex_value[, ex_traceback]])

这个方法在生成器当前挂起的代码行处引发异常。如果生成器包含与发送的异常匹配的 except 子句，将调用其中的代码，否则异常将传播到调用者。

下面稍微修改了前面的示例，以便使用这个方法来引发协程处理的异常和协程不处理的异常，并看看结果有何不同：

```
class CustomException(Exception):
    """A type of exception that is under control."""
```

```
def stream_data(db_handler):
    while True:
        try:
            yield db_handler.read_n_records(10)
        except CustomException as e:
            logger.info("controlled error %r, continuing", e)
        except Exception as e:
            logger.info("unhandled error %r, stopping", e)
            db_handler.close()
            break
```

现在，在控制流程中接收了 CustomException。如果出现这种异常，生成器将把一条说明性消息写入日志（当然，可根据具体的业务逻辑修改这条消息），并跳到下一条 yield语句：协程从数据库读取并返回数据的代码行。

这个示例处理所有的异常，但如果没有最后一个 except 块（except Exception:），异常将在生成器暂停的地方（也是 yield 语句）引发，并从这里传播到调用者：

```
>>> streamer = stream_data(DBHandler("testdb"))
>>> next(streamer)
[(0, 'row 0'), (1, 'row 1'), (2, 'row 2'), (3, 'row 3'), (4, 'row 4'),
...]
>>> next(streamer)
[(0, 'row 0'), (1, 'row 1'), (2, 'row 2'), (3, 'row 3'), (4, 'row 4'),
...]
>>> streamer.throw(CustomException)
WARNING:controlled error CustomException(), continuing
[(0, 'row 0'), (1, 'row 1'), (2, 'row 2'), (3, 'row 3'), (4, 'row 4'),
...]
>>> streamer.throw(RuntimeError)
ERROR:unhandled error RuntimeError(), stopping
INFO:closing connection to database 'testdb'
Traceback (most recent call last):
    ...
StopIteration
```

收到预期的异常时，生成器将继续运行。但收到预期外的异常时，将执行 "except Exception:" 块中的代码：关闭到数据库的连接并结束迭代，这导致迭代器停止。从引发的异常 StopIteration 可知，不能再迭代这个生成器了。

3. send(value)

在前面的示例中，我们创建了一个简单的生成器，它从数据库读取行，并在我们结束迭代时释放与数据库相关联的资源。这个示例很好地演示了如何使用生成器提供的方法 close()，但我们能做的并不止这些。

这个生成器从数据库读取固定数量的行。

我们要参数化读取的行数（10），以便每次调用时都可以指定要读取的行数。可惜函数 next() 没有给我们提供这样的选项，但好在我们有方法 send()：

```
def stream_db_records(db_handler):
    retrieved_data = None
    previous_page_size = 10
    try:
        while True:
            page_size = yield retrieved_data
            if page_size is None:
                page_size = previous_page_size

            previous_page_size = page_size

            retrieved_data = db_handler.read_n_records(page_size)
    except GeneratorExit:
        db_handler.close()
```

现在这个协程能够通过方法 send() 从调用者那里接收值了。方法 send() 是实际区分生成器和协程的方法，因为使用了这个方法时，意味着关键字 yield 将出现在语句右边，而它返回的值将被赋给其他变量。

在协程中，通常以下面的形式使用关键字 yield：

```
receive = yield produced
```

在这里，yield 将做两件事：将 produced 发回给调用者，而调用者将在下一轮迭代中（如调用 next() 后）获取 produced；在这里挂起。稍后，调用者可能想使用方法 send() 向协程发送一个值，这个值将成为 yield 语句的结果，在这里，这个值将被赋给变量 receive。

仅当协程在 yield 语句处挂起，等待生成结果时，才能向它发送值。因此，必须让协程前进到这个状态，为此唯一的方法是对其调用 next()。这意味着向协程发送值之前，必须使用方法 next() 让协程至少前进一次，否则将引发异常：

```
>>> def coro():
...     y = yield
...
>>> c = coro()
>>> c.send(1)
Traceback (most recent call last):
  File "<stdin>", line 1, in <module>
```

```
TypeError: can't send non-None value to a just-started generator
>>>
```

> 💡 向协程发送值之前，一定要记得调用 next() 让协程前进。

回到刚才的示例。我们修改了数据的生成和传输方式，让协程能够接收要从数据库读取的记录数。

我们第一次调用 next() 时，这个生成器将前进到包含 yield 的代码行，并向调用者提供一个值（给变量 retrieved_data 设置的值 None），并在这里挂起。此时我们有两个选择。如果我们选择调用 next() 来让生成器前进，将使用默认值 10，并像通常那样返回记录。这是因为调用 next() 与调用 send(None) 等效，而 if 语句将在这种情况下使用以前设置的值。

如果我们选择通过 send(<value>) 显式地提供一个值，这个值将成为 yield 语句的结果，并被赋给指定记录数的变量，进而根据这个变量从数据库读取相应数量的记录。

以后再调用 send(<value>) 时，将遵循同样的逻辑，但这里的重点是，现在我们可以在迭代期间随时修改要读取的记录数。

现在你明白了前述代码的工作原理了，但大多数 Python 程序员都希望对其进行简化（毕竟简洁、整洁、紧凑是 Python 的宗旨）：

```
def stream_db_records(db_handler):
    retrieved_data = None
    page_size = 10
    try:
        while True:
            page_size = (yield retrieved_data) or page_size
            retrieved_data = db_handler.read_n_records(page_size)
    except GeneratorExit:
        db_handler.close()
```

这个版本不仅更紧凑，还更好地说明了代码的理念。通过将 yield 放在括号内，更清楚地指出了它是一条语句（可将其视为函数调用），而我们要将其结果同前一个值进行比较。

这些代码像我们期望的那样工作，但在向协程发送数据前，一定要记得让它前进。如果你忘记先调用 next()，将引发 TypeError 异常。就这里而言，可以不存储这次调用的结果，因为我们不会使用它。

如果我们能在创建协程后直接使用它，而无须在每次使用前都记得调用 next()，那就好了。为此，有些作者（PYCOOK）设计了一个有趣的装饰器来实现这一点。这个装饰器旨在让协程前进，因此下面的定义自动工作：

```
@prepare_coroutine
def auto_stream_db_records(db_handler):
    retrieved_data = None
    page_size = 10
    try:
        while True:
            page_size = (yield retrieved_data) or page_size
            retrieved_data = db_handler.read_n_records(page_size)
    except GeneratorExit:
        db_handler.close()
```

```
>>> streamer = auto_stream_db_records(DBHandler("testdb"))
>>> len(streamer.send(5))
5
```

记住，这些就是 Python 协程的基本工作原理。通过这些示例，你知道了使用协程时 Python 中实际发生的情况，但在较新的 Python 版本中，你通常不会自己编写协程，因为有新的语法（这些语法在本书前面提到过，但后面将介绍它与前述理念的关系）。

介绍这些新语法前，需要探讨协程在新增功能方面所做的最后一项改进，以填补空白。然后，我们就能够明白异步编程中使用的每个关键字和语句的含义了。

7.4.2　高级协程

至此，你对协程有了更深入的认识，能够创建处理小型任务的简单协程了。实际上，这些协程只是较高级的生成器（换而言之，协程是复杂的生成器），但如果要处理更复杂的场景，通常必须同时处理大量的协程，因此需要用到其他特性。

处理大量协程时，将面临一些新问题。应用程序的控制流程更复杂时，需要在栈中上下传递值（以及异常），需要捕获在任何层级调用的子协程返回的值，并让多个协程一起完成目标。

为简化这些工作，再次扩展了生成器：PEP-380 修改了生成器的语义，让它们能够返回值，同时引入了新语法 yield from。

1．在协程中返回值

本章开头说过，迭代是一种机制，它不断对可迭代对象调用 next()，直到引发异常 StopIteration。

本章前面探讨的都是生成器的可迭代方面：我们以每次一个的方式生成值，且通常只关心 for 循环的每一步生成的值。这种看待生成器的方式非常合理，但协程的理念与生成器不同。虽然从技术上说，协程也是生成器，但协程并非设计用于迭代的，而是要挂起代码，直到恢复执行。

设计协程时，通常关心的是挂起而不是迭代（如果你使用协程来迭代，会让人感觉怪怪的），这将面临有趣的挑战：一不小心就会将挂起和迭代混合在一起。这是生成器的一个技术实现细节导致的：Python 生成器天生支持协程。

协程用于处理信息并会挂起时，可将其视为轻量级线程（在有些平台中，也被称为绿色线程）。在这种情况下，如果它们能够像调用其他常规函数一样返回值就好了。

记住，生成器不是常规函数，因此在生成器中，语句 value = generator()只是创建一个生成器对象。对于生成器来说，返回值的语义是什么呢？迭代已结束。

生成器返回值后，迭代立即停止（不能再对生成器进行迭代）。为保持原来的语义不变，依然引发异常 StopIteration，并将要返回的值存储在这个异常对象中，而调用者将负责捕获它。

在下面的示例中，创建了一个简单的生成器，它生成两个值，再返回第三个值。注意，为了获取返回的值，我们如何捕获异常，以及它是如何精确地存储在异常中名为 value 的属性中的：

```
>>> def generator():
...     yield 1
...     yield 2
...     return 3
...
>>> value = generator()
>>> next(value)
1
>>> next(value)
2
>>> try:
...     next(value)
... except StopIteration as e:
...     print(f">>>>>> returned value: {e.value}")
...
>>>>>> returned value: 3
```

你将在本章后面看到，这种机制用于让协程返回值。在 PEP-380 之前，这是不可行的，如果你试图在生成器中编写 return 语句，将被视为语法错误。但现在，可在迭代结束后返回一个值，这个值存储在迭代结束时引发的异常（StopIteration）中。这种做法虽然不是最整洁的，但完全向后兼容，因为它没有改变生成器的接口。

2. 委托给更小的协程——语法 yield from

前面介绍的特性很有趣，它为协程（生成器）打开了通往众多可能性的大门，它们现在可以返回值了。但如果没有合适的语法提供支持，这种特性本身没有太大的用处，因为这样捕获返回的值比较麻烦。

　　语法 yield from 的主要功能之一是捕获返回的值。它能够收集子生成器返回的值，还有其他功能，稍后将详细介绍。前面说过，从生成器返回值是件好事，但使用语句 value = generator()不行。该使用什么样的语句呢？　value = yield from generator()。

　　1）yield from 的最简单用法

　　新语法 yield from 的最基本用法是，用于将嵌套 for 循环中的多个生成器串接成一个，这将得到一个字符串，其中包含生成的所有值。

　　在下面的示例中，我们将创建一个与标准库中的 itertools.chain()类似的函数。这是一个很好的函数，它接收传递任意数量的可迭代对象，并返回所有值。

　　朴素的实现类似于下面这样：

```
def chain(*iterables):
    for it in iterables:
        for value in it:
            yield value
```

它接收数量可变的可迭代对象，遍历所有这些对象。由于这些对象都是可迭代的，可用于 for…in…结构中，因此我们使用另一个 for 循环来获取特定可迭代对象的所有值。

　　在很多情况下，这都很有用，如将生成器串接起来，或者同时迭代类型不同的对象（如列表和元组等）。

　　然而，通过使用语法 yield from，可再上一层楼——避免使用嵌套循环，因为它能够直接从子生成器生成值。对于这个示例，可将其代码简化成类似于下面这样：

```
def chain(*iterables):
    for it in iterables:
        yield from it
```

请注意，在这两种实现中，生成器的行为完全相同：

```
>>> list(chain("hello", ["world"], ("tuple", " of ", "values.")))
['h', 'e', 'l', 'l', 'o', 'world', 'tuple', ' of ', 'values.']
```

这意味着可将 yield from 用于其他可迭代对象，而结果就像值是由顶级生成器（使用 yield from 的生成器）生成的一样。

　　这种语法适用于任何可迭代对象，包括生成器表达式。熟悉语法 yield from 后，我们来看看如何编写一个简单的生成器函数（all_powers()），它生成指定数字的各种幂，例如，all_powers(2, 3)生成 2^0, 2^1, …, 2^3：

```
def all_powers(n, pow):
    yield from (n ** i for i in range(pow + 1))
```

在这里，虽然使用语法 yield from 让代码更简单些，但只节省了一条 for 语句，优势并不是很明显，将此作为引入 yield from 的理由并不充分。

实际上，这不过是一种副作用，引入 yield from 的真正原因将在接下来的两点中探讨。

2）捕获子生成器返回的值

在下面的示例中，我们创建了一个生成器，它调用另外两个生成序列中值的嵌套生成器。这两个嵌套生成器都返回一个值，而顶级生成器能够捕获返回的值，因为它是通过 yield from 来调用这些内部生成器的：

```
def sequence(name, start, end):
    logger.info("%s started at %i", name, start)
    yield from range(start, end)
    logger.info("%s finished at %i", name, end)
    return end


def main():
    step1 = yield from sequence("first", 0, 5)
    step2 = yield from sequence("second", step1, 10)
    return step1 + step2
```

下面是 main() 函数的执行情况：

```
>>> g = main()
>>> next(g)
INFO:generators_yieldfrom_2:first started at 0
0
>>> next(g)
1
>>> next(g)
2
>>> next(g)
3
>>> next(g)
4
>>> next(g)
INFO:generators_yieldfrom_2:first finished at 5
INFO:generators_yieldfrom_2:second started at 5
5
>>> next(g)
6
>>> next(g)
7
>>> next(g)
8
```

```
>>> next(g)
9
>>> next(g)
INFO:generators_yieldfrom_2:second finished at 10
Traceback (most recent call last):
  File "<stdin>", line 1, in <module>
StopIteration: 15
```

main()函数的第 1 行代码委托内部生成器来生成值,并直接提取这些值。这没什么新鲜的,我们早就见过。但需要注意的是,生成器函数 sequence()返回参数 end 的值;在第 1 行代码中,将这个值赋给了变量 step1;另外,这个值被用作下一个生成器实例的起始值。

第二个生成器实例也返回参数 end 的值(10),而主生成器在迭代结束后返回两个生成器实例的返回值之和(5+10=15)。

> 可以使用 yield from 来捕获协程结束处理后返回的值。

通过这个示例以及前面的示例,你知道了 Python 中的 yield from 是做什么的。yield from 将生成器作为参数,并将迭代工作委托给该生成器,迭代完毕后,它将捕获异常 StopIteration、获取其中的值,并将这个值返回给调用者函数。yield from 语句的结果为异常 StopIteration 的属性 value 的值。

yield from 是一个功能强大的结构,因为通过将其与下面将介绍的主题(如何向子生成器发送数据以及接收来自子生成器的数据)相结合,让协程具备了线程的雏形。

3)向子生成器发送数据以及接收来自子生成器的数据

下面来看看语法 yield from 的另一个功能,yield from 的强大威力在很大程度上源自这项功能。前面探讨充当协程的生成器时说过,可向协程发送值以及向它们抛出异常;协程在内部处理中使用发送给它们的值,它们还必须处理向它们抛出的异常。

协程将工作委托给其他协程(就像前面的示例中那样)时,必须遵循上述逻辑,但手工实现这种逻辑非常复杂(PEP-380 描述了没有 yield from 替你自动完成这项任务时,必须编写的代码)。

为演示这一点,我们让前一个示例中的顶级生成器(main)不变(依然调用其他内部生成器),但对内部生成器进行修改,使其能够接受值及处理异常。

这里的代码可能不符合 Python 语言习惯,但这里编写它们只是为了说明 yield from 机制的工作原理:

```
def sequence(name, start, end):
    value = start
```

```
        logger.info("%s started at %i", name, value)
        while value < end:
            try:
                received = yield value
                logger.info("%s received %r", name, received)
                value += 1
            except CustomException as e:
                logger.info("%s is handling %s", name, e)
                received = yield "OK"
        return end
```

下面来调用协程 main，对其进行迭代，同时提供值并引发异常，看看 sequence 是如何处理它们的：

```
>>> g = main()
>>> next(g)
INFO: first started at 0
0
>>> next(g)
INFO: first received None
1
>>> g.send("value for 1")
INFO: first received 'value for 1'
2
>>> g.throw(CustomException("controlled error"))
INFO: first is handling controlled error
'OK'
... # advance more times
INFO:second started at 5
5
>>> g.throw(CustomException("exception at second generator"))
INFO: second is handling exception at second generator
'OK'
```

这个示例演示了很多方面。注意到我们从未向 sequence 发送值，而只向 main 发送值，但收到这些值的是嵌套生成器。虽然我们没有显式地向 sequence 发送数据，但它却收到了数据，因为 yield from 将数据传递给它了。

协程 main 在内部调用另外两个协程，这些协程生成值并在生成每个值后都挂起。第一个协程挂起后，我们发送值。从日志可知，这个协程实例收到了这个值。当我们抛出异常时，情况也是这样的，即处理异常的是当前挂起的协程。第一个协程结束后返回一个值，这个值被赋给变量 step1，并作为第二个协程的输入。第二个协程所做的事情相同（也处理 send() 和 throw() 调用）。

对于每个协程生成的值，发生的情况都相同。当我们调用 send()时，它返回的值为当前被 main 挂起的子协程生成的值。抛出会被处理的异常时，协程 sequence 生成值 OK，这个值被传播到主协程（main），进而传播到 main 的调用者。

与预期的一样，这些方法与 yield from 一道提供了大量新功能，让协程类似于线程。这打开了通往 7.5 节将探讨的异步编程的大门。

7.5 异步编程

有了本章前面介绍的结构，便可以使用 Python 来创建异步程序了。这意味着可以创建包含大量协程的程序，通过调度让协程按特定顺序运行，在协程被挂起时（对其调用 yield from 后）切换到其他协程。

异步编程带来的主要好处是，让你能够以非阻断方式并行地执行 I/O 操作。为此，需要一个低级生成器（通常由第三方库实现），它知道如何在协程被挂起时处理实际的 I/O 操作。协程通过挂起让程序能够在此期间处理其他任务。应用程序通过 yield from 语句来重获控制权，这条语句挂起协程并给调用者提供一个值（就像前面的示例中一样，在这些示例中，我们使用了这种语法来改变程序的控制流程）。

多年来，Python 异步编程的工作原理都大致如此，直到 Python 提供了更好的语法支持。

从技术上说，协程和生成器是一码事，这可能让人迷惑。从语法和技术上说，它们是一码事，但从语义上说，就不是一码事了。我们创建生成器旨在实现高效的迭代，而创建协程通常是为了运行非阻断的 I/O 操作。

虽然这种差别显而易见，但 Python 的动态特征让开发人员能够混合这些不同类型的对象，最终导致在程序开发的后期出现运行时错误。记住，在最简单、最基本的情况下，yield from 语法被应用于可迭代对象（本章前面创建了一个应用于字符串、列表等的 chain 函数）。这些对象都不是协程，但这个函数依然管用。然后，我们创建了多个协程，使用 yield from 来发送值和抛出异常，并获得一些结果。这显然是两种截然不同的用法，因此看到类似于下面的语句时：

```
result = yield from iterable_or_awaitable()
```

你并不清楚 iterable_or_awaitable 返回的是什么。如果 iterable_or_awaitable 是简单的可迭代对象（如字符串），这条语句从语法上说可能是正确的；如果它是协程，你将在运行时因为这种错误而付出代价。

有鉴于此，必须扩展 Python 的类型系统。在 Python 3.5 之前，协程不过是应用了装饰器@coroutine 的生成器，调用时需要使用语法 yield from。而现在，有一种被 Python 解释器视为协程的特殊对象。

这种变化也带来了语法方面的变化——引入了语法 await 和 async def，其中前者旨在替代 yield from，它只适用于可等待对象（而协程刚好就是可等待对象）。对于未实现可等待接口的对象，试图对其调用 await 将引发异常（这很好地说明了接口有助于提高设计的可靠性，避免出现运行时错误）。

async def 替代前面说的装饰器，成了定义协程的新方式，它实际上创建这样的对象，即被调用时返回一个协程实例。当你调用生成器函数时，解释器将返回一个生成器对象，同样，当你调用使用 async def 定义的对象时，生成器将返回一个协程对象，它包含方法 __await__，因此可用于 await 表达式中。

这里不深入介绍 Python 异步编程的细节和方方面面，但需要指出的是，虽然使用了新的语法和类型，但现在的异步编程与本章前面讨论的概念没什么本质区别。

Python 异步编程基于事件循环理念，事件循环（通常是 Python 标准库中的 asyncio，但有很多其他的事件循环，它们的工作原理与 asyncio 完全相同）负责管理一系列协程，这些协程属于事件循环，而事件循环根据其调度机制调用协程。每个协程运行时，都会调用其代码（开发人员在协程中定义的逻辑）。要将控制权还给事件循环，可调用 await <coroutine>，这将异步地处理任务。此时，事件循环将重获控制权，并在该操作运行期间启动另一个协程。

这种机制是 Python 异步编程的基石。你可以将新增的协程语法（async def / await）视为 API，让你能够编写将被事件循环调用的代码。默认情况下，事件循环通常是 asyncio，因为它是标准库自带的，但任何遵循该 API 的事件循环系统都管用。这意味着你可使用 uvloop 和 trio 等库，而代码的工作方式不变。你甚至可以注册自己的事件循环，其工作原理将相同（条件是它遵循了前述 API）。

实际上，还有其他本书未涵盖的特殊情况和边缘情况，但需要指出的是，这些概念与本章介绍的理念是相关的。异步编程再次表明，生成器是 Python 中的一个核心概念，因为很多概念都建立在生成器的基础之上。

7.5.1 异步魔法方法

本书前面证明过，要让你创建的抽象符合 Python 语言的习惯，应尽可能利用 Python 魔法方法，这样编写出来的代码将更好、更紧凑、更整洁，但愿那里阐述的理由说服了你。

在这些方法中，如果需要调用协程，该怎么办呢？要在函数中调用 await，函数本身必须是协程（即是使用 async def 定义的），否则将导致语法错误。

既然如此，能否使用现有的语法和魔法方法实现这一点呢？不能。要进行异步编程，需要新的语法和魔法方法，好在它们与以前的语法和魔法方法类似。

表 7.2 总结了新的魔法方法及其与新语法的关系。

表 7.2 异步语法及其魔法方法

概念	魔法方法	语法
上下文管理器	__aenter__ __aexit__	async with async_cm() as x: …
迭代	__aiter__ __anext__	async for e in aiter: …

这种新语法是 PEP-492 引入的。

1. 异步上下文管理器

异步上下文管理器的理念很简单：在用于协程的上下文管理器中，不能使用常规方法 __enter__ 和 __exit__（因为它们被定义为常规函数），而需要使用新的协程方法 __aenter__ 和 __aexit__。另外，调用异步上下文管理器时，不能仅使用 with，而必须使用 async with。

模块 contextlib 包含装饰器@asynccontextmanager，它用于创建异步上下文管理器，用法与本书前面介绍的相同。

异步上下文管理器语法 async with 的工作原理与 with 类似：进入上下文时，将自动调用协程__aenter__，而退出上下文时，将触发__aexit__。在同一条 async with 语句中，还可指定多个异步上下文管理器，但不能指定常规上下文管理器。在 async with 语句中试图使用常规上下文管理器将导致异常 AttributeError。

对于第 2 章的上下文管理器示例，如果采用异步编程方式进行编写，将类似于下面这样：

```python
@contextlib.asynccontextmanager
async def db_management():
    try:
        await stop_database()
        yield
    finally:
        await start_database()
```

另外，如果要使用多个上下文管理器，可像下面这样做：

```python
@contextlib.asynccontextmanager
async def metrics_logger():
```

```
    yield await create_metrics_logger()


async def run_db_backup():
    async with db_management(), metrics_logger():
        print("Performing DB backup...")
```

正如你预期的，模块 contextlib 提供了抽象基类 AbstractAsyncContextManager，它指定子类必须实现方法__aenter__和__aexit__。

2．其他魔法方法

其他魔法方法呢？它们都有对应的异步版本吗？没有，因为不需要。

记住，整洁代码的目标之一是确保正确地分配职责，让代码各得其所。例如，如果你试图在方法__getattr__中调用协程，可能导致设计出现问题，因为在其他地方调用它可能更合适。

使用异步协程旨在同时执行代码的不同部分，因为它们通常与当前管理的外部资源相关，而在__getitem__、__getattr__等其他魔法方法中，应只包含面向对象代码或仅根据对象的内部表示就可解析的代码。

同理，将__init__定义为协程也不是什么好主意，因为我们通常希望对象是轻量级的，初始化它们是不会有任何副作用的（这符合最佳设计实践）。另外，考虑到本书前面介绍的依赖注入的好处，我们更加不希望初始化方法是异步的：对象应使用已初始化的依赖。

对本章的目的来说，表 7.2 列出的第二项（异步迭代）更有意义，因此 7.5.2 小节将专门探讨它。

异步迭代语法（async for）可用于异步迭代器和异步生成器，7.5.2 小节和 7.5.3 小节将分别讨论这两种情况。

7.5.2　异步迭代

可像本章开头创建常规迭代器（即可使用 Python 内置的 for 循环进行迭代的对象）那样，以异步方式创建异步迭代器。

假设要创建一个迭代器，它从外部数据源（如数据库）读取数据，但提取数据的部分是一个协程，因此不能像以前那样在你熟悉的__next__中调用它。这就是需要使用协程__anext__的原因。

下面的示例演示了如何实现这种操作。这里没有考虑外部依赖和其他次要的复杂因素，而专注于让这种操作变得可能的方法，以便对这些方法进行研究：

```
import asyncio
import random


async def coroutine():
    await asyncio.sleep(0.1)
    return random.randint(1, 10000)


class RecordStreamer:
    def __init__(self, max_rows=100) -> None:
        self._current_row = 0
        self._max_rows = max_rows

    def __aiter__(self):
        return self

    async def __anext__(self):
        if self._current_row < self._max_rows:
            row = (self._current_row, await coroutine())
            self._current_row += 1
            return row
        raise StopAsyncIteration
```

第一个方法（__aiter__）用于指出这个对象是一个异步迭代器。与同步迭代器一样，在大多数情况下，返回 self 就足够了，因此这个方法无须为协程。

但__anext__包含异步逻辑，因此必须首先是协程。在这里，我们使用 await 调用了另一个协程，以返回要返回的数据的一部分。

为指出迭代已结束，需要使用单独的异常，这个异常名为 StopAsyncIteration。

这种异常的工作原理与 StopIteration 类似，但只用于 async for 循环。遇到这种异常时，解释器将结束循环。

可像下面这样使用前述对象：

```
async for row in RecordStreamer(10):
    ...
```

可以明显看出，这个对象与本章开头探讨的同步版本很像，但存在一个重要差别，那就是不能将函数 next()用于这个对象（它根本就没有实现__next__），因此要让异步迭代器前进一步，必须采用不同的惯用法。

要让异步迭代器前进一步，可像下面这样做：

```
await async_iterator.__anext__()
```

但不支持更有趣的结构（如本书前面将函数 next()用于生成器表达式以查找满足特定条件的第一个值的结构），因为它们不能处理异步迭代器。

基于前面的惯用法，可创建使用异步迭代的生成器表达式。你甚至可以创建使用异步生成器的自定义函数 anext()，如下所示：

```
NOT_SET = object()

async def anext(async_generator_expression, default=NOT_SET):
    try:
        return await async_generator_expression.__anext__()
    except StopAsyncIteration:
        if default is NOT_SET:
            raise
        return default
```

从 Python 3.8 起，模块 asyncio 提供了一种很好的功能，让你能够从 REPL 直接与协程交互。这让你能够交互地测试前述代码是如何工作的：

```
$ python -m asyncio
>>> streamer = RecordStreamer(10)
>>> await anext(streamer)
(0, 5017)
>>> await anext(streamer)
(1, 5257)
>>> await anext(streamer)
(2, 3507)
...
>>> await anext(streamer)
(9, 5440)
>>> await anext(streamer)
Traceback (most recent call last):
    ...
    raise StopAsyncIteration
StopAsyncIteration
>>>
```

注意到 anext()的接口和行为都与原始的函数 next()类似。

至此，你知道了如何在异步编程中使用迭代，但还可以做得更好。在大多数情况下，都只需生成器，而不是完整的迭代器对象。生成器的优点在于编写和理解起来更容易（这多亏其语法），因此 7.5.3 小节将介绍如何在异步程序中创建生成器。

7.5.3　异步生成器

在 Python 3.6 之前，在 Python 中，只能使用 7.5.2 小节介绍的功能来实现异步迭代。

由于协程和生成器错综复杂（这在本章前面探讨过），不能在协程中使用 yield 语句，因为未定义这种 yield 语句的语义，例如，yield 将挂起协程还是为调用者生成一个值呢？

异步生成器是在 PEP-525 中引入的。

这个 PEP 解决了与在协程中使用关键字 yield 相关的问题，现在可以在协程中使用 yield，但含义明确而不同。与本章前面的协程示例不同，在使用 async def 定义的协程中，yield 的含义不是挂起协程（暂停执行协程），而是为调用者生成一个值。这就是异步生成器：它与本章开头介绍的生成器相同，但可以以异步方式使用，这意味着可在其定义中使用 await 调用另一个协程。

相比于异步迭代器，异步生成器优势在于，让我们能够以更紧凑的方式完成任务，这与常规生成器相比于常规迭代器的优势相同。

例如，对于前面的示例，使用异步生成器编写将更紧凑：

```
async def record_streamer(max_rows):
    current_row = 0
    while current_row < max_rows:
        row = (current_row, await coroutine())
        current_row += 1
        yield row
```

异步生成器与常规生成器很像，因为结构是一样的，只是使用的是 async def / await。另外，需要记住的细节更少（如必须实现的方法以及必须触发的异常），因此我建议尽可能使用异步生成器，而不要使用迭代器。

我们的 Python 迭代和异步编程之旅到这里就结束了。特别是，我们刚刚探讨的异步生成器是这次旅行的核心，因为它与本章介绍的所有概念都相关。

7.6 小结

在 Python 中，生成器无处不在。在很久前，Python 就引入了生成器。事实证明，生成器的引入犹如锦上添花，提高了程序的效率，还让迭代变得简单很多。

随着时间的推移，等到 Python 需要支持更复杂的功能时，生成器再次在支持协程方面帮了大忙。

虽然在 Python 中，协程也是生成器，但别忘了它们在语义上是不同的。创建生成器是为了迭代，而创建协程旨在支持异步编程（随时挂起和恢复执行程序的某个部分）。这种区分非常重要，成了促使 Python 语法和类型系统向前发展的推动力。

迭代和异步编程是本书涵盖的最后一个 Python 编程支柱。现在，是时候看看所有的东西是如何组合在一起的，并将我们在前面几章中探讨的所有概念付诸实践。这意味着你现在对 Python 的功能有了全面认识。

该将学到的知识用起来了，因此接下来的几章将看看如何将这些概念付诸实践，它们涵盖的是更为一般性的软件工程理念，如测试、设计模式和架构。

在这段新旅程的起点——第 8 章，我们将探讨单元测试和重构。

7.7 参考资料

本章涉及的文献如下。

- PEP-234：*Iterators*。
- PEP-255：*Simple Generators*。
- ITER-01：*Python's itertools module*。
- GoF：Erich Gamma、Richard Helm、Ralph Johnson 和 John Vlissides 的著作 *Design Patterns: Elements of Reusable Object-Oriented Software*。
- PEP-342：*Coroutines via Enhanced Generators*。
- PYCOOK：Brian Jones 和 David Beazley 的著作 *Python Cookbook: Recipes for Mastering Python 3*（第 3 版）。
- PY99：*Fake threads（generators, coroutines, and continuations）*。
- CORO-01：*Co Routine*。
- CORO-02：*Generators Are Not Coroutines*。
- PEP-492：*Coroutines with async and await syntax*。
- PEP-525：*Asynchronous Generators*。
- TEE：*The itertools.tee function*。

第 8 章
单元测试和重构

这里探讨的理念是本书的支柱，因为对我们的终极目标——编写出更好、更容易维护的软件来说，这些理念很重要。

对软件的可维护性来说，单元测试（以及任何形式的自动测试）至关重要，因此对任何质量的项目来说都是不可或缺的。正因为如此，本章讨论自动测试的各个方面。自动测试是一种重要的策略，让你能够安全地修改代码，并通过迭代逐步加以改善。

阅读本章后，你将对如下方面有更深刻的理解。

- 为何自动测试对项目的成败至关重要。
- 作为代码质量评估方式的单元测试是如何工作的。
- 有哪些可用于开发自动测试和设置质量关（quality gate）的框架和工具。
- 利用单元测试更深入地认识域问题及编写代码文档。
- 与单元测试相关的概念，如测试驱动开发。

前面介绍了 Python 的特性及如何利用它们让代码更易于维护，还探讨了如何使用 Python 的特性将软件工程设计的一般原则应用到 Python 中。本章将重温一个重要的软件工程概念——自动测试，但从使用工具的角度出发，这些工具有些是 Python 标准库中的，如模块 unittest，有些是外部包（如 pytest）。下面首先来探讨软件设计与单元测试的关系。

8.1 设计原则与单元测试

本节从概念的角度介绍单元测试，并重温本书前面讨论的一些软件工程原则，让你知道它们与整洁代码的关系。

然后，我们将更详细地讨论如何将这些概念付诸实践（在代码层级上），以及有哪些框架和工具可供你使用。

我们先简单地说说单元测试的目的。单元测试是负责验证其他代码的代码。通常，所有人都想说单元测试验证应用程序的"核心"，但这种有关单元测试的定义没有说到点子上，本书并不是这样看待单元测试的。单元测试是核心，是软件的重要组成部分，应该像对待业务逻辑那样对待它们。

单元测试是一段代码，它导入包含业务逻辑的代码并执行其中的逻辑，以确定在多种场景下都满足特定的条件。单元测试必须具备一些特征。

- 隔离：单元测试应完全独立于所有外部代理，且必须只关注业务逻辑。因此，它们不连接到数据库、不执行 HTTP 请求等。隔离还意味着测试之间是相互独立的，即它们必须能够按任何顺序运行，而不依赖于之前的状态。
- 性能：单元测试必须快速运行，它们是要重复运行多次的。
- 可重现性：单元测试必须能够以确定的方式客观地评估软件的状态，这意味着测试结果必须是可重现的。单元测试评估代码的状态：如果测试未通过，在代码被修复前，它必须是一直不能通过的；如果测试通过了，在没有修改代码的情况下，它必须是一直能够通过的。测试结果不能是古怪或随机的。
- 自验证：只需执行单元测试就知道其结果，而无须包含对单元测试进行解读的额外步骤（更不用说人工干预了）。

具体地说，在 Python 中，这意味着需要新建用于放置单元测试的*.py 文件，并使用某种工具调用它们。在这些文件中，我们编写 import 语句以导入要测试的业务逻辑，再编写测试本身。然后，我们使用工具收集并运行单元测试，再给出结果。

自验证实际上指的就是收集并运行单元测试再给出结果。工具调用测试文件时，将启动一个 Python 进程，并在其中运行测试。如果测试没有通过，进程退出时将给出一个错误码（在 UNIX 环境中，这可以是除 0 外的其他任何数字）。标准做法是这样的：工具运行测试时，对于每个通过的测试，都打印一个句点（.）；对于每个未通过的测试（不满足测试条件），都打印一个 F；如果出现异常，就打印 E。

8.1.1 其他形式的自动测试

单元测试用于验证非常小的代码单元，如函数或方法。我们希望单元测试的粒度级别非常小，能够测试尽可能多的代码。要测试更大的代码单元，如类，不能仅使用单元测试，而必须使用测试套件——一组单元测试，其中每个测试都测试更具体的方面，如这个类的一个方法。

单元测试并非绝无仅有的自动测试机制，不能指望它们能够捕获所有可能的错误。除单元测试外，还有验收测试和集成测试，但它们都不在本书的讨论范围内。

在集成测试中，我们要同时测试多个组件，验证它们是否像期望的那样协同工作。在这种情况下，存在副作用是可以接受的（甚至是你向往的），同时应将隔离抛诸脑后，即你要发出 HTTP 请求、连接到数据库等。虽然我们希望集成测试像生产代码那样运行，但有些依赖还是需要避免的。例如，如果你的服务通过互联网连接到外部依赖，在集成测试中就不应这样做。

假设你的应用程序使用数据库并连接到其他一些内部服务。在不同的环境中，这个应用程序将使用不同的配置文件，当然，在生产环境中，必须使用针对实际服务创建的配置文件。然而，在集成测试中，你希望使用专门为这种测试而构建的 Docker 容器来模拟数据库，而这是在一个专门的配置文件中配置的。至于依赖，应尽可能使用 Docker 服务来模拟它们。

模拟是单元测试的组成部分，将在本章后面介绍。至于为执行组件测试而模拟依赖，将在第 10 章从软件架构的角度探讨组件时介绍。

验收测试是一种从用户角度验证系统的自动测试，这通常是通过执行用例来完成的。

集成测试和验收测试不具备单元测试的一个优点——速度。可以想见，它们的运行时间更长，因此运行频率没有单元测试那么高。

在优良的开发环境中，程序员拥有完整的测试套件，并在修改、迭代、重构代码等期间反复地运行单元测试。修改完成并执行 pull 请求时，持续集成服务将对分支进行构建，只要可能存在集成测试或验收测试，在此期间就会运行单元测试。显然，仅当构建状态是成功的（绿色的），才会合并，但这里要说的重点是不同测试的差别：对于单元测试，我们要让它不断运行，而对于那些耗时较长的测试，我们希望其运行频率较低。

有鉴于此，我们希望有大量小型的单元测试，以及一些自动测试，这些测试被战略性地设计成尽可能多地覆盖单元测试无法覆盖的地方（例如，使用数据库）。

最后，记住本书倡导实用主义。除本节开头给出的定义和有关单元测试的要点外，记住应根据你的具体情况和要求去寻求最佳解决方案。没人比你更了解你的系统，这意味着如果由于某种原因，必须编写启动 Docker 容器以测试数据库的单元测试，这样做好了。正如本书反复提醒的，实用胜过纯粹。

8.1.2　单元测试与敏捷软件开发

在现代软件开发中，我们希望不断地尽可能快地交付价值。这些目标背后的理由是，越早得到反馈，影响就越小，修改起来越容易。这些根本不是什么新理念，有些类似于几十年前的原则，有些（如尽早从利益相关方获得反馈并不断重复这个过程）可在"The Cathedral and the Bazaar"等论文中找到。

因此，我们希望能够有效地响应需求变化，为此必须对我们编写的软件进行修改。本书前面说过，我们希望软件适应性强、灵活且易于扩展。

如果没有正式的证据证明代码被修改后依然能够正确地运行，那么不管设计和编写得有多好，代码本身都无法证明自己足够灵活，可轻松地进行修改。

假设我们按照 SOLID 原则设计了一款软件，其中的某个部分包含一组遵循了开/闭原则的组件，这意味着可轻松地扩展它们，而不会对既有代码带来太大的影响。另外，假设代码是以方便重构的方式编写的，可在需要时对其进行修改。这是否意味着我们做这些修改时不会引入任何 bug 呢？我们怎么知道原来的功能没有受到影响（未退化）呢？你是否有足够的信心，觉得可以向用户发布代码呢？他们相信新版本将像预期的那样工作吗？

除非有正式的证据，否则对这些问题，都无法做出肯定的回答。单元测试就是为此而生的：提供正式的证据证明程序按规范的那样工作。

因此，单元（或自动）测试犹如安全网，让我们能够放心地去处理代码。有了这些工具，我们就能高效地处理代码，而能否高效地处理代码是决定软件产品开发团队速度的终极因素。测试越出色，我们能够快速提供价值（而不被时常出现的 bug 所牵绊）的可能性越大。

8.1.3　单元测试与软件设计

主代码和单元测试的关系是硬币的另一面。除前面说的实用主义原因外，另一个原因是优良的软件就是易于测试的软件。

可测试性（决定软件测试起来有多容易的质量属性）不仅可锦上添花，而且是实现整洁代码的动力。

单元测试不是主代码库的补充，而会直接影响代码的编写方式。这种影响分很多不同的层级：在最低的层级，我们意识到要给代码添加单元测试，必须对其进行修改（得到更好的版本）；在最高的层级（将在本章最后探讨），整个设计都是由测试方式驱动的，这就是测试驱动设计。

从一个简单的示例开始，我将展示一个小的用例，在这个用例中，测试（和测试需求）导致代码的最终编写方式得到了改进。

在下面的示例中，模拟了一个进程，它需要向外部系统发送有关任务结果的指标（与往常一样，这里只关注代码，细节无关紧要）。我们创建了一个表示域问题中任务的 Process 对象，它使用一个 MetricsClient 对象（一个外部依赖，不受我们的控制）来向外部实体发送实际指标（例如，可能是向 syslog、statsd 发送数据）：

```
class MetricsClient:
    """3rd-party metrics client"""

    def send(self, metric_name, metric_value):
        if not isinstance(metric_name, str):
            raise TypeError("expected type str for metric_name")

        if not isinstance(metric_value, str):
            raise TypeError("expected type str for metric_value")

        logger.info("sending %s = %s", metric_name, metric_value)


class Process:

    def __init__(self):
        self.client = MetricsClient()  # A 3rd-party metrics client

    def process_iterations(self, n_iterations):
        for i in range(n_iterations):
            result = self.run_process()
            self.client.send(f"iteration.{i}", str(result))
```

在模拟版的第三方客户端中，我们要求提供的参数必须是字符串，因此，如果方法 run_process 的结果不是字符串，预期这个客户端将以失败告终，结果确实如此：

```
Traceback (most recent call last):
...
    raise TypeError("expected type str for metric_value")
TypeError: expected type str for metric_value
```

记住，这种验证不是我们能够控制的，而且我们无法修改相关的代码，因此必须给方法 send 提供类型正确的参数。但既然发现了这个 bug，我们首先要做的是编写一个单元测试，确保它不会再发生。这样做旨在证明我们修复了这个问题，并确保以后不管代码被修改多少次，这个 bug 都不会再出现。

可通过模拟 Process 对象的客户端来测试代码（后面探讨单元测试工具时，8.2 节介绍"模拟对象"的部分将演示如何这样做），但这样做时，运行的代码比需要的多（请注意，我们要测试的部分如何嵌套在代码中）。另外，好在方法 process_iterations 较小，不然测试将必须运行更多无关的部分，而我们可能必须对这些部分进行模拟。从可测试性的角度说，这又是一个优良设计的例子（小而内聚的函数或方法）。

最后，我们决定不那么麻烦，选择只测试需要测试的部分。因此，不在主方法中直接与客户端交互，而将这项任务委托给一个包装器类，新类类似于下面这样：

```python
class WrappedClient:

    def __init__(self):
        self.client = MetricsClient()

    def send(self, metric_name, metric_value):
        return self.client.send(str(metric_name), str(metric_value))

class Process:
    def __init__(self):
        self.client = WrappedClient()

    ... # rest of the code remains unchanged
```

在这里，我们选择创建自己的客户端版本——必须使用的第三方库的包装器。为此，我们创建一个新的类，其接口与第三方库相同，同时做了相应的类型转换。

这种使用组合的方式类似于适配器设计模式（我们会在第 9 章探讨设计模式，你现在只需知道有这么回事即可）。另外，这个新对象位于我们的域中，可以有相应的单元测试。添加这个对象后，测试起来更简单，但更重要的是，看看这个对象，我们将意识到最初就应该这样编写代码。在尝试给代码编写单元测试的过程中，我们竟然认识到缺失一个重要的抽象。

将方法分离后，我们来为它编写单元测试。在这个示例中使用了模块 unittest，与之相关的细节将在本章后面探讨测试工具和库时介绍，就现在而言，你只需阅读这些代码，这将让你对如何测试有大致印象，并让前面介绍的概念显得不那么抽象：

```python
import unittest
from unittest.mock import Mock

class TestWrappedClient(unittest.TestCase):
    def test_send_converts_types(self):
        wrapped_client = WrappedClient()
        wrapped_client.client = Mock()
        wrapped_client.send("value", 1)

        wrapped_client.client.send.assert_called_with("value", "1")
```

Mock 是模块 unittest.mock 中的一种类型，为询问各种事情提供了方便。例如，在这个示例中，我们用它替代了第三方库（8.1.4 小节称之为模拟系统边界），以检查是否像预期的那样调用了它（同样，这里测试的不是第三方库本身，而只测试是否正确地调用了它）。注意到，这里运行了与 Process 对象中类似的调用，但期望参数被转换为字符串。

这个示例表明，单元测试可以帮助我们改善代码的设计：在测试代码的过程中，我们设计出来更好的版本。如果要求再高点，可以说这个单元测试还不够好，因为第 2 行覆盖了 WrappedClient 对象。要修复这个问题，可通过参数传递 WrappedClient 对象（使用依赖注入），而不在初始化方法中创建它。单元测试再次让我们想出了更好的实现。

根据前面的示例，可以得出如下结论：代码的可测试性也说明了其质量。换而言之，如果代码难以测试或其测试非常复杂，很可能需要对其进行改进。

正如 Miško Hevery 所言：没有编写测试的技巧，只有编写易于测试的代码的技巧。

8.1.4　确定测试范围

测试需要投入精力。如果在做出该测试什么的决定时不细心，测试将没有结束的时候，以至于花费了大量的精力却收效甚微。

我们应界定要测试的代码范围，如果不这样做，就必须测试代码中的依赖（外部/第三方库或模块），进而测试这些依赖的依赖，如此没完没了。测试依赖不是我们的职责，因此可以假定这些项目有自己的测试。只需测试使用正确的参数正确地调用了外部依赖就够了（即便是外部依赖，使用模拟对象来替换也可能是可以接受的），而不要为此投入更多的精力。

这里再次证明了优良的软件设计是有回报的。如果我们细心设计，并明确地界定了系统的边界（根据接口而不是会变的具体实现进行设计，将对外部组件的依赖倒置，从而减少时间耦合），那么在编写单元测试期间模拟这些接口将容易得多。

在优良的单元测试中，我们希望对系统边界进行模拟，从而专注于要执行的核心功能。我们不测试外部库（如通过 pip 安装的第三方工具），而只检查是否正确地调用了它们。本章后面探讨模拟对象时，将介绍执行这种检查的技术和工具。

8.2　测试工具

有很多工具可用来编写单元测试，它们各有优缺点且用途各异。这里介绍在 Python 中两个常用的单元测试库，它们涵盖了大部分（甚至全部）用例并深受欢迎，因为知道如何使用它们迟早会派上用场。

除测试框架和运行测试的库外，很多项目还配置了代码覆盖率，并将它们作为质量指标。将覆盖率作为指标会误导人，因此介绍如何创建单元测试后，我们将讨论为何不能对此掉以轻心。

8.2.1 小节将介绍本章进行单元测试时使用的主要库。

用于单元测试的框架和库

本节讨论两个用于编写和运行单元测试的框架——unittest 和 pytest，其中前者包含在 Python 标准库中，而后者可通过 pip 安装。

如果只想覆盖代码的测试场景，很可能只使用 unittest 就够了，因为它包含大量的辅助函数。然而，对于更复杂的系统［有多个依赖，需要连接到外部系统，需要模拟对象（patch object）、定义夹具以及参数化测试用例］，pytest 可能是更完备的选项。

我们将以一个小型程序为例，演示如何使用这两个框架来测试它，目标是让你更深入地了解它们的异同。

这个用于演示测试工具的示例是版本控制工具的简化版，它在合并请求中支持代码审核。我们先采用如下标准。

● 如果至少有一人不同意更改，合并请求将被拒绝。

● 如果没人不同意，且合并至少在另外两个开发人员看来不错，就批准它。

● 在其他情况下，合并请求的状态将为悬而未决。

执行上述标准的代码类似于下面这样：

```python
from enum import Enum


class MergeRequestStatus(Enum):
    APPROVED = "approved"
    REJECTED = "rejected"
    PENDING = "pending"


class MergeRequest:
    def __init__(self):
        self._context = {
            "upvotes": set(),
            "downvotes": set(),
        }

    @property
    def status(self):
        if self._context["downvotes"]:
            return MergeRequestStatus.REJECTED
        elif len(self._context["upvotes"]) >= 2:
            return MergeRequestStatus.APPROVED
        return MergeRequestStatus.PENDING
```

```
def upvote(self, by_user):
    self._context["downvotes"].discard(by_user)
    self._context["upvotes"].add(by_user)

def downvote(self, by_user):
    self._context["upvotes"].discard(by_user)
    self._context["downvotes"].add(by_user)
```

以这段代码为基础，让我们看看如何使用前面说的两个库对这些代码进行单元测试。这个想法不仅是学习如何使用每个库，还要找出它们的不同之处。

1．unittest

刚开始学习编写单元测试时，模块 unittest 是很不错的选择，因为它提供了丰富的 API，让你能够编写各种测试条件，而且由于它在标准库中可用，所以它非常通用和方便。

模块 unittest 基于（来自 Java 的）JUnit 的概念，而 JUnit 又借鉴了 Smalltalk 的单元测试理念（这可能就是这个模块中的方法采用当前命名约定的原因），因此是面向对象的。有鉴于此，测试是通过类编写的，而检查是由方法验证的，并且通常根据类中的场景对测试进行分组。

要编写单元测试，必须创建继承自 unittest.TestCase 的测试类，并在方法中定义要强调的条件。这些方法必须以 test_ 打头，并且在这些方法内部，可以使用从 unittest.TestCase 继承的任何方法来检查必须满足的条件。

下面是这个示例中可能要检查的一些条件：

```
class TestMergeRequestStatus(unittest.TestCase):

    def test_simple_rejected(self):
        merge_request = MergeRequest()
        merge_request.downvote("maintainer")
        self.assertEqual(merge_request.status, MergeRequestStatus.REJECTED)

    def test_just_created_is_pending(self):
        self.assertEqual(MergeRequest().status, MergeRequestStatus.PENDING)

    def test_pending_awaiting_review(self):
        merge_request = MergeRequest()
        merge_request.upvote("core-dev")
```

```
        self.assertEqual(merge_request.status, MergeRequestStatus.PENDING)

    def test_approved(self):
        merge_request = MergeRequest()
        merge_request.upvote("dev1")
        merge_request.upvote("dev2")

        self.assertEqual(merge_request.status, MergeRequestStatus.APPROVED)
```

　　这个单元测试 API 提供了很多很有用的比较方法，其中常用的一个是 assertEqual (<actual>, <expected>[, message])，可以用来将操作结果与期望的值进行比较，你还可以通过可选参数指定出错时将显示的消息。

　　前面按(<actual>, <expected>)的顺序列出了参数，因为我发现大家大都采取这样的顺序。虽然我相信这是 Python 中常用的形式（这是一种约定），但并没有有关这方面的建议或指南。事实上，有些项目（如 gRPC）就使用相反形式(<expected>, <actual>)，而这实际上是其他语言（如 Java 和 Kotlin）中的一种约定。重点是保持一致，并采用项目中已采用的形式。

　　另一个很有用的测试方法是 assertRaises，它让你能够检查是否引发了特定的异常。

　　出现异常情况时，我们在代码中引发异常，避免在错误的假设中继续往下走，同时告诉调用者执行调用时出现了问题。应该对这部分逻辑进行测试，而方法 assertRaises 就是做这个的。

　　假设现在要稍微扩展前面的逻辑，允许用户关闭其合并请求，并在用户这样做时，不允许再投票（对已关闭的合并请求进行评估是没有意义的）。为防止对已关闭的合并请求投票，我们对代码进行扩展，在有人试图这样做时引发异常。

　　添加两个新状态（OPEN 和 CLOSED）以及新方法 close()后，我们修改以前的投票方法，在其中首先执行这种检查：

```
class MergeRequest:
    def __init__(self):
        self._context = {
            "upvotes": set(),
            "downvotes": set(),
        }
        self._status = MergeRequestStatus.OPEN

    def close(self):
        self._status = MergeRequestStatus.CLOSED
```

```
    ...
    def _cannot_vote_if_closed(self):
        if self._status == MergeRequestStatus.CLOSED:
            raise MergeRequestException(
                "can't vote on a closed merge request"
            )

    def upvote(self, by_user):
        self._cannot_vote_if_closed()

        self._context["downvotes"].discard(by_user)
        self._context["upvotes"].add(by_user)

    def downvote(self, by_user):
        self._cannot_vote_if_closed()

        self._context["upvotes"].discard(by_user)
        self._context["downvotes"].add(by_user)
```

现在，我们要检查这种验证是否管用，为此可使用方法 asssertRaises 和 assertRaisesRegex：

```
    def test_cannot_upvote_on_closed_merge_request(self):
        self.merge_request.close()
        self.assertRaises(
            MergeRequestException, self.merge_request.upvote, "dev1"
        )

    def test_cannot_downvote_on_closed_merge_request(self):
        self.merge_request.close()
        self.assertRaisesRegex(
            MergeRequestException,
            "can't vote on a closed merge request",
            self.merge_request.downvote,
            "dev1",
        )
```

其中前者期望调用第二个参数指定的可调用对象（并将余下的参数*args 和**kwargs 传递给它）时，将引发第一个参数指定的异常。如果不是这样的，测试将失败，并指出没有引发期望引发的异常。后者与前者类似，但还检查引发的异常是否包含与通过参数指定的正则表达式匹配的消息。即便引发了指定的异常，但包含的消息与正则表达式不匹配，测试也将失败。

除检查异常外，同时检查错误消息，这样将更准确，确保触发的确实是期望的异常，还可以发现另一个相同类型的异常被无意间传播到了这里的情况。

请注意，这些方法也可以用作上下文管理器。在第一种形式（前面的示例使用的形式）中，方法 assertRaises 接收的参数依次为异常、可调用对象以及可调用对象的参数列表，但也可仅将异常作为参数传递给这个方法，从而将其用作上下文管理器，对这个上下文管理器块内的代码进行评估，如下所示：

```
with self.assertRaises(MyException):
    test_logic()
```

这种形式通常更有用，在有些情况下，只能使用这种形式，例如，要测试的逻辑无法表示为单个可调用对象时。

你将发现，在有些情况下，需要运行同样的测试用例，但使用不同的数据。为此，可编写单个测试用例，并使用不同的值来检查条件，而不编写重复的测试用例。这被称为参数化测试，将在下面进行探讨。在本章后面，将从 pytest 的角度重温参数化测试。

参数化测试

现在，我们要测试设置合并请求状态的代码，但测试时只提供类似于 _context 的示例数据，而不需要完整的 MergeRequest 对象。我们要在检查合并请求是否被关闭的代码行执行后测试属性 status，但要独立地完成这种测试。

为此，最佳的方式是将这个属性放在另一个类中并使用组合，再使用独立的测试套件来测试这个新抽象：

```
class AcceptanceThreshold:
    def __init__(self, merge_request_context: dict) -> None:
        self._context = merge_request_context

    def status(self):
        if self._context["downvotes"]:
            return MergeRequestStatus.REJECTED
        elif len(self._context["upvotes"]) >= 2:
            return MergeRequestStatus.APPROVED
        return MergeRequestStatus.PENDING


class MergeRequest:
    ...
    @property
    def status(self):
        if self._status == MergeRequestStatus.CLOSED:
```

```
                    return self._status


            return AcceptanceThreshold(self._context).status()
```

做了这些修改后，可再次运行测试，确认它们能够通过，这意味着这种小小的重构没有破坏任何当前功能（单元测试确保回归）。然后，就可以接着为前述新类编写专门的测试了：

```
class TestAcceptanceThreshold(unittest.TestCase):
    def setUp(self):
        self.fixture_data = (
            (
                {"downvotes": set(), "upvotes": set()},
                MergeRequestStatus.PENDING
            ),
            (
                {"downvotes": set(), "upvotes": {"dev1"}},
                MergeRequestStatus.PENDING,
            ),
            (
                {"downvotes": "dev1", "upvotes": set()},
                MergeRequestStatus.REJECTED,
            ),
            (
                {"downvotes": set(), "upvotes": {"dev1", "dev2"}},
                MergeRequestStatus.APPROVED,
            ),
        )

    def test_status_resolution(self):
        for context, expected in self.fixture_data:
            with self.subTest(context=context):
                status = AcceptanceThreshold(context).status()
                self.assertEqual(status, expected)
```

在方法 setUp() 中，定义了要在所有测试中使用的数据夹具。在这里，并非必须这样做，因为可将它直接放在测试方法中，但如果要在执行每个测试前都运行一些代码，就应将这些代码放在 setUp() 中，因为运行每个测试前都会调用这个方法。

在这里，原本可将这个元组定义为一个类属性，因为它是一个常量（静态）值。如果需要运行一些代码并执行一些计算（如构建对象或使用工厂），就只能使用方法 setUp() 了。

通过编写代码的新版本，让要测试的代码的参数更清晰、更紧凑了。

为模拟使用所有参数的过程，测试迭代所有数据，并使用每项数据执行代码。subTest

是一个有趣的辅助方法，这里使用它来标记测试条件。如果有迭代失败了，unittest 将在报告时显示给 subTest 的参数传递的值（这里是参数 context，但也可以是一系列关键字参数）。例如，错误消息可能类似于下面这样：

```
FAIL: (context={'downvotes': set(), 'upvotes': {'dev1', 'dev2'}})
------------------------------------------------------------------
Traceback (most recent call last):
  File "" test_status_resolution
    self.assertEqual(status, expected)
AssertionError: <MergeRequestStatus.APPROVED: 'approved'> !=
<MergeRequestStatus.REJECTED: 'rejected'>
```

> 如果你选择参数化测试，请用尽可能多的信息对每套参数的上下文做出说明，让调试更容易。

参数化测试旨在使用不同的数据集运行相同的测试条件。为此，首先需要确定与要测试的数据等价的类，再选择能代表每个类的值（这将在本章后面更详细地介绍）。然后，你需要知道对于哪些等价类，测试失败了，为此可求助于上下文管理器 subTest 提供的上下文。

2. pytest

pytest 是一个出色的测试框架，可使用命令 pip install pytest 来安装。相比于 unittest，pytest 的一个不同之处在于，虽然也可以将不同的测试场景放在不同的类中，并为测试创建面向对象模型，但并非必须这样做，而可以在编写单元测试时不使用那么多样板代码：直接在简单函数中使用 assert 语句来检查要验证的条件。

默认情况下，只需使用 assert 语句来做比较，就能让 pytest 识别单元测试并报告其结果。也可进行更高级的测试（如前面介绍的测试），但必须使用 pytest 包中的专用函数。

一个很好的特性是，命令 pytests 会运行它能够发现的所有测试，即便它们是使用 unittest 编写的。这种兼容性让你能够更轻松地从 unittest 逐渐过渡到 pytest。

1）pytest 基本测试用例

对于前面测试的条件，可以使用 pytest 重写为简单函数。

下面是一些简单的断言：

```
def test_simple_rejected():
    merge_request = MergeRequest()
    merge_request.downvote("maintainer")
    assert merge_request.status == MergeRequestStatus.REJECTED
```

```
def test_just_created_is_pending():
    assert MergeRequest().status == MergeRequestStatus.PENDING

def test_pending_awaiting_review():
    merge_request = MergeRequest()
    merge_request.upvote("core-dev")
    assert merge_request.status == MergeRequestStatus.PENDING
```

对于布尔相等比较，只需一条简单的 assert 语句，而对于其他类型的检查，如异常检查，确实需要使用一些函数：

```
def test_invalid_types():
    merge_request = MergeRequest()
    pytest.raises(TypeError, merge_request.upvote, {"invalid-object"})

def test_cannot_vote_on_closed_merge_request():
    merge_request = MergeRequest()
    merge_request.close()
    pytest.raises(MergeRequestException, merge_request.upvote, "dev1")
    with pytest.raises(
        MergeRequestException,
        match="can't vote on a closed merge request",
    ):
        merge_request.downvote("dev1")
```

在这里，pytest.raises 相当于 unittest.TestCase.assertRaises，它也可作为方法或上下文管理器调用。如果要检查异常包含的消息，无须使用另一个方法（如 assertRaisesRegex），而必须使用 pytest.raises，但必须将其作为上下文管理器使用，并使用参数 match 来指定消息必须是什么样的。

pytest 还将把原始异常包装在一个自定义异常中，让我们能够检查多个条件（通过检查自定义异常的一些属性，如.value），但这个函数的上述用法可满足大多数情况下的要求。

2）参数化测试

运行参数化测试时，使用 pytest 更合适，因为提供了更整洁的 API，且将为每种测试参数组合生成一个新的测试用例（一个新函数）。

要参数化测试，必须将装饰器 pytest.mark.parametrize 应用于测试。这个装饰器的第一个参数是一个字符串，指出了要传递给测试函数的参数的名称，而第二个参数必须是可迭代对象，包含要传递给测试函数的参数值。

注意到测试函数的函数体缩减成了一行（删除了内部 for 循环以及嵌套的上下文管

理器），同时正确地将用于每个测试用例的数据同函数体隔离了，这让函数更容易扩展和维护：

```
@pytest.mark.parametrize("context,expected_status", (
    (
        {"downvotes": set(), "upvotes": set()},
        MergeRequestStatus.PENDING
    ),
    (
        {"downvotes": set(), "upvotes": {"dev1"}},
        MergeRequestStatus.PENDING,
    ),
    (
        {"downvotes": "dev1", "upvotes": set()},
        MergeRequestStatus.REJECTED,
    ),
    (
        {"downvotes": set(), "upvotes": {"dev1", "dev2"}},
        MergeRequestStatus.APPROVED,
    ),
),)
def test_acceptance_threshold_status_resolution(context, expected_
status):
    assert AcceptanceThreshold(context).status() == expected_status
```

> 请使用 @pytest.mark.parametrize 来消除重复，让测试函数尽可能内聚并让代码必须支持的参数（测试输入或场景）更明确。

使用参数化时，一个重要的建议是每套参数（每次迭代）都应只对应于一个测试场景，这意味着不应在同一套参数中混合不同的测试条件。如果要测试不同参数的组合，应堆叠不同的参数化。通过堆叠这个装饰器，可创建与装饰器中所有值的笛卡儿积一样多的测试条件。

例如，像下面这样配置的测试：

```
@pytest.mark.parametrize("x", (1, 2))
@pytest.mark.parametrize("y", ("a", "b"))
def my_test(x, y):
    ...
```

将使用值（x=1, y=a）、（x=1, y=b）、（x=2, y=a）和（x=2, y=b）来运行测试。

这种做法更佳，因为每个测试都更小，同时每个参数化都更具体（更内聚）。它让你能够轻松地让可能的组合数量呈爆炸性增长，并使用这些组合来测试代码。

在需要测试的数据已经有了或者知道如何轻松地生成它们时，使用数据参数很合适，但在有些情况下，需要为测试构建特定的对象或者你发现自己正在重复编写或构建相同的对象。在这种情况下，使用夹具大有帮助，这将在下面探讨。

3）测试夹具

pytest 的优点之一是，简化了创建可重用对象的工作，让你能够向测试提供数据或对象，从而在不重复的情况下更有效地测试。

例如，你可能想创建一个处于特定状态的 MergeRequest 对象，并在多个测试中使用它。为此，可将这个对象定义为夹具，方法是创建一个函数并对其应用装饰器 @pytest.fixture。要使用这个夹具的测试必须接收一个与前面定义的函数同名的参数，这样 pytest 将确保向测试提供了这个夹具：

```python
@pytest.fixture
def rejected_mr():
    merge_request = MergeRequest()

    merge_request.downvote("dev1")
    merge_request.upvote("dev2")
    merge_request.upvote("dev3")
    merge_request.downvote("dev4")

    return merge_request

def test_simple_rejected(rejected_mr):
    assert rejected_mr.status == MergeRequestStatus.REJECTED

def test_rejected_with_approvals(rejected_mr):
    rejected_mr.upvote("dev2")
    rejected_mr.upvote("dev3")
    assert rejected_mr.status == MergeRequestStatus.REJECTED

def test_rejected_to_pending(rejected_mr):
    rejected_mr.upvote("dev1")
    assert rejected_mr.status == MergeRequestStatus.PENDING

def test_rejected_to_approved(rejected_mr):
    rejected_mr.upvote("dev1")
    rejected_mr.upvote("dev2")
    assert rejected_mr.status == MergeRequestStatus.APPROVED
```

记住，测试也会影响主代码，因此整洁代码原则也适用于测试。在这里，本书前面探讨的不要自我重复（DRY）原则也适用，为遵循这种原则，可使用 pytest 夹具。

除创建多个对象以及暴露将在整个测试套件中使用的数据外，还可以使用夹具来设置条件，例如，对不希望被调用的函数进行全局替换（patch）或转而使用替代对象（patch object）。

3. 代码覆盖率

测试运行器支持覆盖率插件（可使用 pip 来安装），这些插件提供了很有用的信息：在测试运行期间，执行了哪些代码行。这些信息可提供极大的帮助，让我们能够知道测试还需覆盖哪些代码、生产代码和测试的哪些地方需要改进。我的意思是说，发现未被覆盖的生产代码行后，我们必须为这些代码编写测试，因为没有测试的代码是残缺不全的。在你试图覆盖这些代码的过程中，可能发生多件事情。

- 你可能认识到完全缺失一个测试场景。
- 你将试图设计其他单元测试或覆盖更多代码行的单元测试。
- 你将试图简化生产代码——消除冗余、让代码更紧凑，即让代码更容易被覆盖。
- 你甚至可能发现当前要覆盖的代码行不可达（可能是逻辑错误导致的），因此可以将它们安全地删除。

记住，虽然覆盖率存在这些优点，但绝不要将其作为目标，而只将其作为指标。这意味着试图获得很高的覆盖率（如 100%）不但影响效率，也没有什么效果。代码覆盖率只是一个工具，用于找出显然需要测试的代码，进而决定如何改进它们。然而，可以设置最低阈值（如普遍接受的值 80%），仅当覆盖率达到这个值后，才能认为项目包含的测试数量是合适的。

另外，认为代码覆盖率高昭示着代码库健康也是危险的：记住，大多数覆盖率工具的报告都基于被执行的生产代码行。一行代码被调用并不意味着对其进行了妥善的测试，而只意味着它运行了。一条语句可能包含多个逻辑条件，其中的每个条件都需分别进行测试。

> 不要被高代码覆盖率引入歧途，多想想如何测试代码（包括那些已被覆盖的代码）。

coverage 是使用广泛的代码覆盖率库之一，下面将探讨如何设置代码覆盖率工具。

1）设置覆盖率工具

如果你使用的是 pytest，可以安装 pytest-cov 包。安装这个包后，运行测试时必须告诉 pytest 运行器将同时运行 pytest-cov，并指出要覆盖哪些包（还可设置其他参数和配置）。

这个包支持多种配置，其中包括各种输出格式，并且可轻松地与任何 CI 工具集成。

但在这些特性中，一个强烈推荐的选项是设置指出哪些代码行未被测试覆盖的标志，因为这种信息可以帮助你诊断代码并着手编写更多的测试。

下面的命令演示了如何在执行测试的同时计算代码覆盖率：

```
PYTHONPATH=src pytest \
    --cov-report term-missing \
    --cov=coverage_1 \
    tests/test_coverage_1.py
```

这个命令生成的输出类似于下面这样：

```
test_coverage_1.py ................ [100%]

----------- coverage: platform linux, python 3.6.5-final-0 -----------
Name          Stmts Miss Cover Missing
-------------------------------------------
coverage_1.py 39      1   97%    44
```

上述输出指出，有一行代码没有单元测试，你可找到这行代码并想想如何为它编写单元测试。在这种常见的场景下，你认识到为覆盖那些遗漏的代码行，需要通过创建更小的方法来重构代码。这样，代码将看起来好得多，就像本章开头的示例中那样。

问题是能相信高覆盖率吗？高覆盖率是否就意味着代码正确呢？可惜高覆盖率是代码整洁的必要条件，而非充分条件。有些代码没有测试显然不好，而有测试无疑是好事，但我们只能对确实存在的测试这样说。然而，我们并不知道缺少哪些测试：即便覆盖率很高，也可能有大量条件未被测试。

对于测试覆盖率，有一些需要注意的事项，这将在下面探讨。

2）有关测试覆盖率的注意事项

Python 是解释型的，所处的层级非常高，而覆盖率工具利用这一点来找出测试运行期间被解释（运行）的代码行，并报告结果。代码行被解释并不意味着它得到了妥善的测试，因此在阅读最终的覆盖率报告时，应对其中的结论持谨慎态度。

实际上，对任何语言来说，都是如此。代码行被执行并不意味着对各种可能组合进行了测试。即便使用提供的数据成功地运行了所有的分支，也只是意味着代码支持相应的参数组合，而对于其他可能导致程序崩溃的参数组合，并不能得出任何结论。

> 将覆盖率作为寻找代码中盲点的工具，而不要将其作为指标或目标。

我们通过一个简单示例来说明这一点。请看下面的代码：

```
def my_function(number: int):
    return "even" if number % 2 == 0 else "odd"
```

现在假设为这些代码编写了如下测试：

```
@pytest.mark.parametrize("number,expected", [(2, "even")])
def test_my_function(number, expected):
    assert my_function(number) == expected
```

如果我们运行这个测试并测量覆盖率，报告将给出浮夸的覆盖率——100%。显然，对于被执行的唯一一条语句，这里缺少对其中一半的条件进行测试的测试。更令人不安的是，由于这条语句中的 else 子句未被执行，我们根本不知道这些代码在什么情况下会崩溃（再极端点，假设字符串"odd"被替换为 1/0 导致这条语句是错误的，或者字符串"odd"被替换为函数调用）。

显然，我们应该更进一步，认为这里走的是一条"快乐路径"——因为给函数提供了正确的值。如果提供的是错误的数据类型呢？这个函数能应对这样的情况吗？

如你所见，即便是单条看起来很简单的语句，也可能存在大量需要测试的问题和条件，我们需要为此做好准备。

因此，检查代码覆盖率，甚至在 CI 构建中配置代码覆盖率阈值是个不错的主意，但千万记住它只是一个供你使用的工具，因此与本书前面讨论的其他工具（代码校验器、代码检查工具、格式设置工具等）一样，仅当与确保代码库整洁的其他工具和环境结合使用时，它才能给你提供帮助。

在测试过程中，另一个可提供帮助的工具是模拟对象，这将在下面探讨。

4．模拟对象

在有些情况下，测试并非只设计我们编写的代码。归根结底，我们设计和构建的系统必须做些实在的事情，这通常意味着连接外部服务（数据库、存储服务、外部 API、云服务等）。由于系统需要副作用，因此副作用是不可避免的。不管我们如何抽象代码、根据接口进行编程，并将代码与外部因素隔离以最大限度地减少副作用，但副作用还是会出现在测试中，因此需要有卓有成效的副作用处理方式。

为让测试摆脱不良副作用的影响（参见本章前面），有效的策略之一是使用模拟对象。代码可能需要发出 HTTP 请求或发送通知邮件，但我们绝对不希望这种事情发生在单元测试中。单元测试应针对代码的逻辑，并能够快速运行，因为需要频繁地运行它们，这意味着不能有延迟。因此，实际的单元测试不使用任何服务，它们不连接到数据库，也不发出 HTTP 请求，它们除了执行生产代码的逻辑，基本上什么都不做。

我们需要执行上述操作的测试，但这种测试不是单元测试。集成测试从更广阔的视角出发对功能进行测试，它们模拟用户的行为。由于集成测试连接到外部系统和服务，因此运行时需要的时间更长、付出的代价更高。一般而言，我们希望有大量单元测试，它们运行速度快，以便频繁地运行它们，而集成测试（如针对合并请求的集成测试）运行得不那么频繁。

模拟对象虽然很有用，但滥用它们可能导致代码坏味乃至反模式。详细介绍如何使用模拟对象前，我们在下面先来讨论这个问题。

1）有关修补和模拟的注意事项

前面说过，单元测试可以帮助我们编写出更好的代码，因为一旦我们开始考虑如何测试代码，就将认识到该如何改进代码使其更容易测试。代码越容易测试，就越整洁（更内聚、粒度更细、被分成更小的组件等）。

另一个好处是，测试可以帮助我们在原本以为正确的代码中发现坏味。一个表明代码存在坏味的迹象是，为编写简单的测试用例，必须使用猴子补丁或模拟对象来替代大量事物。

模块 unittest 提供了一个对象修补工具——unittest.mock.patch。

在这里，修补意味着替换原始代码（在导入时使用字符串指出其位置）。如果没有提供替代对象，默认将使用标准的模拟对象，它接收所有的方法调用和属性访问。

修补函数 unittest.mock.patch 在运行阶段替换代码，这样做的缺点是，由于无法接触原始代码，因此测试不那么深入。这还会影响性能，对象是在运行阶段由解释器进行修改的，这会带来开销；另外，如果以后重构代码并移动了对象，可能必须修改修补函数，因为其中使用的字符串可能不再有效。

在测试中使用猴子补丁或模拟对象可能是可以接受的，这种做法本身不会带来问题，但如果需要大量地使用猴子补丁，就昭示着代码需要改进。

例如，测试函数时如果遇到困难，可能昭示着这个函数太大，应将其分成几个；同理，测试一段代码时，如果需要使用侵入式猴子补丁，可能昭示着这些代码过度依赖，应转而使用依赖注入。

2）使用模拟对象

在单元测试中，有多种类型的对象都被称为测试替身。测试替身是在测试套件中用于替代实际对象的对象，这样做的原因多种多样（可能是不需要实际的生产代码，只需使用哑对象就行，也可能是因为实际对象需要访问服务或会给单元测试带来不良的副作用等）。

测试替身多种多样，如哑对象、桩对象、"间谍"和模拟对象。

模拟对象是最通用的对象类型，它灵活而又功能齐备，因此适用于所有场景，同时不要求你了解太多其他的细节。正因为如此，Python 标准库提供了这种对象，同时它在大多数 Python 程序中都很常见。这里将使用 Python 标准库提供的这种对象——unittest.mock.Mock。

Mock 对象是根据规范和一些配置的响应创建的对象，通常类似于生产类的对象。配置的响应指定了在特定方法被调用时，Mock 应返回什么，还有 Mock 的行为是什么样的。Mock 对象在内部状态中记录自己是如何被调用的（使用的是什么样的参数、调用了多少次等），我们可以在稍后阶段使用这些信息来验证应用程序的行为。

在 Python 中，标准库中的 Mock 对象提供了出色的 API，让你能够执行各种行为断言，如检查模拟对象被调用了多少次、使用哪些参数等。

模拟对象的类型

Python 标准库模块 unittest.mock 提供了对象 Mock 和 MagicMock。Mock 是一种这样的测试替身，即可配置成返回任何值并跟踪所有调用。MagicMock 与 Mock 类似，但同时支持魔法方法。这意味着如果你编写了使用魔法方法的惯常代码（且要测试的代码依赖于这种方法），很可能将使用 MagicMock 实例，而不仅仅是 Mock 实例。

在被测试的代码需要调用魔法方法时，如果你试图使用 Mock，将导致错误。请参阅下面的代码：

```python
class GitBranch:
    def __init__(self, commits: List[Dict]):
        self._commits = {c["id"]: c for c in commits}

    def __getitem__(self, commit_id):
        return self._commits[commit_id]

    def __len__(self):
        return len(self._commits)


def author_by_id(commit_id, branch):
    return branch[commit_id]["author"]
```

下面是两个测试，其中一个测试函数 author_by_id，另一个调用了这个函数。第二个测试只是调用函数 author_by_id（而并不测试它），因此可向它传递任何参数值，且只需检查它返回了值：

```python
def test_find_commit():
    branch = GitBranch([{"id": "123", "author": "dev1"}])
    assert author_by_id("123", branch) == "dev1"


def test_find_any():
    author = author_by_id("123", Mock()) is not None
    # ... rest of the tests..
```

这不可行，与预期的完全一致：

```
def author_by_id(commit_id, branch):
>   return branch[commit_id]["author"]
E   TypeError: 'Mock' object is not subscriptable
```

但使用 MagicMock 时可行。我们甚至配置了这个模拟对象的魔法方法 __getitem__，使其返回控制测试的执行所需的值：

```
def test_find_any():
    mbranch = MagicMock()
    mbranch.__getitem__.return_value = {"author": "test"}
    assert author_by_id("123", mbranch) == "test"
```

一个测试替身用例

为说明模拟对象的一种可能用法，需要在前面的应用程序中添加一个组件，它将负责告知合并请求的构建状态。构建结束后将调用这个对象，并向它提供合并请求的 ID 和构建状态，而它将向特定的端点发送一个 HTTP POST 请求，从而根据这些信息更新合并请求的状态：

```
# mock_2.py

from datetime import datetime
import requests
from constants import STATUS_ENDPOINT


class BuildStatus:
    """The CI status of a pull request."""

    @staticmethod
    def build_date() -> str:
        return datetime.utcnow().isoformat()

    @classmethod
    def notify(cls, merge_request_id, status):
        build_status = {
            "id": merge_request_id,
            "status": status,
            "built_at": cls.build_date(),
        }
        response = requests.post(STATUS_ENDPOINT, json=build_status)
        response.raise_for_status()
        return response
```

这个类有很多副作用，其中一个是重要的外部依赖，很难避免。为其编写测试时，如果不修改任何内容，测试将在试图建立 HTTP 连接时出现连接错误，进而以失败告终。

测试时，我们只想确定正确地创建了信息以及在调用 requests 库时使用了合适的参数。由于模块 requests 是外部依赖，我们不想测试它；相反，只需确定正确地调用了它就够了。

为检查发送给这个库的数据，将面临的另一个问题是，BuildStatus 类计算当前时间戳，而当前时间戳在单元测试中是无法预测的。datetime 是使用 C 语言编写的，无法直接模拟；有些外部库（如 freezegun）能够模拟 datetime，但使用它们会降低性能，而且对这个示例来说，这犹如牛刀杀鸡。因此，我们选择将这项功能放在一个静态方法中，而静态方法是可以模拟的。

确定要替换的代码后，我们来编写单元测试：

```
# test_mock_2.py

from unittest import mock

from constants import STATUS_ENDPOINT
from mock_2 import BuildStatus
@mock.patch("mock_2.requests")
def test_build_notification_sent(mock_requests):
    build_date = "2018-01-01T00:00:01"
    with mock.patch(
        "mock_2.BuildStatus.build_date",
        return_value=build_date
    ):
        BuildStatus.notify(123, "OK")

    expected_payload = {
        "id": 123,
        "status": "OK",
        "built_at": build_date
    }
    mock_requests.post.assert_called_with(
        STATUS_ENDPOINT, json=expected_payload
    )
```

我们首先将 mock.patch 用作装饰器以替换模块 requests，这将创建一个模拟对象，而这个对象将作为参数（这里为参数 mock_requests）传递给测试。接下来，再次使用了这个函数，但将其作为上下文管理器，这旨在修改 BuildStatus 类中计算构建时间的方法的返回值：将返回值替换为我们控制的值，以便在后面的断言中使用它。

完成上述任务后，就可以使用一些参数调用类方法 notify，并使用这个模拟对象来检查它是如何被调用的。在这里，我们使用这个方法来检查是否使用所需的参数调用了 requests.post。

这是模拟对象的一项出色的功能：不仅能够隔离所有外部组件（这里旨在避免发送通知及发出 HTTP 请求），还提供了很有用的 API，让你能够验证调用及其参数。

这里虽然能够通过设置模拟对象来测试代码，但在实现主功能的代码行中，被替换的代码行所占的比例相当高。相对于被测试的代码总量，必须模拟的代码量占多大比例合适呢？没有明确的规定，但仅凭常识就知道，如果必须替换大量的对象，就说明抽象不明确，很可能存在坏味。

可在替换外部依赖的同时，使用夹具来指定一些全局配置。例如，通常应该禁止所有单元测试执行 HTTP 调用，为此可在单元测试子目录中的 pytest 配置文件（tests/unit/conftest.py）中添加一个夹具：

```
@pytest.fixture(autouse=True)
def no_requests():
    with patch("requests.post"):
        yield
```

在所有单元测试中，都将自动调用这个函数（因为 autouse=True）。被调用时，这个函数将替换模块 requests 中的函数 post。在你自己的项目中，可采取这种方法来提高安全性，确保单元测试没有副作用。

我们将在 8.3 节将探讨如何重构代码以解决需要替换大量对象的问题。

8.3　重构

重构意味着修改代码的结构：在不改变外部行为的情况下，重新排列代码的内部表示。

例如，假设你发现一个类承担着很多职责、包含的方法很长，进而决定修改它：使用更短的方法、创建新的内部协调者、将这些职责分给多个更小的新对象。这样做时你必须小心，确保不改变这个类的原始接口、保留其所有的公有方法且不改变方法的签名。在这个类的外部观察者看来，好像什么事都没有发生（但你知道不是这样的）。

重构是一项重要的软件维护工作，但如果没有单元测试，这项工作根本无法完成（至少是不能正确地完成）。这是因为执行每项修改后，都需要确定代码依然正确。从某种意义上说，可将单元测试视为代码的外部观察者，负责确保没有违反契约。

经常需要在软件中添加新功能或以未曾预期到的方式使用它。为满足这种需求，只能对代码进行重构，使其更通用或更灵活，舍此别无他法。

重构代码时，通常要改进代码的结构并让代码更好：更通用、可读性更高或更灵活。你面临的挑战在于，必须在实现这些目标的同时，确保代码的功能与修改前完全相同。换句话说，就是使用不同的代码版本支持同样的功能，这种约束意味着必须对修改后的代码运行回归测试。仅当回归测试能够自动运行时，它们才是经济实惠的；而经济实惠的自动测试非单元测试莫属。

8.3.1 代码演进

在前一个示例中，我们剔除了副作用，让代码变得易于测试，为此我们在单元测试中，将依赖于不受我们控制的外部因素的代码替换掉。这种方法很好，因为函数 mock.patch 用 Mock 对象替换指定的对象，让我们能够轻松地完成这类任务。

但缺点是我们必须以字符串的方式指定要模拟的对象的路径，包括其所属的模块。这样的代码有点脆弱，因为如果对代码进行重构（如对文件重命名或将其移到其他地方），所有使用了 mock.patch 的地方都必须更新，否则测试将不能运行。

在那个示例中，方法 notify() 直接依赖于模块 requests 的实现细节，这是一个设计问题。换而言之，这是导致单元测试存在前述脆弱性的罪魁祸首。

重构这些代码后，依然需要用替身（模拟对象）替换这些方法，但可以在这方面做得更好。下面将这些方法分成更小的方法，最重要的是注入依赖，避免它是固定的。这样修改后，代码遵循了依赖倒置原则，可使用支持接口（这里是隐式接口，如模块 requests 提供的接口）的对象来工作：

```python
from datetime import datetime

from constants import STATUS_ENDPOINT


class BuildStatus:

    endpoint = STATUS_ENDPOINT

    def __init__(self, transport):
        self.transport = transport

    @staticmethod
    def build_date() -> str:
        return datetime.utcnow().isoformat()

    def compose_payload(self, merge_request_id, status) -> dict:
```

```
        return {
            "id": merge_request_id,
            "status": status,
            "built_at": self.build_date(),
        }

    def deliver(self, payload):
        response = self.transport.post(self.endpoint, json=payload)
        response.raise_for_status()
        return response

    def notify(self, merge_request_id, status):
        return self.deliver(self.compose_payload(merge_request_id,
status))
```

我们分解了方法（注意到方法 notify 调用方法 compose_payload 和 deliver），添加了新方法 compose_payload()（以便可以使用 Mock()，而无须使用 mock.patch），并要求注入依赖 transport。transport 为依赖，将其替换为所需的替身容易得多。

甚至可以使用夹具来将这个对象替换为所需的替身：

```
@pytest.fixture
def build_status():
    bstatus = BuildStatus(Mock())
    bstatus.build_date = Mock(return_value="2018-01-01T00:00:01")
    return bstatus


def test_build_notification_sent(build_status):

    build_status.notify(1234, "OK")

    expected_payload = {
        "id": 1234,
        "status": "OK",
        "built_at": build_status.build_date(),
    }
    build_status.transport.post.assert_called_with(
        build_status.endpoint, json=expected_payload
    )
```

第 1 章说过，整洁代码的目标是易于维护，可对其进行重构，进而随着新需求的出现不断扩展和演进。在这方面，测试可以提供极大的帮助。鉴于测试如此重要，在代码的演进过程中，也需要重构测试，确保它们依然相关而有用。这个主题将在 8.3.2 小节讨论。

8.3.2　需要演进的并非只有生产代码

我们反复强调说单元测试与生产代码一样重要。既然我们万分小心，在生产代码中创建最好的抽象，为何不以同样的方式对待单元测试呢？

如果单元测试与主代码一样重要，那么明智的选择是，在设计时就考虑可扩展性，让它们尽可能易于维护。毕竟这些代码将由其他的工程师（而不是编写它们的人）来维护，因此必须易于阅读。

我们为何要如此关注代码的灵活性呢？因为需求会随时间的推移不断发展变化，最终当领域业务规则发生变化时，代码也必须修改，以支持这些新需求。为支持新需求而修改生产代码后，也必须修改测试代码，以支持新版本的生产代码。

在本章开头的一个示例中，我们为合并请求对象创建了一系列测试，旨在尝试不同的组合并检查合并请求的状态。这很好，但还可以做得更好。

对问题有了更深入的认识后，便可着手创建更好的抽象。就这个例子而言，我们首先想到的是，可创建一个更高级的抽象来检查特定的条件。例如，如果有一个对象，它是一个专门针对 MergeRequest 类的测试套件，我们就知道其功能取决于 MergeRequest 类的行为（因为它必须遵守 SRP），因此我们可在其中创建特定的测试方法。虽然这些测试方法只适用于 MergeRequest 类，但有助于减少大量的样板代码。

可以创建一个封装断言的方法，并在所有的测试中使用它，从而避免反复编写结构完全相同的断言：

```python
class TestMergeRequestStatus(unittest.TestCase):
    def setUp(self):
        self.merge_request = MergeRequest()

    def assert_rejected(self):
        self.assertEqual(
            self.merge_request.status, MergeRequestStatus.REJECTED
        )

    def assert_pending(self):
        self.assertEqual(
            self.merge_request.status, MergeRequestStatus.PENDING
        )

    def assert_approved(self):
        self.assertEqual(
            self.merge_request.status, MergeRequestStatus.APPROVED
        )
```

```
    def test_simple_rejected(self):
        self.merge_request.downvote("maintainer")
        self.assert_rejected()

    def test_just_created_is_pending(self):
        self.assert_pending()
```

如果检查合并请求状态的方式发生了变化（如要添加额外的检查），需要修改的地方将只有一个（方法 assert_approved()）。更重要的是，通过创建这些更高级的抽象，原本只是单元测试的代码逐渐演变成了测试框架，有自己的 API 或领域语言，让测试工作变得更像声明。

8.4　再谈测试

通过本章前面的介绍，你知道了如何测试代码、从如何测试的角度考虑设计，以及在项目中配置工具以自动运行让你对软件质量有一定信心的测试。

既然对代码的信心取决于为之编写的单元测试，那么如何知道单元测试是否充足呢？如何确定对测试场景有充分的考虑，没有遗漏测试呢？这些测试是否正确由谁说了算呢？即谁来对测试进行测试呢？

对于编写的测试是否充分的问题，可通过基于属性的测试来回答。

对于后几个问题，从不同的角度看时可能有不同的答案，但这里只简要地介绍变异测试，它可用来确定测试是否正确。从这种意义上说，可以认为单元测试不仅可用来检查主生产代码是否正确，还可用来检查单元测试本身是否正确。

8.4.1　基于属性的测试

基于属性的测试（property-based testing）指的是为测试用例生成数据，以找出会导致代码失败但以前的单元测试未涵盖的场景。

hypothesis 是用于执行基于属性的测试的主要库，它与单元测试一起配置，可帮助我们找出导致问题失败的有问题的数据。

可以想见，这个库所做的是为代码找出反例。我们编写生产代码（及其单元测试），进而宣称它是正确的。有了这个库后，可定义一个对代码来说成立的假设，如果存在该断言不成立的情形，hypothesis 将提供一组导致断言不成立的数据。

单元测试的优点在于促使我们对生产代码做更深入的思考，而 hypothesis 的优点在于促使我们对单元测试做更深入的思考。

8.4.2　变异测试

你知道，测试是正规的验证方法，用于确保代码是正确的，那么由什么来确保测试是正确的呢？你可能认为是生产代码，没错，从某种意义上说，这种回答是正确的，可将主代码视为测试的一个制衡因素。

编写单元测试旨在消除 bug，并通过测试找出我们不希望在生产环境中发生的失败场景。测试通过了很好，但如果是因为错误的原因而通过的，那就很糟糕。换而言之，可将单元测试作为自动化的回归工具：如果以后有人在代码中引入了 bug，我们希望至少有一个测试能够捕获它，进而不能通过。如果没有任何测试捕获这个 bug，就说明要么缺少一个测试，要么既有的测试没有执行正确的检查。

这就是变异测试背后的理念。运行变异测试工具时，代码将被修改为新版本（被称为突变体）；这些新版本是原始代码的变种，是通过修改代码的逻辑（如更换运算符、反转条件等）得到的。

优良的测试套件能够捕获并消灭这些突变体，这意味着测试是可以指望的。在这个实验中，如果有突变体存活下来了，这通常是个不祥的征兆。当然，这不完全准确，因此我们可能想忽略中间状态。

为快速演示变异测试的工作原理，让你对其有实际的认识，将使用根据赞成人数和反对人数确定合并请求状态的代码的另一个版本。这次，我们将这些代码修改为简单版本：根据赞成和反对人数返回结果。我们将状态常量枚举移到了一个独立的模块中，这让代码更紧凑：

```python
# File mutation_testing_1.py
from mrstatus import MergeRequestStatus as Status


def evaluate_merge_request(upvote_count, downvotes_count):
    if downvotes_count > 0:
        return Status.REJECTED
    if upvote_count >= 2:
        return Status.APPROVED
    return Status.PENDING
```

接下来，添加一个简单的单元测试，它检查一个条件及其预期的结果：

```python
# file: test_mutation_testing_1.py
class TestMergeRequestEvaluation(unittest.TestCase):
    def test_approved(self):
        result = evaluate_merge_request(3, 0)
        self.assertEqual(result, Status.APPROVED)
```

现在，使用 pip install mutpy 安装 mutpy——一款用于 Python 的变异测试工具。下面的代码对不同的版本执行变异测试，具体的版本是通过环境变量 CASE 指定的：

```
$ PYTHONPATH=src mut.py \
    --target src/mutation_testing_${CASE}.py \
    --unit-test tests/test_mutation_testing_${CASE}.py \
    --operator AOD `# delete arithmetic operator`\
    --operator AOR `# replace arithmetic operator` \
    --operator COD `# delete conditional operator` \
    --operator COI `# insert conditional operator` \
    --operator CRP `# replace constant` \
    --operator ROR `# replace relational operator` \
    --show-mutants
```

如果你对版本 2 执行前面的命令（也可使用命令 make mutation CASE=2），结果将类似于下面这样：

```
[*] Mutation score [0.04649 s]: 100.0%
   - all: 4
   - killed: 4 (100.0%)
   - survived: 0 (0.0%)
   - incompetent: 0 (0.0%)
   - timeout: 0 (0.0%)
```

这是个好兆头。我们以一个突变体为例，对发生的情况进行分析。在输出中，显示的一个突变体如下：

```
- [# 1] ROR mutation_testing_1:11 :
------------------------------------------------------
 7: from mrstatus import MergeRequestStatus as Status
 8:
 9:
10: def evaluate_merge_request(upvote_count, downvotes_count):
~11:     if downvotes_count < 0:
12:         return Status.REJECTED
13:     if upvote_count >= 2:
14:         return Status.APPROVED
15:     return Status.PENDING
------------------------------------------------------
[0.00401 s] killed by test_approved (test_mutation_testing_1.
TestMergeRequestEvaluation)
```

注意到这个突变体是通过修改原始版本中第 11 行的运算符（将>改为<）得到的，而结果表明这个突变体被测试消灭了。这意味着使用这个版本（设想有人错误地做了这里的修改）时，函数的结果为 APPROVED，但测试期望的结果为 REJECTED，因此测

试未通过，这是个好兆头，说明测试捕获了引入的 bug。

变异测试是一种确保单元测试质量的不错方式，但需要投入额外的精力，还需细心地分析。在复杂环境中使用这种工具时，必须花些时间对每个场景进行分析。另外，运行这些测试需要付出很高的代价，因为需要多次运行代码的不同版本，这可能占用太多资源，还可能需要很长时间才能完成。然而，如果必须人工完成这些检查，付出的代价将更高，需要投入的精力也多得多。根本不执行这些检查可能更危险，因为没法保证测试的质量。

8.4.3　常见的测试概念

这里简要地介绍一些概念，考虑如何测试代码时最好将它们牢记在心，因为它们会反复出现，熟悉它们将大有裨益。

为代码设计测试时，这些概念通常是你要考虑的重点，因为它们让测试残酷无情。编写单元测试时，你心里想的应该是怎么让代码出问题：你想要找到错误，以便能够修复它们，避免它们溜进生产环境（如果出现这种情况，后果将严重得多）。

1．边界值或极值

边界值通常是麻烦的温床，因此从它们着手可能是不错的选择。看看代码，找出使用边界值设置的条件，再添加测试，确保包含了这些值。

例如，看到下面这行代码时：

```
if remaining_days > 0: ...
```

添加检查零的测试，因为在这行代码中，这像是特殊情况。

更一般地说，在检查值区间的条件中，检查区间两端的值。如果代码处理的是列表或栈等数据结构，对列表为空或栈已满的情况进行检查，并确保始终正确地设置了索引，即便值为极值。

2．等价类

等价类是集合的一部分，其中每个元素对某个函数来说都是等价的。由于在集合的这部分中，每个元素都是等价的，因此只需将其中一个作为代表，使用它来测试条件。

为列举一个简单示例，我们再来看本章前面用来演示代码覆盖率的代码：

```
def my_function(number: int):
    return "even" if number % 2 == 0 else "odd"
```

这个函数中有一条 if 语句，它根据条件返回不同的值。

要简化这个函数的测试工作，可定义测试输入值集合 S——由所有整数组成的集合。这个集合可分成两部分——偶数和奇数。

由于这些代码对于偶数执行一种操作，对于奇数执行另一种操作，因此可以说奇数和偶数就是测试条件。具体地说，对于每个条件，只需使用相应子集中的一个元素进行测试，仅此而已。换而言之，使用 2 进行测试与使用 4 进行测试的效果相同（在这两种情况下，执行的逻辑相同），因此无须同时使用它们来测试，而只需使用其中的一个。对 1 和 3（或其他任何奇数）来说，情况也一样。

可以将这些有代表性的元素分为两类参数，并使用装饰器@pytest.mark.parametrize 来运行相同的测试。重要的是确保覆盖了所有场景，同时不重复元素（即不添加两个将同一个子集中的元素作为参数的参数化，因为这样做不会增加任何价值）。

按等价类进行测试有两个好处：一是可避免使用不会给测试场景增加任何价值的新值进行重复测试；二是如果穷尽了所有场景，测试的场景覆盖率将很高。

3．边缘情况

最后，为你能够想到的所有边缘情况添加测试。这在很大程度上随业务逻辑和代码的具体情况而异，且与针对边界值进行测试的理念有些重叠。

例如，对于处理日期的代码，确保使用闰年、2 月 29 日以及元旦附近的日期进行测试。

到目前为止，我们都假定先编写代码，再编写测试。这是典型情况，毕竟在大多数情况下，你处理的都是既有代码库，而不是白手起家。

还有一种不同的做法：先编写测试，再编写代码。这可能是因为你开发的是全新项目或特性，而你想在编写实际生产代码前知道它将是什么样的；也可能是因为代码库存在缺陷，而你想编写测试来重现它，而不是直接进行修复。这被称为测试驱动开发（Test-Driven Design，TDD），将在 8.4.4 小节讨论。

8.4.4　测试驱动开发简介

市面上都有 TDD 专著，因此本书不可能全面介绍这个主题。然而，这个主题如此重要，必须说一说。

TDD 背后的理念是，应先编写测试，再编写生产代码，因为从某种程度上说，仅当测试因缺失功能实现而不能通过时，才编写生产代码。

为何要先编写测试再编写代码呢？原因有多个。从实用主义的角度看，这样测试将非常准确地覆盖代码。由于所有生产代码都是为响应单元测试而编写的，因此缺失与功能对应的测试的可能性极低（当然，这并不意味着覆盖率为 100%，但至少所有的主函数、方法和组件都有对应的测试，即便没有完全覆盖它们）。

TDD 的工作流程非常简单，大致由如下 3 步组成。

（1）编写一个单元测试，对代码的行为进行描绘。这要么是实现还不存在的新功能的代码，要么是不能正确运行的既有代码，在第二种情况下，测试描绘的是希望出现的场景。首次运行该测试时，必然不能通过。

（2）在确保测试通过的情况下，对代码做尽量少的修改。现在测试应该能够通过。

（3）对代码进行改进（重构），并再次运行测试，确保代码依然能够正确地运行。

这个循环俗称红灯-绿灯-重构，意思是说，在刚开始时测试不能通过（亮起红灯），然后我们让它能够通过（亮起绿灯），接着进行重构并进入下一次迭代。

8.5　小结

单元测试是一个有趣而深奥的问题，更是整洁代码的重要组成部分。单元测试是决定代码质量的终极因素，还常常是代码的铜鉴：如果代码易于测试，就说明它清晰而设计正确，而这一点将在单元测试中反映出来。

单元测试的代码与生产代码一样重要。适用于生产代码的原则都适用于单元测试，这意味着应像生产代码一样尽心尽力地设计和维护单元测试。如果对单元测试漠不关心，它们将逐渐出现问题和缺陷，变得毫无用处。在这种情况下，单元测试将难以维护，进而成为累赘，这会让情况进一步恶化，因为大家通常要么对它们无视，要么完全禁用它们。这是最糟的情况，一旦出现，整个生产代码都将处于危险的边缘。盲目求快而不编写单元测试无疑是自找麻烦。

所幸 Python 提供了很多单元测试工具，有些包含在标准库中，有些可通过 pip 安装。它们可以提供极大的帮助，从长远看，值得花时间去配置它们。

你已了解到，单元测试是程序的正式规范，还是软件按规范工作的证明。你还了解到，在发现新的测试场景方面，总是有改进的空间，因此总是能够创建更多的测试。从这种意义上说，应采取各种不同的方法（如基于属性的测试和变异测试）对单元测试进行扩展，这是一项不错的投资。

我们会在第 9 章介绍设计模式及其在 Python 的适用情况。

8.6　参考资料

下面列出了本章涉及的文献，以供参考。

- Python 标准库中的模块 unittest 包含有关如何着手构建测试套件的综合性文档。
- Hypothesis 网站。
- Pytest 官方文档。
- Eric S. Raymond 的著作 *The Cathedral and the Bazaar: Musings on Linux and Open Source by an Accidental Revolutionary (Cat B)*（O'Reilly Media 出版社，1999 年出版）。
- Refactoring 网站。
- Glenford J. Myers 的著作 *The art of software testing* 第 3 版（Wiley 出版社，2011 年 11 月 8 日出版）。
- Writing testable code。

第 9 章
常见设计模式

设计模式最初由著名的四人组（Gang of Four，GoF）在其著作 *Design Patterns: Elements of Reusable Object-Oriented Software* 中提出，自此以后这个主题在软件工程领域得以广泛传播。设计模式可以帮助解决常见的问题，这是使用适合特定场景的抽象实现的。在实现正确的情况下，设计模式可以改善解决方案的总体设计。

本章介绍一些常见的设计模式，但不涉及如何在特定情况下应用现成的设计模式，而分析设计模式对编写整洁代码有何帮助。给出实现设计模式的解决方案后，我们将进行分析，指出如果最初选择了不同的路径，最终的实现更好。

通过这样的分析，你将明白如何在 Python 中具体地实现设计模式。这将让你意识到，Python 的动态特征使得设计模式的 Python 实现与静态类型语言实现之间存在一些差异（很多设计模式都源自静态类型语言）。这意味着 Python 中的设计模式有一些独特之处。在有些情况下，如果试图应用并不适用的设计模式，编写出的代码将不符合 Python 的语言习惯。

本章涵盖如下主题。

- 常见设计模式。
- 在 Python 中不适用的设计模式及其符合 Python 语言习惯的替代解决方案。
- 以符合 Python 语言习惯的方式实现常见的设计模式。
- 优良的抽象是如何自然而然地演变成模式的。

通过前面的学习，你现在能够从较高的层级对设计进行分析，同时从详细实现的角度思考（如何使用 Python 特性以效率最高的方式编写代码）。

本章讨论如何使用设计模式让代码更整洁，我们先来说说在 Python 中使用设计模式时需要注意的事项。

9.1　在 Python 中使用设计模式时需要注意的事项

面向对象的设计模式属于软件构建理念，在处理问题模型时经常能派上用场。设计模式是高层次的理念，不与特定的编程语言挂钩，而是有关应用程序中对象如何交互的通用概念。当然，设计模式也包含实现细节，这些细节随使用的语言而异，并非设计模式的精髓所在。

设计模式的精髓在其理论方面。设计模式是一种抽象理念，阐述了解决方案中的对象布局。探讨面向对象设计和设计模式的著作和其他资源可谓是汗牛充栋，因此这里专注于设计模式的 Python 实现的细节。

鉴于 Python 的特征，有些经典设计模式在 Python 中并不需要，这意味着 Python 支持的特性以不可见的方式提供了这些模式。有人反对说，这些模式在 Python 中并不存在，但别忘了，不可见并不意味着不存在。它们融入了 Python 的血液中，因此你很可能都意识不到它们的存在。

还有一些设计模式的 Python 实现要简单得多，这也是拜 Python 的动态特征所赐。其他设计模式的 Python 实现几乎与其他语言实现相同——差别很小。

要编写整洁的 Python 代码，重要的是知道该使用什么模式以及如何实现它们，这意味着要明白 Python 已经实现了哪些模式以及该如何使用它们。例如，如果你试图像在其他语言中那样，根据迭代器模式的标准定义来实现它，编写出的代码将完全不符合 Python 语言习惯，因为前面说过，迭代已融入 Python 的血液中，因此你可以创建可直接在 for 循环中使用的对象。

有些创建型模式的情况与此类似。类属于常规对象，函数亦如此。正如你在本书前面的示例中看到的，可传递它们、装饰它们、给它们重新赋值等。这意味着无论你要对对象做什么样的定制，都不太可能需要使用工厂类。另外，Python 中没有专用的对象创建语法（例如，没有关键字 new），这是在大多数情况下，简单的函数调用就能获得与工厂同样效果的另一个原因。

除上述模式外，其他模式在 Python 中还是需要的。你将看到，通过做细微的调整，可让这些模式更符合 Python 语言习惯，从而充分利用 Python 提供的特性（魔法方法或标准库）。

并非所有模式的使用频率和有用程度都相同，因此我们将专注于主要的模式（在应用程序中常出现的模式），并从实用主义的角度探讨它们。

9.2 设计模式实战

GoF 编著的 *Design Patterns: Elements of Reusable Object-Oriented Software* 一书介绍了 23 种设计模式，并将它们分成了三类：创建型、结构型和行为型。还有其他模式以及这些模式的变种，这里并非要让你对这些模式滚瓜烂熟，而要让你牢记两点。首先，在 Python 中，有些模式是不可见的，你很可能在不知不觉中使用了它们；其次，并非所有模式的使用频率都一样，有些很有用，因此使用频率极高，而有些只适用于特定情形。

本节将重温常用的设计模式，它们很可能浮现在你的设计中。请注意，这里使用了"浮现"一词，这意味着不应强行在解决方案中使用设计模式，而应通过演进、重构和改善解决方案，让设计模式浮现出来。

因此，设计模式不是被发明的，而是被发现的。当某种场景在代码中反复出现时，你就能发现通用的类、对象和相关组件布局，进而将这种布局与特定的设计模式挂钩。

设计模式的名称涵盖了很多概念，这可能是设计模式的最大优点——提供了一种设计语言。通过设计模式，可更轻松而有效地交流设计理念。当多位软件工程师有共同语言时，如果其中一位提到策略设计模式，其他软件工程师马上就会想到其中涉及的所有类、这些类之间的关系、这些类使用的机制等，而无须再次阐述策略设计模式的含义。

你将发现，本章列出的设计模式代码与正规或预想的代码不同，其中的原因有多个。首先，这些示例采取了更实用的方法，旨在提供适用于特定场景的解决方案，而不是探讨一般性设计理论。其次，这些模式是使用 Python 实现的，打上了 Python 烙印，这些烙印有时不那么明显，有时显而易见，但代码通常都得到了简化。

9.2.1 创建型模式

在软件工程中，创建型模式指的是处理对象实例化的模式，力图消除大部分复杂性（如确定用于初始化对象的参数、可能需要的所有相关对象等），从而向用户提供更简单、使用起来更安全的接口。对象创建方式可能带来设计问题或导致设计更复杂，创建型模式通过控制对象创建解决了这个问题。

在 5 种对象创建型模式中，我们将重点讨论单例模式以及用于替代单例模式变种的 Borg 模式（Python 应用程序中常用的模式），并讨论 Borg 模式的不同之处和优势。

1. 工厂模式

本章开头说过，Python 的一个重要特征是，一切皆对象，可以用相同的方式对待它们。这意味着在可对其做什么和不可做什么方面，类、函数和自定义对象没什么不同，它们都可作为参数进行传递、被赋值等。

正因为如此，很多工厂模式在 Python 中通常都是不需要的。我们只需定义一个创建对象的函数，并通过参数将要创建的对象所属的类传递给它。

在本书前面的一个示例中，使用了 pyinject 库来帮助注入依赖和初始化复杂对象，这个示例就有点工厂的味道。需要处理复杂的设置工作，并确保使用依赖注入来初始化对象（以免重复）时，可使用类似于 pyinject 这样的库，或在代码中设计类似的结构。

2. 单例模式和共享状态（单态）模式

在 Python 中，并没有完全实现单例模式。事实上，在大多数情况下，要么根本不需要单例模式，要么使用它是个馊主意。单例问题多多（毕竟，单例就是面向对象软件中的全局变量，因此使用它们属于糟糕的做法）。对于单例，难以进行单元测试，单例随时都可能被任何对象修改，这导致它们难以预测，另外，单例的副作用也可能是个大问题。

一般而言，应尽可能避免使用单例。如果遇到极端情况，必须使用单例，在 Python 中最简单的方法是使用模块来实现。我们可以在模块中创建一个对象，这样在导入该模块的任何地方都可以使用这个对象。Python 本身已确保模块为单例，因为不管在多少地方将特定模块导入多少次，都只会将这个模块的一个实例加载到 sys.modules 中，因此，在这个 Python 模块中初始化的对象是独一无二的。

请注意，这与单例不完全相同。单例旨在创建一个这样的类：不管你调用它多少次，它都返回相同的对象，而刚才介绍的理念旨在提供一个独一无二的对象。不管其所属的类是如何定义的，我们都只创建这个对象一次，然后多次使用它。这种对象有时被称为知名对象（well-known object）：有一个就够的对象。

其实你早已熟悉这种对象。就拿 None 来说吧，在整个 Python 解释器中，只需要一个 None。有些开发人员认为，在 Python 中，None 是单例，我不太同意这种看法。在我看来，None 是知名对象：所有的人都知道它，且只需要一个。True 和 False 亦如此：对于布尔值，创建多个没有意义。

1）共享状态

与其在设计中使用单例，确保不管如何调用、构建或初始化对象，都只创建一个实例，不如将相同的数据复制到多个实例中。

单态模式（SNGMONO）的理念是，可以有很多属于常规对象的实例，而无须关心它们是否是单例（将它们视为对象就好）。这种模式的优点在于，这些对象包含的信息将以完全透明的方式同步，我们无须操心这在内部是如何实现的。

这让这种模式远远胜过单例模式，因为它方便，更不容易出错，缺点也没有单例模式多（更容易测试、可创建派生类等）。

根据需要同步的信息量，可在很多不同的层级使用这个模式。

在最简单的情况下，可假定只需在所有的实例之间同步一个属性。在这种情况下，实现将很简单，只需使用一个类属性，并提供一个正确的接口，用于更新和获取这个属性的值。

我们假设有一个对象，它必须根据标签指定的版本号合并 Git 仓库中某些代码的相应版本。这个对象可能有多个实例，每当客户端调用获取代码的方法时，这个对象都将使用标签确定最新的版本。标签指定的版本号随时都可能被更新，而我们希望其他所有实例（无论是新的还是既有的）都在取回（fetch）操作被调用时使用这个新版本号，如下面的代码所示：

```python
class GitFetcher:
    _current_tag = None

    def __init__(self, tag):
        self.current_tag = tag

    @property
    def current_tag(self):
        if self._current_tag is None:
            raise AttributeError("tag was never set")
        return self._current_tag

    @current_tag.setter
    def current_tag(self, new_tag):
        self.__class__._current_tag = new_tag

    def pull(self):
        logger.info("pulling from %s", self.current_tag)
        return self.current_tag
```

如果创建多个对象，并将标签指定的版本号设置为不同的值，你将发现所有对象包含的版本号被设置为最新的值。这一点很容易验证，如下面的代码所示：

```python
>>> f1 = GitFetcher(0.1)
>>> f2 = GitFetcher(0.2)
>>> f1.current_tag = 0.3
>>> f2.pull()
0.3
>>> f1.pull()
0.3
```

如果需要更多的属性，或者要更严密地封装共享的属性，让设计更整洁，可使用描述符。

使用描述符（如下面的代码所示）解决这个问题时，虽然需要的代码更多，但也封装了更具体的职责，同时将部分代码从原始类中移走了，让这个类更内聚，并更严格地遵守了单一职责原则：

```python
class SharedAttribute:
    def __init__(self, initial_value=None):
        self.value = initial_value
        self._name = None

    def __get__(self, instance, owner):
        if instance is None:
            return self
        if self.value is None:
            raise AttributeError(f"{self._name} was never set")
        return self.value

    def __set__(self, instance, new_value):
        self.value = new_value

    def __set_name__(self, owner, name):
        self._name = name
```

除上面的优点外，现在这个模式的可重用性也更高了。如果要重复同样的逻辑，只需创建一个新的描述符对象即可，这符合 DRY 原则。

如果现在要对当前分支做同样的处理，可新增一个类属性，从而在保持类的其他部分不变的情况下，实现所需的逻辑，如下面的代码所示：

```python
class GitFetcher:
    current_tag = SharedAttribute()
    current_branch = SharedAttribute()

    def __init__(self, tag, branch=None):
        self.current_tag = tag
        self.current_branch = branch

    def pull(self):
        logger.info("pulling from %s", self.current_tag)
        return self.current_tag
```

现在，你应该对这种新方法所做的权衡和折中很清楚了。这个新实现使用的代码虽然要多些，但它是可重用的，因此从长远看，可节省代码（并避免重复相同的逻辑）。同样，在你决定是否要创建这样的抽象时，请参考 3 个或更多实例规则。

这个解决方案带来的另一个重要好处是，减少了重复的代码测试，因为只需测试 SharedAttribute，而无须测试所有使用它的代码。

在这里，通过重用代码让我们对解决方案的整体质量更有信心，因为只需为描述符对象编写单元测试，而无须为所有使用它的类编写单元测试（只要单元测试证明描述符是正确的，就可以假定使用它们的类也是正确的）。

2）Borg 模式

在大多数情况下，前面的解决方案都应该管用，但如果确实必须使用单例（这样的情况很少见），可以使用另一个更好的替代方案，只是风险更大。

这实际上是单态模式，但在 Python 中被称为 Borg 模式。这种模式的理念是，创建一个对象，它能够在同一个类的所有实例中复制其属性。虽然复制任何属性时，都要小心它可能带来不良的副作用，但相比于单例模式，这种模式还是有很多优点。

在这里，我们将前面的对象一分为二，分别用于处理 Git 标签和分支，并使用如下代码让 Borg 模式管用：

```python
class BaseFetcher:
    def __init__(self, source):
        self.source = source


class TagFetcher(BaseFetcher):
    _attributes = {}

    def __init__(self, source):
        self.__dict__ = self.__class__._attributes
        super().__init__(source)

    def pull(self):
        logger.info("pulling from tag %s", self.source)
        return f"Tag = {self.source}"


class BranchFetcher(BaseFetcher):
    _attributes = {}

    def __init__(self, source):
        self.__dict__ = self.__class__._attributes
        super().__init__(source)
```

```
def pull(self):
    logger.info("pulling from branch %s", self.source)
    return f"Branch = {self.source}"
```

这两个对象继承同一个基类，从而共享初始化方法。但在派生类中，必须再次实现初始化方法，这样 Borg 模式的逻辑才能发挥作用。这里的理念是这样的：使用一个类型为字典的类属性来存储属性，并在初始化每个对象时，都将其属性__dict__设置为这个字典。这意味着更新任何一个对象的属性__dict__时，这种修改都将在类中反映出来，还将在其他对象中反映出来，因为这些对象属于同一个类，而字典是按引用传递的可变对象。换而言之，创建新的对象时，它们将使用相同的字典，而这个字典会不断地更新。

请注意，不能将与字典相关的逻辑放在基类中，否则将导致不同类的对象共享值，这样的结果是我们不想看到的。这个样板解决方案让很多人以为它是惯用法，而不是模式。

一种符合 DRY 原则的抽象方式是，创建一个混合类，如下面的代码所示：

```
class SharedAllMixin:
    def __init__(self, *args, **kwargs):
        try:
            self.__class__._attributes
        except AttributeError:
            self.__class__._attributes = {}

        self.__dict__ = self.__class__._attributes
        super().__init__(*args, **kwargs)


class BaseFetcher:
    def __init__(self, source):
        self.source = source


class TagFetcher(SharedAllMixin, BaseFetcher):
    def pull(self):
        logger.info("pulling from tag %s", self.source)
        return f"Tag = {self.source}"


class BranchFetcher(SharedAllMixin, BaseFetcher):
    def pull(self):
        logger.info("pulling from branch %s", self.source)
        return f"Branch = {self.source}"
```

这里使用混合类来创建每个类的属性字典，以防这个字典不存在，其他的逻辑与前面相同。

这个实现应该没有任何严重的继承问题，因此它是更切实可行的替代方案。

3．构造器模式

构造器模式很有趣，它抽象了所有复杂的对象初始化工作。这个模式不依赖于 Python 的独特之处，因此它不仅适用于其他语言，也适用于 Python。

这个模式解决的是一个重要问题，但这个问题通常很复杂，主要出现在框架、库或 API 的设计中。与有关描述符的建议类似，仅当要暴露供多位用户使用的 API 时，才使用这个模式。

这个模式的理念大致是这样的：需要创建复杂对象（需要与很多其他的对象协同工作的对象）时，不让用户创建所有这些辅助对象并将它们赋给主对象，而创建一个抽象，供用户一步完成所有的任务。为此，需要有一个构造器对象，它知道如何创建各个部分并将它们组合起来。构造器对象提供了一个接口（可能是类方法），用户可以使用它来参数化有关创建的对象是什么样的信息。

9.2.2　结构型模式

当需要创建更简单的接口或更强大的对象时，结构型模式很有用，因为它们在不增加接口复杂程度的情况下扩展功能。

这些模式最大的优点在于，让你能够以整洁方式创建更有趣、功能更强大的对象。这里说的整洁方式指的是组合多个对象或众多简单而内聚的接口。在这些模式中，最整洁的是组合模式。

1．适配器模式

适配器模式可能是最简单的设计模式之一，但同时也是最有用的设计模式之一。

这种模式也被称为包装器模式，它解决了适应多个不兼容对象的接口的问题。

我们经常会遇到这样的情形：在代码中使用了一个模型（一组类），这些类都支持特定的方法，因此从这个角度来说，它们是多态的。例如，如果有多个对象，它们都使用方法 fetch() 来获取数据，那么我们想让这个接口保持不变，这样就无须大面积修改代码。

假设需要新增一个数据源，且它没有方法 fetch()。雪上加霜的是，这种类型的对象不仅不兼容，还不受我们的控制（可能这个 API 由另一个团队负责，我们不能修改代码，或者它是一个来自外部库的对象）。

我们不直接使用这个对象，而是根据需要调整其接口。完成这些工作的方式有两种。

第一种方式是，创建一个类（它继承所需的类），并给方法创建一个别名（必要时调整参数和签名），这个方法在内部调整调用，使其与所需的方法兼容。

采用继承的方式时，我们导入外部类并创建一个新类，这个新类将定义新方法，这个方法调用名称与它不同的方法。在这个示例中，假设外部依赖包含方法 search()，它只接收一个参数（因为采用的查询方式不同），因为适配器方法不但调用外部方法，还对参数做相应的变换，如下面的代码所示：

```
from _adapter_base import UsernameLookup


class UserSource(UsernameLookup):
    def fetch(self, user_id, username):
        user_namespace = self._adapt_arguments(user_id, username)
        return self.search(user_namespace)

    @staticmethod
    def _adapt_arguments(user_id, username):
        return f"{user_id}:{username}"
```

Python 支持多继承，可以利用这个特性来创建适配器（甚至像本书前面那样，创建充当适配器的混合类）。

然而，本书前面说过很多次，继承会提高耦合度（谁知道从外部库带来了多少其他的方法呢），而且不灵活。从概念上说，继承也不是正确的选择，因为继承应只用来实现具体化（继承实现"是一个"关系），在这里，一点都不确定第三方库是否提供了所需的对象（在对这个对象没有全面认识时尤其如此）。

因此，一种更佳的方法是使用组合。如果能够向前述对象提供一个 UsernameLookup 实例，代码将很简单，只需调整参数并重定向请求，如下所示：

```
class UserSource:
    ...
    def fetch(self, user_id, username):
        user_namespace = self._adapt_arguments(user_id, username)
        return self.username_lookup.search(user_namespace)
```

如果需要调整多个方法，同时能够设计出一种通用的签名调整方式，或许值得使用魔法方法__getattr()__来将请求重定向到被包装的对象。但与其他通用实现一样，这样做时必须特别小心，避免增加解决方案的复杂度。

使用__getattr__()可创建有点通用味道的适配器。这种适配器包装另一个对象，并调整该对象的所有方法（以通用方式重定向调用）。采用这种方式时务必小心，因为这将创建非常通用的抽象，因此带来的风险更大，还可能有出乎意料的副作用。如果对对象执行变换或额外的功能，并保持原始接口不变，装饰器模式是一个更好的选择，这将在本章后面介绍。

2. 组合模式

在程序的有些地方，必须处理由对象组成的对象，这将涉及两类对象——基础对象和容器对象。基础对象包含定义明确的逻辑，而容器对象将基础对象编组，我们面临的挑战是，要以完全相同的方式处理基础对象和容器对象。

这些对象呈树形排列，其中基础对象为树叶，而组合对象为中间节点。客户端可能通过任何一个节点来获得被调用的方法的结果，但组合对象也会充当客户端，此时它将传递请求以及它包含的对象（无论这些对象是叶子还是中间节点），这个过程将不断重复，直到处理完所有的对象。

设想有一个简化版的在线商店，其中有商品。假设这个商店可能将商品编组，并给成组的商品打折。每件商品都有价格，顾客付款时可直接查询。但对于成组的商品，价格需要通过计算来得到。我们有表示成组商品的对象，它将询价职责委托给每件商品，但每件商品也可能是成组的，以此类推，直到可以直接询价，而无须计算为止。

这个在线商店的实现如下所示：

```python
class Product:
    def __init__(self, name: str, price: float) -> None:
        self._name = name
        self._price = price

    @property
    def price(self):
        return self._price


class ProductBundle:
    def __init__(
        self,
        name: str,
        perc_discount: float,
        *products: Iterable[Union[Product, "ProductBundle"]]
    ) -> None:
        self._name = name
        self._perc_discount = perc_discount
        self._products = products
```

```
@property
def price(self) -> float:
    total = sum(p.price for p in self._products)
    return total * (1 - self._perc_discount)
```

这里通过特性暴露了公有接口，但将属性 price 设置为私有的。ProductBundle 类使用这个特性来计算价格：先计算所有商品的总价，再打折。

Product 对象和 ProductBundle 对象之间唯一的差别是，创建时使用的参数不同。如果要让它们完全兼容，就必须先尝试模拟相同的接口，再添加将商品加入编组中的额外方法，为此必须使用创建完整对象的接口。由于上述的细微差别，这里不需要这些额外的步骤，因此值得忍受这种细微的差别。

3. 装饰器模式

不要将装饰器模式与第 5 章介绍的 Python 装饰器混为一谈，它们有一些相似之处，但它们背后的理念有天壤之别。

这个模式让你无须使用继承就能动态地扩展对象的功能，需要创建灵活的对象时，它是不错的多继承替代品。

这里将创建一个结构，让用户指定要对对象执行的一组操作（装饰），而你将看到各个步骤是按指定顺序发生的。

下面的代码示例是查询结果生成对象的简化版，它以字典的方式返回传递给它的参数（这原本可以是 Elasticsearch 用来执行查询的对象，但这里故意没有给出分散注意力的实现细节，旨在专注于与装饰器模式相关的概念）。

在最简单的情况下，查询对象只是返回一个字典，其中包含通过参数传递给它的数据。客户端将使用这个对象的方法 render()：

```
class DictQuery:
    def __init__(self, **kwargs):
        self._raw_query = kwargs

    def render(self) -> dict:
        return self._raw_query
```

现在我们要对数据进行变换（数据进行过滤、归一化等），从而以不同的方式呈现查询结果。为此，可创建装饰器并将它们应用于方法 render()，但这不够灵活：如果要在运行时修改装饰器呢？或者要选择使用某些装饰器，而不使用其他的装饰器呢？

这里采用的设计是，创建一些新对象，它们的接口与 DictQuery 相同，功能是通过很多步骤对原始结果进行改进（装饰），但可以合并多种装饰。这些对象被串接起来，其中每个都执行原本要执行的操作，同时执行一些额外的操作，这些额外的操作就是装饰步骤。

Python 采用的是鸭子类型，因此不需要创建新的基类，并将这些新对象加入 DictQuery 所在的层次结构中，而只需创建包含方法 render() 的新类就足够了（这再次表明，并非必须使用继承才能实现多态）。这个过程如下所示：

```python
class QueryEnhancer:
    def __init__(self, query: DictQuery):
        self.decorated = query

    def render(self):
        return self.decorated.render()


class RemoveEmpty(QueryEnhancer):
    def render(self):
        original = super().render()
        return {k: v for k, v in original.items() if v}


class CaseInsensitive(QueryEnhancer):
    def render(self):
        original = super().render()
        return {k: v.lower() for k, v in original.items()}
```

QueryEnhancer 的接口与 DictQuery 的客户端期望的接口兼容，因此 QueryEnhancer 和 DictQuery 可以互换。这个对象被设计成接收一个经过装饰的查询结果，它提取其中的值、对它们进行转换并返回修改后的版本。

如果要删除所有与 False 等价的值并进行归一化以形成原始查询，可使用如下模式：

```python
>>> original = DictQuery(key="value", empty="", none=None,
upper="UPPERCASE", title="Title")
>>> new_query = CaseInsensitive(RemoveEmpty(original))
>>> original.render()
{'key': 'value', 'empty': '', 'none': None, 'upper': 'UPPERCASE',
'title': 'Title'}
>>> new_query.render()
{'key': 'value', 'upper': 'uppercase', 'title': 'title'}
```

由于 Python 的动态特征，同时在 Python 中函数是对象，因此可以用不同方式实现这个模式。可以用提供给基本装饰器对象 QueryEnhancer 的函数来实现这个模式，并将每个装饰步骤都定义为一个函数，如下面的代码所示：

```
class QueryEnhancer:
    def __init__(
        self,
        query: DictQuery,
        *decorators: Iterable[Callable[[Dict[str, str]], Dict[str, str]]]
    ) -> None:
        self._decorated = query
        self._decorators = decorators

    def render(self):
        current_result = self._decorated.render()
        for deco in self._decorators:
            current_result = deco(current_result)
        return current_result
```

客户端的代码无须做任何修改，因为这个类通过方法 render()确保了兼容性。但在内部，使用这个对象的方式稍有不同，如下所示：

```
>>> query = DictQuery(foo="bar", empty="", none=None,
upper="UPPERCASE", title="Title")
>>> QueryEnhancer(query, remove_empty, case_insensitive).render()
{'foo': 'bar', 'upper': 'uppercase', 'title': 'title'}
```

在上面的代码中，remove_empty 和 case_insensitive 都是对字典进行变换的常规函数。

在这个示例中，基于函数的方法看起来更容易理解。有时候，涉及更复杂的规则，而这些规则依赖于被装饰对象中的数据（而不仅仅是装饰结果），在这种情况下，可能采用面向对象方法是值得的，在你想要创建对象层次结构，其中每个类都表示要在设计中明示的知识时，尤其如此。

4．门面模式

门面模式是一个非常出色的模式，在你需要简化对象间交互时经常能派上用场。这个模式适用于需要交互的多个对象之间存在多对多关系的情形，在这种情况下，可在这些对象前面放置一个充当门面的中间对象，而不在任何两个对象之间都建立连接。

在这种布局中，门面充当了枢纽或唯一的联络点。有新对象要与其他对象联络时，无须通过 N 个接口同 N 个对象联络（因此关系总数为 $O(N^2)$），而直接与门面交流，而门面将相应地重定向请求。门面后面的所有对象对其他外部对象来说都是不可见的。

除将对象解耦这个主要且显而易见的好处外，这个模式还倡导使用接口更少、封装更好的更简单设计。

这个模式不仅可用于改善域问题的代码，还可用于创建更好的 API。如果你使用这个模式，并提供充当代码入口（单点真理）的单个接口，用户与暴露的功能交互时将容易得多。不仅如此，通过暴露功能并将其他一切都隐藏在接口后面，你就可以随心所欲地修改或重构代码，因为只要它们位于门面后面，就不会破坏向后兼容性，因此用户也就不会受到影响。

请注意，门面这种理念不仅适用于类和对象，还适用于包（严格地说，Python 中的包也是对象），你可以使用这种理念来确定包的布局，即包的哪些内容对用户可见，因此是可导入的，哪些内容是内部的，不能直接导入。

创建目录以构建包时，我们将文件__init__.py 和其他文件放在一起。这是模块的根目录，有点门面的味道。其他文件定义了要导入的对象，但客户端不应直接导入它们。相反，文件__init__.py 应导入它们，客户端再从这里获取。这创建了更好的接口，因为用户只需知道单个入口，可经由它来获取对象，更重要的是，可根据需要对包（其他文件）重构和或重新排列任意次，而不会影响客户端——只要文件__init__ 中的主 API 没变。要打造出易于维护的软件，务必将类似这样的原则牢记在心，这至关重要。

在 Python 中，就有一个这样的例子，它就是 os 模块。这个模块将操作系统功能分组，但在幕后使用模块 posix 来支持 POSIX（Portable Operating System Interface，可移植的操作系统接口）操作系统（在 Windows 平台中，这被称为 nt）。这里的理念是，出于可移植性考虑，不应直接导入模块 posix，而应始终导入模块 os，由该模块确定从哪个平台调用它，进而暴露相应的功能。

9.2.3　行为型模式

行为型模式旨在解决如下问题：对象该如何协作和通信以及对象的接口在运行时是什么样的。

这里主要讨论如下行为型模式。
- 职责链模式。
- 模板方法模式。
- 命令模式。
- 状态模式。

这些模式可通过继承静态地实现，也可使用组合动态地实现。在后面的示例中你将看到，无论采用什么样的模式，这些模式都可极大地改善代码，其中的原因可能是避免了重复，也可能是通过创建良好抽象封装了行为、解耦了模型。

1. 职责链模式

我们再来看看本书前面介绍的事件系统。在日志记录行（例如，HTTP 应用程序服务器转储的文本文件）中，包含有关系统中发生的事件的信息，而我们要对此进行分析，并希望能够以便利的方式提取这些信息。

在本书前面，我们实现了一个有趣的解决方案，它遵循了开/闭原则，使用魔法方法 __subclasses__()来获悉所有的事件类型，并使用合适的事件对象来处理数据，从而通过封装在类中的方法来分配职责。

这个解决方案不仅满足了我们的需求，而且可扩展性极高，但你将看到，通过使用职责链模式，还可带来其他的好处。

这里将以稍微不同的方式创建事件对象：每个事件对象依然包含确定它能否处理特定日志行的逻辑，但还有一个"下家"（successor）。"下家"指的是队列中的下一个事件对象，在前一个事件对象无法处理当前文本行时接手处理工作。这里的逻辑很简单：事件对象组成链条，其中每个都尝试对数据进行处理，能处理就返回结果，不能处理就交给下家，下家再重复这个过程，如下面的代码所示：

```python
import re
from typing import Optional, Pattern

class Event:
    pattern: Optional[Pattern[str]] = None

    def __init__(self, next_event=None):
        self.successor = next_event

    def process(self, logline: str):
        if self.can_process(logline):
            return self._process(logline)

        if self.successor is not None:
            return self.successor.process(logline)

    def _process(self, logline: str) -> dict:
        parsed_data = self._parse_data(logline)
        return {
            "type": self.__class__.__name__,
            "id": parsed_data["id"],
            "value": parsed_data["value"],
        }
```

```
    @classmethod
    def can_process(cls, logline: str) -> bool:
        return (
            cls.pattern is not None and cls.pattern.match(logline) is
not None
        )

    @classmethod
    def _parse_data(cls, logline: str) -> dict:
        if not cls.pattern:
            return {}
        if (parsed := cls.pattern.match(logline)) is not None:
            return parsed.groupdict()
        return {}

class LoginEvent(Event):
    pattern = re.compile(r"(?P<id>\d+):\s+login\s+(?P<value>\S+)")


class LogoutEvent(Event):
    pattern = re.compile(r"(?P<id>\d+):\s+logout\s+(?P<value>\S+)")
```

使用这个实现时，我们创建事件对象，并指定要按什么样的顺序依次使用它们来处理数据。这些对象都有方法 process()，因此对数据处理消息来说，它们是多态的，所有对客户端来说，不但事件对象的排列顺序是透明的，每个事件对象也是透明的。另外，所有事件对象的方法 process() 的逻辑都相同：如果当前的事件对象类型能够处理提供给它的数据，就尝试提取信息，否则就交给下家。

因此，对于登录事件，可按如下方式来处理：

```
>>> chain = LogoutEvent(LoginEvent())
>>> chain.process("567: login User")
{'type': 'LoginEvent', 'id': '567', 'value': 'User'}
```

注意到 LogoutEvent 将 LoginEvent 作为下家，因此被要求处理它无法处理的数据时，它将把数据交给正确的事件对象。从字典中的 type 键可知，这个字典实际上是 LoginEvent 创建的。

这个解决方案足够灵活，且有一个与以前的解决方案相同的特征——所有条件都是互斥的。只要没有冲突，且对于每项数据，都只有一个事件对象能够处理，事件对象的排列顺序将无关紧要。

然而，如果不能做出上面的假设呢？对于以前的实现，可修改__subclasses__()调用以获取一个满足条件的列表，从而让该实现在这种情况下依然管用。但如果要在运行时

（由用户或客户端）指定事件对象的排列顺序呢？此时以前的实现的短板便暴露出来了。

这里的解决方案能够满足这种需求，因为职责链是在运行时组装的，因此需要时可动态地操纵它。

例如，假设我们新增了一种通用事件类型，它将登录和注销事件合而为一，如下面的代码所示：

```
class SessionEvent(Event):
    pattern = re.compile(r"(?P<id>\d+):\s+log(in|out)\s+(?P<value>\S+)")
```

如果由于某种原因，需要在应用程序的某个部分先捕获这种事件，再捕获登录事件，可以使用下面的职责链：

```
chain = SessionEvent(LoginEvent(LogoutEvent()))
```

通过改变排列顺序，我们可以说通用会话事件的优先级高于登录事件，但不高于注销事件。

这个模式使用的是对象，因此与以前依赖于类的实现相比，它更灵活。虽然在 Python 中，类也是对象，但从某种程度上说无法消除僵化性）。

2．模板方法模式

在得以正确实现的情况下，模板方法模式可以带来很大的好处。主要好处包括让你能够重用代码，让对象更灵活、更容易在保留多态性的情形下进行修改。

这种模式的理念是，在类层次结构中定义某种行为，我们假定这种行为是公有接口中的一个重要方法。这个层次结构中的所有类都使用相同的模板，但可能需要修改其中的某些元素。通用逻辑放在父类的公有方法中，这个公有方法在内部调用其他私有方法，而派生类只修改这些私有方法，因此模板中所有的逻辑都得到了重用。

敏锐的读者可能注意到了，在前面的职责链示例中实现了这种模式。从 Event 派生而来的类只以独特的方式实现了一个方面，其他逻辑都放在 Event 类的模板中。方法 process 是通用的，它依赖于两个辅助方法：can_process()和_process()（它调用了_parse_data()）。

这些方法都依赖于类属性 pattern，因此要使用新的对象类型来扩展功能，只需创建一个派生类，并在其中设置正则表达式。这样，新类将继承其他的逻辑，但属性 pattern 的值不同。这重用了大量的代码，因为日志行处理逻辑在父类中定义了一次，且只定义了这一次。

这让这种设计非常灵活，因为很容易保留多态性。如果由于某种原因，需要一种新的事件对象类型，它以不同的方式分析数据，我们只需在这个子类中覆盖私有方法_parse_data()；只要这个方法的类型与原来相同（这遵循了里氏替换原则和开/闭原则），就可确保兼容性。这是因为从派生类中调用这个方法的是父类。

如果你要自己设计库或框架，这个模式也很有用。通过以这种方式排列逻辑，让用户能够轻而易举地修改类的行为：只需创建一个子类并在其中覆盖特定的私有方法，便可得到行为不同的新对象，同时符合原始对象调用者的预期。

3. 命令模式

命令模式让你能够将请求执行操作和实际执行操作的时间分开，另外，它还能够将客户端发出的请求与接收方（可能是另一个对象）分开。本节主要专注于这个模式的第一个方面：将发出命令的时间与实际执行的时间分开。

你知道，通过实现魔法方法__call__()来创建可调用的对象，这让你初始化对象后就可调用它。实际上，如果这是唯一的需求，也可以使用嵌套函数来满足：通过使用闭包，在函数中创建另一个函数，从而到达延迟执行的效果。然而，命令模式的可扩展性极高，使用嵌套函数时难以企及。

在命令被定义后，还可对其进行修改。这意味着客户端指定要执行的命令后，可能修改该命令的参数、添加更多选项等，直到终于有人决定执行这个命令。

在与数据库交互的库中，就有这样的例子。例如，在 psycopg2（一个 PostgreSQL 客户端库）中，我们建立连接并通过它获取一个游标，然后就可以向这个游标传递要执行的 SQL 语句。当我们调用方法 execute 时，对象的内部表示将发生变化，但不会在数据库中执行任何查询。当我们调用 fetchall()（或类似的方法）时，才会实际执行查询，并将数据放到游标中。

在流行的对象关系映射器（ORM）SQLAlchemy 中，也存在相同的情况。你通过多个步骤定义查询，但定义查询对象后，依然可与之交互（添加或删除过滤器、修改条件、指定排列顺序等），直到你决定要获得查询的结果为止。你调用每个方法后，查询对象都将修改其内部属性并返回自己。

我们要实现的行为与这里示例描述的行为类似。要创建这样的结构，一种非常简单的方式是，在一个对象中存储要执行的命令的参数。这个对象还必须提供用于与这些参数交互（添加或删除过滤器等）的方法。你还可以在这个对象中添加跟踪或日志功能，以便对执行的操作进行审计。最后，需要提供一个实际执行操作的方法，这可以是__call__()，也可以是自定义方法（我们称之为 do()）。

在异步编程中，这个模式很有用。异步编程使用的语法稍有不同，正如在本书前面看到的。通过将命令的发出和执行分离，可让前者依然是同步的，并让后者是异步的（假设你要异步地运行这部分，例如，使用库连接到数据库时）。

4．状态模式

状态模式是软件设计中一个典型的物化（reification）示例，它使域问题中的概念成为一个显式的对象而不仅仅是一个边值（例如，用字符串或整数标志来表示值或管理状态）。

在第 8 章，有一个表示合并请求的对象，这个对象包含一个状态（打开、关闭等）。我们使用了一个枚举来表示这些状态，因为在那个时候，它们只是存储值的数据（特定状态的字符串表示）。如果这些状态必须有某种行为，或者整个合并请求必须根据其状态和过渡情况执行相应的操作，这样做就不够。

需要在代码中添加行为（一个运行时结构）时，我们必然会从对象的角度思考，因为这正是对象做的事情。随之而来的便是物化：现在状态不能只是包含字符串的枚举，而必须是对象。

设想我们必须在合并请求中添加一些规则：当合并请求的状态从开放切换到关闭时，将删除所有的赞成票（必须重新审核代码）；当合并请求刚开放（不管是重新开放还是合并请求是全新的）时，赞成票数将被设置成零。可能还有另一个规则，那就是当合并请求得以执行时，将源分支删除，当然，我们要禁止用户执行非法的过渡（例如，关闭的合并请求不能执行等）。

如果将所有这些逻辑放在一个地方，即 MergeRequest 类中，这个类将承担大量职责（一个设计不善的征兆），它可能包含很多方法和 if 语句。这样的代码将难以理解，同时很难明白哪部分表示的是哪条业务规则。

更佳的做法是将这些职责分配给多个更小的对象，其中每个对象都承担较少的职责，为此使用状态对象是不错的选择。对于要表示的每种状态，我们都为之创建一个对象，并在这些对象的方法中实现前述规则中的过渡逻辑。然后，在 MergeRequest 对象中包含一个状态协调器，这个协调器也知道 MergeRequest（为对 MergeRequest 执行合适的操作并处理过渡，需要双重调度机制（double-dispatching mechanism））。

为此，定义一个抽象基类，指定一组要实现的方法，然后，为要表示的每种状态定义一个子类，并让 MergeRequest 对象将所有的状态操作委托给 state 去完成，如下面的代码所示：

```
class InvalidTransitionError(Exception):
    """Raised when trying to move to a target state from an unreachable
    Source
    state.
    """


class MergeRequestState(abc.ABC):
    def __init__(self, merge_request):
```

```python
        self._merge_request = merge_request

    @abc.abstractmethod
    def open(self):
        ...

    @abc.abstractmethod
    def close(self):
        ...

    @abc.abstractmethod
    def merge(self):
        ...

    def __str__(self):
        return self.__class__.__name__


class Open(MergeRequestState):
    def open(self):
        self._merge_request.approvals = 0

    def close(self):
        self._merge_request.approvals = 0
        self._merge_request.state = Closed

    def merge(self):
        logger.info("merging %s", self._merge_request)
        logger.info(
            "deleting branch %s",
            self._merge_request.source_branch
        )
        self._merge_request.state = Merged


class Closed(MergeRequestState):
    def open(self):
        logger.info(
            "reopening closed merge request %s",
            self._merge_request
        )
        self._merge_request.state = Open
```

```
        def close(self):
            """Current state."""


        def merge(self):
            raise InvalidTransitionError("can't merge a closed request")



class Merged(MergeRequestState):
        def open(self):
            raise InvalidTransitionError("already merged request")


        def close(self):
            raise InvalidTransitionError("already merged request")


        def merge(self):
            """Current state."""



class MergeRequest:
        def __init__(self, source_branch: str, target_branch: str) -> None:
            self.source_branch = source_branch
            self.target_branch = target_branch
            self._state = None
            self.approvals = 0
            self.state = Open


        @property
        def state(self):
            return self._state


        @state.setter
        def state(self, new_state_cls):
            self._state = new_state_cls(self)


        def open(self):
            return self.state.open()


        def close(self):
            return self.state.close()


        def merge(self):
            return self.state.merge()
```

```
def __str__(self):
    return f"{self.target_branch}:{self.source_branch}"
```

下面概述了其中的实现细节和设计决策。

● state 是一个特性,这不仅让 state 是公有的,还可以在单个地方定义合并请求的
   状态是如何创建的(传入参数 self)。

● 并非必须使用抽象基类,但使用它会带来好处。首先,让当前处理的对象的类型
   更明确;其次,强制要求每个子状态都必须实现这个接口的所有方法。不使用抽
   象基类,而使用简单基类时,有两种做法:

   ■ 在派生类中,不编写处理无效操作的方法,这样用户试图执行无效操作时,
      将引发异常 AttributeError。但这种做法是不正确的,而且没有明确指出发生
      了什么情况。

   ■ 使用一个简单的基类,并让这个类的所有状态操作方法都为空,但这种什么都
      不做的默认行为没有明确地指出发生了什么情况。如果子类的某个方法应该什
      么都不做(如 Merged 类中的方法 merge),最好也编写它并让它为空,从而显
      式地指出在这种情况下,应该什么都不做,而不是将这种逻辑强加给所有对象。

● MergeRequest 和 MergeRequestState 彼此引用了对方。在状态转换瞬间,没有指
   向 MergeRequest 对象的引用,该对象将作为垃圾被收集,因此这种关系必须始
   终是一对一的。考虑到一些小的和更详细的因素,可能应该使用弱引用。

下面是一些示例,演示了如何使用 MergeRequest 对象:

```
>>> mr = MergeRequest("develop", "mainline")
>>> mr.open()
>>> mr.approvals
0
>>> mr.approvals = 3
>>> mr.close()
>>> mr.approvals
0
>>> mr.open()
INFO:log:reopening closed merge request mainline:develop
>>> mr.merge()
INFO:log:merging mainline:develop
INFO:log:deleting branch develop
>>> mr.close()
Traceback (most recent call last):
...
InvalidTransitionError: already merged request
```

将状态转换操作委托给了对象 state 去完成，而 MergeRequest 始终持有这个对象（它可能是任何 MergeRequestState 子类对象）。MergeRequestState 子类对象知道如何以不同的方式响应相同的消息，因此这些对象将根据状态转换采取相应的操作（删除分支、引发异常等），再将 MergeRequest 切换到指定的状态。

由于 MergeRequest 将所有操作都委托给了对象 state，因此所有执行操作的代码都形如 self. state.open()这样。能够消除这些样板代码吗？

可以，办法是使用__getattr__()，如下面的代码所示：

```
class MergeRequest:
    def __init__(self, source_branch: str, target_branch: str) -> None:
        self.source_branch = source_branch
        self.target_branch = target_branch
        self._state: MergeRequestState
        self.approvals = 0
        self.state = Open

    @property
    def state(self) -> MergeRequestState:
        return self._state

    @state.setter
    def state(self, new_state_cls: Type[MergeRequestState]):
        self._state = new_state_cls(self)

    @property
    def status(self):
        return str(self.state)

    def __getattr__(self, method):
        return getattr(self.state, method)

    def __str__(self):
        return f"{self.target_branch}:{self.source_branch}"
```

> 💡 实现这种通用的重定向时，务必小心，因为这可能降低可读性。在有些情况下，保留一些小型样板更合适，因为这样代码的功能将更明确。

一方面，最好重用代码并删除重复的代码行，考虑到这一点，使用抽象基类就更合理了。我们要在某个地方列出所有可能的操作。在使用__getattr__前，这个地方是 MergeRequest 类，但使用__getattr__后，这些方法都没有了，因此只能到 MergeRequestState

中去寻找真相。所幸属性 state 的类型注解真的很有用，它让用户知道该去哪里寻找接口的定义。

用户只需看一眼就知道，对于 MergeRequest 没有提供的信息，向其属性 state 询问。在初始化 state 的函数的定义中，注解指出 state 是一个 MergeRequestState 对象，通过查看这个接口，用户将知道可以安全地对 state 调用方法 open()、close()和 merge()。

9.3 空对象模式

空对象模式是一种与本书前面提到的最佳实践相关的理念。这里更正式地介绍这个理念、提供更多的背景信息并做更深入的分析。

这个理念非常简单——函数和方法必须返回类型始终一致的对象。如果能保证这一点，那么代码的客户端便可以使用以多态的方式返回的对象，而无须对其执行额外的检查。

在本章前面的示例中，我们探讨了 Python 的动态特征简化了大多数设计模式。有些设计模式已不再需要，而其他的设计模式实现起来容易得多。设计模式的主要初衷是，让方法和函数无须显式地指出它为正确工作所需对象所属类的名称。为此，设计模式提议创建接口，并重新排列对象使其适应接口，以便修改设计。但在大多数情况下，在 Python 中都不需要这样做，而可以直接传递不同的对象，只要传递的对象包含必须有的方法，解决方案就管用。

然而，由于对象并非必须遵守接口，因此对于方法和函数返回的对象，我们必须加倍小心。函数不会对其收到的参数做任何假设，同理，客户端也不会对我们的代码做任何假设，因此我们必须负责提供兼容的对象。这可通过契约式设计来实施或验证。这里将探讨一个简单的模式，它可以帮助我们避免这种问题。

我们来看看 9.2 节探讨的职责链设计模式。这个模式非常灵活，还有很多优点，如将职责放在更小的对象中，从而将它们解耦。这个模式存在的一个问题是，我们无法知道最终负责处理消息的是什么对象，甚至都不知道是否有对象来处理消息。具体地说，在那个示例中，如果没有适合处理日志行的对象，方法 process()将返回 None。

我们不知道用户会如何使用我们传递的数据，但知道他们期望的是一个字典。因此，可能发生下面的错误：

```
AttributeError: 'NoneType' object has no attribute 'keys'
```

在这里，修复方案非常简单：方法 process()默认返回的值应为空字典，而不是 None。

> 确保返回的对象的类型始终一致。

然而，如果这个方法返回的不是字典，而是域中的一个自定义对象呢？

要解决这个问题，应有一个表示对象空状态的类并返回它。如果有一个表示系统中用户的类，还有一个根据 ID 查找用户的函数，那么在没有找到用户时，这个函数应采取如下两种措施之一。

● 引发异常。

● 返回一个 UserUnknown 对象。

在任何情况下，都不应返回 None。None 并不表示刚才说的情况，而调用者可能试图通过它去调用方法，这将以失败告终——引发异常 AttributeError。

本书前面讨论了异常及其优缺点，因此这里有必要指出，这个空对象应包含表示用户的对象中所有的方法，但这些方法什么都不做。

使用这种结构的优点是，不仅可以避免运行时错误，而且这个空对象本身可能很有用：可能让代码测试起来更容易，甚至可能为调试助一臂之力（可以在这些方法中执行写入日志的操作，帮助你明白为何获悉出现这种状态的原因、提供了什么样的数据等）。

通过利用几乎所有的 Python 魔法方法，可以创建一个通用的空对象，它什么都不做（不管你如何调用它），但几乎可以在任何客户端中调用它。这样的对象有点像 Mock 对象，但不建议这样做，原因如下。

● 对域问题来说，这样的对象没有意义。在前面的示例中，使用类型为 UnknownUser 的对象合乎情理，还让调用者清楚地知道查询出了问题。

● 这样的对象没有遵循原始接口，这是个问题。记住，关键是 UnknownUser 对象是用户，因此它包含的方法必须与用户相同。如果调用者不小心调用了 UnknownUser 没有的方法，将引发异常 AttributeError，这将是很好的提示。而通用空对象什么都能做、什么都能响应，因此你无法获得异常提供的信息，即便有 bug 你也无法知道。如果你选择使用 spec=User 创建一个 Mock 对象，将能够发现这种异常情况，但使用 Mock 对象表示空状态也无法实现我们的目标——提供清晰易懂的代码。

这个模式是一种最佳实践，让你能够维持对象的多态性。

9.4　设计模式结语

我们参观了 Python 的设计模式王国，在此过程中，我们找到了常见问题的解决方案，还有可帮助我们实现整洁设计的新技巧。

这听起来很不错，但随之而来的问题是，设计模式有多好呢？有人认为，设计模式弊大于利，它们是为那些类型系统有限（且函数不是一等公民）的语言创建的，因为前述局限性导致这些语言无法完成使用 Python 直接就能完成的任务。还有人认为设计模式强推设计解决方案，它们带来的偏见让更出色的设计没有出头之日。我们接下来就来一一审视这些观点。

9.4.1 模式对设计的影响

设计模式本身没有好坏之分，关键看你如何实现或使用它。在有些情况下，更简单的解决方案就管用，没有必要使用设计模式。在不适合的情况下强行使用设计模式有过度设计之嫌，这显然不好，但并不代表设计模式本身有问题，在这种情况下，问题很可能跟设计模式无关。有些人什么都想过度设计，因为他们不明白软件灵活而适应性强到底是什么意思。

本书前面说过，软件是否出色无关于是否预测未来的需求（预测未来毫无意义），而只关乎是否以方便未来进行修改的方式解决当前问题。不用现在就去处理未来的需求，而只需确保足够灵活，以便未来能够进行修改即可。当未来到来时，我们依然必须牢记如下规则：仅当同样的问题至少出现 3 次后，才去考虑设计通用的解决方案或合适的抽象。

通常，等到你正确地认识了问题，并能发现模式和抽象后，才是使用设计模式的正确时机。

下面回到设计模式是否适用于 Python 语言的问题。本章开头说过，设计模式属于高层级理念，它们通常涉及的是对象之间的关系和交互。很难想象，这样的东西会从各种语言中消失。

诚然，在 Python 中，实现有些模式需要做的工作确实更少，如迭代器模式（本书前面详细讨论过，Python 内置了这个模式）和策略模式（在 Python 中，可像常规对象一样传递函数，因此不需要将策略方法封装到对象中，因为函数本身就是对象）。

但对于其他模式，实际上还是需要的，而且它们确实解决了问题，如装饰器模式和组合模式。另外，Python 本身还实现了一些模式，只是你并不总是能够看到它们，如本章前面讨论的门面模式。

至于设计模式让解决方案误入歧途的说法，你必须认真对待。再说一次，设计解决方案时，最好先从域问题的角度思考并创建正确的抽象，再看看这个设计方案中是否浮现出了设计模式。假设确实浮现出了设计模式，这能是坏事吗？既然都有问题的解决方案了，这不可能是坏事。浪费时间做无用功才是坏事，这样的情况在软件开发领域屡见不鲜。另外，模式得到了证明和验证，使用它们应该让我们对正在开发的软件的质量更有信心。

9.4.2　作为理论的设计模式

我将设计模式视为软件工程理论，这很有趣。虽然我同意代码越自然演进越好的观点，但这并不意味着应该完全无视设计模式。

设计模式能够存在是因为重新发明轮子毫无意义。对于特定的问题，如果已经有设计好的解决方案，将帮你节省点时间，因为你无须在规划设计期间琢磨相关的理念。因此，我喜欢将设计模式类比为国际象棋开局：在开局阶段，专业棋手无须考虑各种可能的组合（这种类比在第 1 章说过），因为开局都被研究透了，就像数学或物理公式一样。第一次遇到时，你需要深入研究，知道如何推导，弄懂其含义，但以后就没有必要再反复研究了。

作为软件工程从业人员，应使用设计模式理论，这可省却思考并更快地设计出解决方案。另外，设计模式不仅是交流语言，还是构建模块。

9.4.3　模型中的名称

在代码中，应指出我们使用了设计模式吗？

如果设计优良、代码整洁，这应该是不言而喻的。不建议使用设计模式的名称给元素命名，原因有两个。

- 代码的使用者和其他开发人员无须知道代码背后的设计模式，只要代码按预期的那样工作就行。
- 指出使用的设计模式不符合意图揭示原则。在类名中添加设计模式名将导致它丧失原有的部分含义。对于表示查询的类，应将其命名为 Query、EnhancedQuery，或其他能揭示其意图的名称。名称 EnhancedQueryDecorator 毫无意义，其中的后缀 Decorator 不但无助于澄清，反而会令人迷惑。

在文档字符串中指出使用的设计模式或许是可以接受的，因为文档字符串是文档，在其中指出设计理念是件好事。然而，这应该是不需要的，因为在大多数情况下，都不需要知道在代码中使用了设计模式。

在出色的设计中，设计模式对用户来说都是完全透明的。一个这样的例子是标准库中的门面模式，它让访问模块 os 的方式对用户来说是完全透明的。一个更优雅的例子是，Python 内置了迭代器设计模式，用户根本就不需要考虑它。

9.5　小结

设计模式一直被视为得到证明的常见问题解决方案，这种看法无疑是正确的，但本章从良好设计技巧的角度探讨设计模式——设计模式让代码更整洁。在大多数情况下，我们探讨的都是使用设计模式可提供良好的解决方案，以保留多态性、降低耦合度、创建封装了所需细节的正确抽象，这些特征都与第 8 章探讨的概念相关。

然而，设计模式最大的优点并非让设计更整洁，而是扩大了词汇表。设计模式是一种交流工具，我们可使用其名称来传达设计的意图。在有些情况下，不需要应用整个设计模式，而只需在解决方案中借鉴设计模式中的特定理念（如子结构），在这种情况下，设计模式也被证明是一种更有效的交流方式。

从设计模式的角度思考并创建解决方案时，将以更通用的方式解决问题。从设计模式的角度思考可让我们更接近高级设计，然后可逐渐扩大视野，更多地从架构的角度思考。解决更通用的问题后，该从长远的角度思考系统将如何演化和维护（将如何扩展、变化、调整等）。

软件项目要成功地实现这些目标，不仅其核心代码必须整洁，架构也必须整洁，这将在第 10 章探讨。

9.6　参考资料

下面列出了本章涉及的文献，以供参考。

- GoF：Erich Gamma、Richard Helm、Ralph Johnson 和 John Vlissides 的著作 *Design Patterns: Elements of Reusable Object-Oriented Software*。
- SNGMONO：Robert C. Martin 于 2002 年撰写的文章 *SINGLETON and MONOSTATE*。
- Bobby Woolf 撰写的文章 *The Null Object Pattern*。

第 10 章
整洁的架构

本章重点介绍如何综合利用本书前面探讨的概念来设计完整的系统。本章更侧重于理论，因为考虑到本章主题的性质，如果深挖底层细节，本章的内容将过于复杂。另外，这里假设你已消化了本书前面探讨的所有原则，因此本章将有意避开这些细节，将重点放在大型系统的设计上。

本章的主要学习目标如下。

- 设计长远看易于维护的软件系统。
- 通过确保质量卓有成效地开发软件项目。
- 研究适用于代码的各种概念与系统设计的关系。

本章探讨整洁代码是如何演化为整洁架构的以及为何说整洁代码是优良架构的基石。质量可靠的软件解决方案才是有效的；架构需要通过保证质量（性能、可测试性、可维护性等）来确保软件解决方案有效，而代码需要通过保证质量来确保组件有效。

我们先来探讨代码与架构的关系。

10.1 从整洁代码到整洁架构

考虑大型系统时，本书前面探讨的概念将以稍微不同的形式重新出现，本节将讨论这一点。适用于详细设计和代码的概念，也适用于大型系统和架构，这很有趣。

本书前面探讨的概念与单独的应用程序相关，这种应用程序通常是一个项目，在源代码版本控制系统（如 Git）中，这可能是一个或为数不多的几个仓库。这并不是说这些理念只适用于代码，或者说对思考架构而言毫无用处，其中的原因有两个。首先，代码是架构的基础，如果不细心编写，系统必然失败，而不管架构经过怎样的深思熟虑。

其次，本书前面介绍的有些原则不仅适用于代码，还是设计理念。设计模式就是明显的例子，它们是高级抽象，让你能够快速了解组件在架构中的位置，而无须了解代码的细节。

然而，大型企业系统通常由很多应用程序组成，因此你必须从大型设计（分布式系统）的角度思考。

10.1.1～10.1.3 小节将从整个系统的角度出发，对本书前面一直在讨论的主要主题进行探讨。

对软件架构来说，有效的就是优良的。判断软件架构的优劣时，常考虑的方面是质量属性，如可伸缩性、安全性、性能和耐用性等。这合乎逻辑，因为你希望系统面对日益加重的负载时不会崩溃，能够在一定的期限内继续工作（而无须维护），还能够扩展以支持新的需求。

然而，架构的运维方面也是决定它是否整洁的因素。正如可操作性、持续继承、变更发布的难易程度等特征也会影响系统的质量。

10.1.1　关注点分离

应用程序包含多个组件，组件的代码被分成其他子组件，如模块或包，模块被分成类或函数，而类又被分成方法。本书前面一直强调应让这些组件尽可能小，尤其是函数——函数应只做一件事且很小。

这是为什么呢？本书前面指出了几个原因。小型函数更容易理解和调试，也更容易测试。代码片段越短，为其编写单元测试就越容易。

对于应用程序的组件，我们希望它们有不同的特征——主要是高内聚和低耦合。通过将组件分为职责单一且明确的小单元，可改善结构、简化变更管理。出现新的需求时，只需修改一个地方，而其他代码不受影响。

谈论代码时，组件指的是内聚的单元（例如，可能是类）；而谈论架构时，组件指的是系统中可视为工作单元的任何东西。术语组件的含义很不明确，因此在软件架构中，对于这个术语具体指的是什么没有普遍接受的定义。工作单元这种概念的含义可能随项目而异。在发布或部署方面，组件应独立于系统的其他部分，并有自己的周期。

对 Python 项目来说，组件可以是包，也可以是服务。服务和包是两个不同的概念，粒度等级也不同，却可归为同一个类别。本书前面使用的事件系统就可视为一个组件，它是一个目标明确（充实从日志中识别的事件）的工作单元，可以独立于其他组件进行部署（不管它是一个包，还是后面将介绍的暴露了功能的服务），是整个系统的一部分，但本身不是完整的应用程序。

在本书前面的示例中，使用了符合 Python 语言习惯的代码，还强调了代码设计良好的重要性。所谓代码设计良好，指的是对象的职责单一而明确，且是隔离、正交和易于维护的。这个标准不仅适用于详细设计（函数、类、方法），也适用于软件架构中的组件。

考虑整体设计时，务必牢记良好的设计原则。

对大型系统来说，只包含一个组件可能不可取。大一统的应用程序将成为单一的真相来源，负责系统的方方面面，这将带来很多糟糕的后果——难以隔离和识别变化、难以有效测试等。

同理，如果不小心将所有代码放在一起，代码将难以维护；如果对组件不细心处理，应用程序也将面临类似的问题。

在系统中，应创建内聚的组件。根据所需的抽象程度，可能有多种实现能够达成这样的目标。

一种选择是找出可能被重用多次的通用逻辑，并将其放在一个 Python 包中，这将在本章后面详细讨论。

另一种选择是采用微服务架构，将应用程序分成多个小型服务。这里的理念是，创建承担单一而明确职责的组件，并让它们通过协同工作和交换信息来实现与大一统的应用程序相同的功能。

10.1.2 大一统的应用程序和微服务

从 10.1.1 小节可知，最重要的理念是关注点分离：让不同的组件承担不同的职责。与代码（一种更详尽的设计）中一样，在架构中创建全能、全知的巨型对象不是什么好主意——不应使用单个全能、全知的对象。

然而，存在一个重要的不同。不同的组件不一定意味着不同的服务。可将应用程序分为小型 Python 包（这将在本章后面介绍），并创建由很多这样的依赖组成的服务。

将不同的职责分配给不同的服务是个不错的主意，也有一些好处，但这也是需要付出代价的。

对于需要在其他多个服务中重用的代码，典型的做法是将其封装在可被众多其他服务调用的微服务中。这并非重用代码的唯一方式，例如，还可将这些逻辑打包成库，供其他组件导入。当然，仅当其他组件是使用相同的语言编写时，这才可行；如果不是这样，就只能使用微服务模式，别无他法。

微服务架构的优点是完全解耦：不同的服务可使用不同的语言或框架编写，甚至可以独立部署，还可以单独进行测试。但这是需要付出代价的：必须有严密的契约，让客户端知道如何与服务交互，还必须遵守服务等级协议（SLA）和服务等级目标（SLO）。

采用微服务架构时，还会增加延迟：为获得数据，必须调用外部服务（无论是通过

HTTP 还是 gRPC），这会严重影响性能。

由少量服务组成的应用程序更僵化，无法独立部署。它还可能更脆弱，因为它可能成为单点故障。另一方面，其效率可能更高（因为可避免开销高昂的 I/O 调用），还可使用 Python 包实现清晰的组件分离。

本节提出了一个引人深思的问题：该如何选择合适的架构——创建新服务还是使用 Python 包。

10.1.3 抽象

设计系统时，也必须考虑封装。与代码类似，对于系统，应从域问题的角度阐述其设计，并尽可能隐藏实现细节。

代码必须有很强的表达力（几乎达到不言自明的程度），并使用正确的抽象来揭示核心问题的解决方案（最大限度地降低偶发复杂性）；同理，架构应指出系统是做什么的。诸如将数据持久化到磁盘的解决方案、使用的 Web 框架、用于连接到外部代理的库以及系统之间的交互等细节都不相关，唯一相关的是系统是做什么的。文献 SCREAM 提出了尖叫的架构（screaming architecture）概念，这个概念充分地反映了前述理念。

在这方面，第 4 章介绍的依赖倒置原则（DIP）可提供极大的帮助：我们不想依赖具体的实现，而只想依赖抽象。在代码中，我们在边界上放置抽象（或接口），这里的边界指的是依赖，即应用程序中不受我们控制或未来可能发生变化的部分。这样做旨在倒置依赖，让它们适应我们的代码（遵守接口），而不是反过来。

创建抽象并倒置依赖是不错的做法，但还不够。我们希望整个应用程序都是独立的，并与不受我们控制的东西相隔离。为此，仅使用对象实现抽象还不够，而需要有抽象层。

这是系统设计与详细设计之间一个微妙而重要的差别。DIP 推荐创建一个接口，为此可使用标准库中的模块 abc。由于 Python 采用的是鸭子类型，因此虽然使用抽象类可能会有所帮助，但并非必须这样做，因为使用常规对象可轻松地达到同样的效果——只要它们遵守指定的接口。

之所以可以使用上述替代解决方案，都是拜 Python 的动态类型特征所赐。在架构方面，情况完全不同：必须将依赖完全抽象，因为没有相关的 Python 特性可替我们完成这项工作。看了下面的示例后，你将对这一点有更清楚的认识。

有些人认为，对象关系映射器（ORM）是不错的数据库抽象。不是的。ORM 本身是依赖，不受我们的控制。更佳的做法是，在 ORM 的 API 和应用程序之间创建一个中间层——适配器。

这意味着不能仅靠使用 ORM 来抽象数据库，而要在 ORM 上面使用一个抽象层并在其中定义域对象。如果这个抽象层刚好使用了 ORM，那也只是巧合，包含业务逻辑的领域层不应关心这一点。

通过自定义抽象，可提供更大的灵活性，还可更好地控制应用程序。这样做后，我们可能决定根本不使用 ORM（例如，旨在更好地控制我们使用的数据库引擎）；如果应用程序与特定 ORM（或库）紧密耦合，要做出前述改变将困难得多。这里的理念是，将应用程序核心与不受我们控制的外部依赖脱钩。

然后，应用程序导入这个组件，并使用这层提供的实体，而不是反过来。抽象层不应知道应用程序的逻辑，而数据库应该对应用程序本身一无所知，否则数据库将与应用程序紧密耦合。目标是倒置依赖：中间层提供一个 API，要连接的每个存储组件都必须遵循这个 API。这就是六角架构（HEXagonal architecture，HEX）的概念。

我们将在 10.2 节分析一些具体的工具，以帮助我们创建可在架构中使用的组件。

10.2　软件组件

这里探讨的是大型系统，我们需要扩展它，它还必须易于维护，因此关注点不仅涉及技术方面，还涉及组织结构方面，这意味着不再只关乎软件仓库管理。每个仓库都很可能属于一个应用程序，由拥有系统这部分的团队维护。

因此，我们需要牢记如何将大型系统分成不同的组件。这有很多方法，有的非常简单，如创建 Python 包，有的比较复杂，如使用微服务架构。

如果使用了多种不同的语言，情况将更复杂，但本章假定都是 Python 项目。

这些组件需要交互，团队亦如此。要确保这种交互的可伸缩性，各方必须就接口（契约）达成一致，舍此别无他法。

10.2.1　包

Python 包提供了一种便利的方式，让你能够以更通用的方式分发软件和重用代码。包创建好后，可发布到工件仓库（如公司内部的 PyPi 服务器），供需要它们的其他应用程序下载。

这种方法背后的动机有很多，如大规模重用代码、确保概念方面的完整性。

这里讨论有关如何对 Python 项目进行打包以及将其发布到仓库的基础知识。默认仓库可能是 PyPi，但也可能是内部仓库或自定义仓库。无论是哪种情况，这些基础知识都适用。

这里假定我们创建了一个小型库，并以它为例说明需要注意的重要事项。

除各种开源库外，有时可能还需要其他功能：应用程序可能反复使用特定惯用法或者严重依赖于特定的功能或机制，为满足这些需求，团队设计了一个更好的函数。为更有效地工作，可将这个抽象放在一个库中，并倡导所有成员都使用它提供的惯用法，因为这样可避免错误、减少 bug。

一个这样的典型场景是，你有一个服务以及让客户端能够使用该服务的库。你不希望客户端直接调用 API，因此通过一个客户端库来提供它们。这个库的代码将放在一个 Python 包中，并通过内部包管理系统进行分发。

属于这种情景的例子可能数不胜数。应用程序可能需要解压缩大量的.tar.gz 文件，并在以前遇到过由恶意文件发起的路径遍历攻击。

作为一种缓解措施，开发了安全提取自定义文件格式的功能（在默认提取功能的基础上添加一些检查），并将其放在库中。这像是一个不错的主意。

或者需要编写或分析特定格式的配置文件，这需要按顺序执行很多步骤。为此，可编写一个包装了这些功能的辅助函数，并在所有需要的项目中使用它。这是一项不错的投资，因为不仅可避免大量的代码重复，而且让你更不容易出错。

这种做法不仅符合 DRY 原则（避免代码重复，倡导重用），还提供了有关该如何行事的单一参考点，可以帮助实现概念完整性。

在最简单的情况下，库的布局通常类似于下面这样：

```
├── Makefile
├── README.rst
├── setup.py
├── src
│       └── apptool
│       ├── common.py
│       ├── __init__.py
│       └── parse.py
└── tests
        ├── integration
        └── unit
```

其中较为重要的部分是文件 setup.py，它包含包的定义。在这个文件中，指定了所有重要的项目定义，如需求、依赖、名称、描述等。

src 下的目录 apptool 为库名。这是一个典型的 Python 项目，因此将需要的所有文件都放在这里。

文件 setup.py 的内容类似于下面这样：

```
from setuptools import find_packages, setup

with open("README.rst", "r") as longdesc:
```

```
    long_description = longdesc.read()


setup(
    name="apptool",
    description="Description of the intention of the package",
    long_description=long_description,
    author="Dev team",
    version="0.1.0",
    packages=find_packages(where="src/"),
    package_dir={"": "src"},
)
```

在这个最简单的示例中，包含项目的重要元素。函数 setup 的参数 name 用于指定包在仓库中的名称（安装包时将指定这个名称，这里为 pip install apptool）。指定的名称并非必须与项目目录的名称（src/apptool）相同，但强烈推荐这样做，以便给用户带来方便。

在这里，这两个名称是相同的，这让人更容易看出 pip install apptool 和 from apptool import myutil 之间的关系。然而，pip install apptool 中的 apptool 对应于文件 setup.py 中指定的名称，而 from apptool import myutil 中的 apptool 对应于目录 src/apptool。

为不断发布，参数 version 很重要，接下来的参数是 packages。通过使用函数 find_packages()，可自动发现所有的包（这里是在目录/src 中查找）。通过在这个目录下搜索，可避免混入不属于当前项目的文件，如不小心发布了测试或受损的项目结构。

要构建包，可执行如下命令（这里假设是在一个虚拟环境中，且安装了所有的依赖）：

```
python -m venv env
source env/bin/activate
$VIRTUAL_ENV/bin/pip install -U pip wheel
$VIRTUAL_ENV/bin/python setup.py sdist bdist_wheel
```

这将把工件放在目录 dist/中，让你以后能够通过这个目录将它们发布到 PyPi 或公司内部的包仓库。

将 Python 项目打包时，需要牢记的要点如下。

- 通过测试核实安装是独立于平台的，不依赖于任何本地设置（为此，可将源文件放在目录 src/下）。这意味着构建的包不应依赖于在本地机器中有，但在目标机器中没有的文件，且不位于自定义目录结构中。
- 确保单元测试不随被构建的包一起发布，因为包要部署到生产环境中。在将在生产环境中运行的 Docker 镜像中，不需要并非必不可少的额外文件（如夹具）。
- 分离依赖：项目必须运行的与开发人员需要的不一样。
- 最好为经常需要使用的命令创建一个入口。

文件 setup.py 支持其他几个参数和配置，并且可能以更复杂的方式受到影响。如果你的包要求安装多个操作系统库，那么最好在文件 setup.py 中编写一些逻辑来编译并构建所需的扩展。这样，如果目标系统不符合要求，安装过程将在很早的阶段就失败；如果包提供了有帮助的错误消息，用户将能够快速修复依赖问题并接着安装。

安装这样的依赖虽然艰难，却让应用程序无处不在，并且任何开发人员都可以轻松地运行应用程序，而不管他使用的是哪种平台。为绕开这种障碍，最佳的方式是创建独立于平台的 Docker 镜像，这将在 10.2.2 小节讨论。

1.　管理依赖

介绍如何利用 Docker 容器来交付应用程序前，先来看看软件配置管理（SCM）问题，即如何列出应用程序的依赖，让它们是可重复的。

记住，软件中的问题并非只源自代码，外部依赖也可能影响最终的交付。你希望始终有完整的清单，其中列出了使用的所有包及其版本。这被称为基线（baseline）。

你希望无论是什么时候，只要有依赖带来了问题，都能迅速找出罪魁祸首。更重要的是，你希望构建是可重复的：如果其他一切都没有改变，那么新构建生成的工件应该与最后一次构建生成的工件完全相同。

软件按开发流水线被交付到生产环境。这条流水线的起点是初始环境，你首先进行测试（集成测试、验收测试等），在通过持续集成和持续部署来完成流水线的其他阶段（如 beta 测试环境或前期制作环境），最终到达生产环境。

Docker 可确保在整个流水线中，镜像是完全相同的，但不能保证使用流水线来再次处理同样的代码版本（如相同的 git 提交）时，得到的结果是一样的。这项工作由我们自己完成，这将在本节探讨。

假设有一个 Web 包，其 setup.py 文件类似于下面这样：

```
from setuptools import find_packages, setup

with open("README.rst", "r") as longdesc:
    long_description = longdesc.read()

install_requires = ["sanic>=20,<21"]

setup(
    name="web",
    description="Library with helpers for the web-related
functionality",
    long_description=long_description,
```

```
        author="Dev team",
        version="0.1.0",
        packages=find_packages(where="src/"),
        package_dir={"": "src"},
        install_requires=install_requires,
)
```

这里只有一个依赖（该依赖是在参数 install_requires 中声明的），并指定了其版本号范围。这通常是不错的做法：我们希望使用主版本号为特定值的包（主版本可能引入向后不兼容的修改）。

这里之所以这样设置版本，是为了获取依赖的更新（诸如 Dependabot 等工具能够自动检查到依赖的新版本并发起 pull 请求），但我们还希望知道在任何给定的时间安装的准确版本。

不仅如此，我们还要跟踪整个依赖树，这意味着也应列出传递性依赖（transitive dependency）。

为此，方法之一是使用 pip-tools，并编译文件 requirements.txt。

使用这个工具从文件 setup.py 中生成需求文件，如下所示：

pip-compile setup.py

这将生成一个 requirements.txt 文件，供我们在 Dockerfile 中安装依赖。

> 务必从文件 requirements.txt 中安装 Dockerfile 中的依赖，确保从版本控制的角度说，构建是确定性的。

对于 requirements.txt 中列出的文件，应进行版本控制，需要升级依赖时，可再次执行带有-U 标志的命令，并跟踪需求文件的新版本。

列出所有的依赖不仅可改善可重复性，还可提高清晰度。如果使用了大量依赖，可能出现版本冲突；如果知道哪个包导入了哪个库（及其版本），将更容易找出版本冲突。然而，这并非依赖管理的全部，还有其他方面需要考虑。

2. 管理依赖时需要注意的其他事项

安装依赖时，pip 默认使用网上的公共仓库，但也可以从其他索引乃至版本控制系统安装。

这存在一些问题和局限性。首先，这些服务必须可用；其次，不能将内部包发布到公共仓库（这些包包含公司的知识产权）；最后，你无法确切地知道，在确保工件版本的准确和安全方面，发布者有多可靠或多值得信任，例如，有些发布者可能使用原来的版本号发布代码的新版本，这显然是错误的，也是不允许的，但所有的系统都有缺陷。在 Python 社区，我想不起这样的问题，但几年前 JavaScript 社区确实出现了这样的情况：

有人从 NPM 删除了一个包（以便不再发布这个库），导致大量构建崩溃（REGISTER01）。虽然 PyPi 禁止这样做，但我们不想受他人善恶的摆布。

解决方案很简单：公司必须有内部依赖服务器，并让所有构建都使用这个内部仓库。不管这是如何实现的（本地的、云端的、使用开源工具还是外包给提供商），但理念是一样的，那就是对于需要的新依赖，必须将其加入这个仓库中，同时将内部包也发布到这个仓库。

确保这个内部仓库及时地更新，并配置其他所有仓库，使其在有新的依赖版本时进行更新。记住，这是另一种形式的技术债务，原因有多个。本书前面讨论过，技术债务并非只关乎写得不好的代码。新技术出现时，如果不紧跟潮流，可能错失充分利用它的机会。更重要的是，包可能存在安全漏洞，当这些漏洞随着时间的推移而被发现时，你就必须升级，确保给软件打上补丁。

> 使用过期的依赖版本是另一种形式的技术债务，请养成使用最新版依赖的习惯。

不要等太久才去升级依赖，因为等得越久，就越难跟上潮流。毕竟，这是持续集成的全部意义所在：你要循序渐进地持续集成变更（包括新的依赖），但条件是测试是自动化的，可在构建中运行，并充当回归的安全网。

> 请配置一个工具，在有新版本依赖出现时都自动发送 pull 请求，同时通过配置，对这些新版本依赖自动执行安全检查。

这种工作流程需要投入的精力应该很少。这里的理念是，在项目的 setup.py 文件中指定依赖版本号范围，并使用需求文件。有新版本可用时，你为仓库配置的工具将重新生成需求文件，其中列出了所有的包及其新版本（工具发送的 pull 请求将显示差异）。如果构建是绿色的，pull 请求显示的差异中也没什么可疑之处，就可以接着合并了（选择信任持续集成：既然它没有发现问题，那就没问题）；如果构建失败，就必须对其进行调整。

3．工件版本

必须在软件的稳定性和尖端性之间权衡。使用最新的版本通常是好事，因为这意味着只需通过升级，就可使用最新的特性，还可修复 bug，但条件是新版本没有做不兼容的修改（缺点）。有鉴于此，软件版本管理有明确的含义。

指定所需的版本范围，意味着既想升级，又不想太激进，以免应用程序崩溃。

升级依赖并编写新的需求文件版本后，应发布新的工件版本（毕竟此时交互的是新东西，即不同的东西）。这可以是次版本（minor version）或微版本（micro version），但重要的是，发布自定义工件时必须遵循第三方库指定的规则。

在 Python 中，一个不错的有关这方面的参考资料是 PEP-440，它描述了如何在 setup.py 文件中设置库的版本号。

我们将在 10.2.2 小节介绍另一种可帮助创建组件以交付代码的技术。

10.2.2　Docker 容器

本章专门讨论架构，因此这里说的容器与第 2 章讨论的 Python 容器（包含方法 __contains__ 的对象）完全是两码事，它指的是运行在操作系统中且满足特定限制和隔离条件的进程。具体地说，这里的容器指的是 Docker 容器，让你能够将应用程序（服务或进程）作为独立的组件进行管理。

容器是另一种交付软件的方式。库和框架的目标是重用代码以及将特定的逻辑放在单个地方，因此更合适的交付方式是，像 10.2.1 小节那样创建包并考虑相关的注意事项。

在大多数情况下，容器的目标不是创建库而是创建应用程序。然而，应用程序或平台并不一定是完整的服务。构建容器旨在创建小型组件，它们是目标小而明确的服务。

本节介绍 Docker 容器，以及有关如何为 Python 项目创建 Docker 镜像和容器的基础知识。记住，这种技术完全独立于 Python，它也不是在容器中启动应用程序的唯一技术。

Docker 容器需要运行在镜像之上，这种镜像是从其他基础镜像创建的。但我们创建的镜像也可作为其他容器的基础镜像。如果应用程序中包含可供众多容器共享的基础镜像，我们就想这样做。一种可能的做法是，创建一个基础镜像，它以 10.2.1 小节描述的方式安装包及其所有的依赖（包括操作系统级依赖）。第 9 章讨论过，我们创建的包可能不仅依赖于其他 Python 库，还依赖于特定平台（具体的操作系统）以及在该操作系统中预先安装的特定库，如果没有这些库，将根本无法安装这个包。

容器是个出色的移植性工具，可帮助确保应用程序能够以轻松的方式运行，还可大大地简化开发过程（在不同的环境中重现场景、复制测试、让加入的团队成员快速上手等）。

Docker 可帮助避免与平台相关的问题。这里的理念是将 Python 应用程序打包为 Docker 容器镜像，对本地开发和测试来说，这很有用，还可帮助在生产环境中启动软件。

以前，Python 项目通常难以部署，这是因为 Python 是一种解释型语言，你编写的代码将由生产环境中的 Python 虚拟机运行，因此需要确保目标平台有期望的解释器版本。另外，对依赖进行打包也很难，这是通过将所有依赖打包到虚拟环境并运行它实现的。如果涉及与平台相关的细节，且有些依赖使用了 C 语言扩展，处境将更加艰难。即便是在不同的 Linux 版本（基于 Debian 的和基于 Red Hat 的）中，运行代码所需的 C 语言库版本都不同，更别说 Windows 和 Linux 了，因此要测试应用程序并确定它能够正确地运行，唯一可行的方式是使用虚拟机，并根据目标架构编译各个方面。在现代应用程序中，上述痛点大都不复存在：现在你可在根目录中创建一个 Dockerfile，并在其中包含构建应用程序的指令。另外，被交付到生产环境中的应用程序也是在 Docker 中运行的。

就像包让你能够重用代码和统一标准一样，容器让你能够创建应用程序的不同服务，它们符合架构关注点分离（SoC）原则的要求。每个服务都是一种组件，以独立于应用程序其他部分的方式封装了一系列功能。应以有助于提高可维护性的方式设计这些容器：如果职责划分明确，修改一个服务将不会对应用程序其他部分有任何影响。

10.2.3 小节介绍有关如何从 Python 项目创建 Docker 容器的基础知识。

10.2.3　用例

我们将通过一个简单的示例来演示如何组织应用程序的组件，以及如何将前面介绍的概念付诸应用。

假设有一个送餐应用程序，它包含一个服务，用于跟踪每个订单各个阶段的状态。我们将专注于这个服务，而不管这个应用程序的其他部分是什么样的。这个服务必须非常简单：一个 REST API，被问及特定订单的状态时，返回包含描述性消息的 JSON 响应。

我们假定有关订单的信息存储在数据库中，但这个细节一点都不重要。

当前，这个服务有两个关注点：获取有关特定订单的信息（这些信息存储在哪里，就从哪里获取）；以有用的方式向客户端呈现这些信息（这里以 JSON 格式传输结果，并将其作为暴露的 Web 服务）。

这个应用程序必须易于维护和扩展，但我们要让这两个关注点尽可能隐身，以便专注于主逻辑。因此，将这两个细节抽象并封装在 Python 包中，而包含核心逻辑的主应用程序将使用这些包，如图 10.1 所示。

接下来，将从包的角度简单地说说代码是什么样的、如何从这些包创建服务，并看看可得出哪些结论。

1．代码

这里创建 Python 包旨在演示如何创建抽象和隔离的组件，以便有效地工作。实际上，没有必要将它们作为

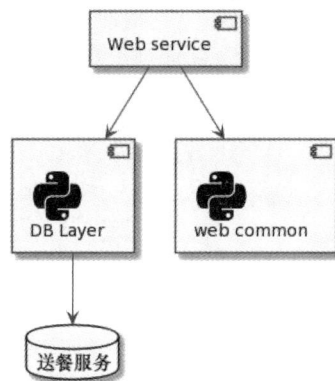

图 10.1　一个名为 Web service 的服务应用程序，它使用了两个 Python 包，其中一个连接到数据库

Python 包，而可在"送餐服务"项目中创建正确的抽象，并实现正确的隔离。这样做也管用，不会有任何问题。

在当前项目中存在重复的逻辑，且这种逻辑可能被众多其他应用程序（通过导入包）使用时，创建包就更合乎情理了，因为这样可改善代码的可重用性。在这个示例中，没有这样的需求，因此创建包有过度设计之嫌，但这样做可让"可插拔架构"或组件的理念更清晰。所谓可插拔架构，实际上就是包装器，抽象了我们不想直接与之打交道的技术细节。

storage 包负责获取必要的数据，并以方便的格式将其提供给下一层（送餐服务），供业务规则使用。主应用程序应该知道这些数据来自何方、是什么格式等，这就是我们在两者之间创建抽象的原因：让应用程序能够使用便利的数据，而不是直接使用行或 ORM 实体。

2．域模型

下面列出了业务规则类的定义。注意，它们都是纯粹的业务对象，没有与任何特殊的东西挂钩。它们不是 ORM 模型，也不是外部框架中的对象等。应用程序应使用这些对象（或符合相同标准的对象）。

在每个定义中，文档字符串都根据业务规则记录每个类的用途：

```python
from typing import Union

class DispatchedOrder:
    """An order that was just created and notified to start its
    delivery."""

    status = "dispatched"

    def __init__(self, when):
        self._when = when

    def message(self) -> dict:
        return {
            "status": self.status,
            "msg": "Order was dispatched on {0}".format(
                self._when.isoformat()
            ),
        }


class OrderInTransit:
    """An order that is currently being sent to the customer."""

    status = "in transit"
```

```python
    def __init__(self, current_location):
        self._current_location = current_location

    def message(self) -> dict:
        return {
            "status": self.status,
            "msg": "The order is in progress (current location: {})".format(
                self._current_location
            ),
        }


class OrderDelivered:
    """An order that was already delivered to the customer."""

    status = "delivered"

    def __init__(self, delivered_at):
        self._delivered_at = delivered_at

    def message(self) -> dict:
        return {
            "status": self.status,
            "msg": "Order delivered on {0}".format(
                self._delivered_at.isoformat()
            ),
        }


class DeliveryOrder:
    def __init__(
        self,
        delivery_id: str,
        status: Union[DispatchedOrder, OrderInTransit, OrderDelivered],
    ) -> None:
        self._delivery_id = delivery_id
        self._status = status

    def message(self) -> dict:
        return {"id": self._delivery_id, **self._status.message()}
```
从这些代码可大致推断出应用程序将是什么样的: 创建一个 DeliveryOrder 对象（它

有自己的状态——内部协作者），再调用其方法 message() 向用户返回状态信息。

3．在应用程序中调用

下面演示了如何在应用程序中使用这些对象。注意到应用程序依赖于前面的包（web 和 storage），而不是反过来：

```
from storage import DBClient, DeliveryStatusQuery, OrderNotFoundError
from web import NotFound, View, app, register_route


class DeliveryView(View):
    async def _get(self, request, delivery_id: int):
        dsq = DeliveryStatusQuery(int(delivery_id), await DBClient())
        try:
            result = await dsq.get()
        except OrderNotFoundError as e:
            raise NotFound(str(e)) from e

        return result.message()


register_route(DeliveryView, "/status/<delivery_id:int>")
```

前面列出了域对象的代码,而这里列出了应用程序的代码,是不是还遗漏了什么呢？确实遗漏了，但当前真的需要知道这些遗漏的内容吗？不需要。

这里故意没有列出 storage 和 web 包的代码（推荐读者去查看这些代码——本书的代码仓库包含这个示例的完整版）。另外，这些包的名称（storage 和 web）没有透露任何技术细节，这是有意为之的。

请再看一眼前面的代码，从中你能知道使用的是哪个框架吗？这些代码指出了数据来自文本文件、数据库或其他服务（如网上）吗？如果指出了数据来自数据库，是否指出了这个数据库的类型（SQL 或 NoSQL）呢？如果数据来自关系型数据库，代码中是否有线索指出数据是怎么检索到的（通过手工 SQL 查询或 ORM）？

web 包呢？你能猜出它使用了哪些框架吗？

我们无法回答上述任何问题，这可能是个好兆头。上述问题涉及的都是细节，而细节就应该封装起来。除非查看这些包的代码，否则无法回答上述问题。

对于前述问题，还有另一种回答方式，这种回答方式本身就是一个问题：我们为何需要知道这些？从前面的代码可知，使用订单标识符创建了一个 DeliveryStatusQuery 对象，其方法 get() 返回一个表示订单状态的对象。如果这些信息都准确无误，我们只需关心它们就够了。至于这是如何做到的，又有什么关系呢？

我们创建的抽象使得代码是声明型的。在声明型编程中，我们声明要解决的问题，而不是如何解决它。这与命令式编程相反。在命令式编程中，必须明确地定义解决问题的所有步骤，如连接到数据库、运行查询、分析结果、将结果加载到对象中等。在这里，我们声明我们只想知道给定标识符对应的订单的状态。

storage 和 web 包负责处理细节，并以便利的格式向应用程序提供数据——前面展示的对象。我们只需知道 storage 包中有一个对象，它在给定订单 ID 和存储客户端（在这个示例中，为简单起见，注入了这个依赖，但也可采用其他解决方案）的情况下检索 DeliveryOrder，供我们生成消息。

这种架构提供了便利，提高了适应变化的能力，因为它让业务逻辑核心不受可能发生变化的外部因素的影响。

假设我们要修改信息检索方式，这会有多难呢？这个应用程序依赖于类似于下面的 API：

```
dsq = DeliveryStatusQuery(int(delivery_id), await DBClient())
```

因此，只需修改方法 get() 的工作方式，以适应新的实现细节。只需让这个新对象的方法 get() 返回 DeliveryOrder 即可。我们可以修改查询、ORM、数据库等，但在所有这些情况下，都无须修改应用程序的代码。

4．适配器

在不查看 storage 和 web 包的代码的情况下，还可推断出它们充当了应用程序的技术细节接口。

实际上，我们是在粗略地审视这个应用程序，因此不用查看代码也能想见，在这些包内部肯定实现了第 9 章介绍的适配器设计模式。有一个或多个对象负责调整外部实现，使其适应这个应用程序定义的 API。要与这个应用程序协同工作的依赖必须遵循这个 API，因此必须创建适配器。

在前述应用程序代码中，有一条与适配器相关的线索：创建视图时继承了 web 包中的类 View，我们推断这个 View 类是从当前使用的 Web 框架中的类派生而来的，这通过继承创建了一个适配器。这里的重点是，这样做后唯一重要的是 View 类，因为从某种意义上说，我们创建了自己的框架，它基于既有的框架（这意味着如果更换了既有框架，只需修改适配器，而无须修改整个应用程序）。

10.2.4 小节将介绍服务内部是什么样的。

10.2.4　服务

为创建服务，我们将在 Docker 容器中启动这个应用程序。这个容器首先需要指定基础镜像，再安装让应用程序能够运行的依赖，其中包括操作系统级依赖。

实际上，是否要在容器中安装依赖取决于将如何使用它们。如果使用的包要求有其他操作系统库，这样它才能在安装阶段编译，可不在容器中安装它们，而可将它们打包成 wheel 文件并直接安装这个文件。如果在运行时需要这些库，那就别无选择，只能将它们包含在容器的镜像中。

要配置 Python 应用程序，使其能够在 Docker 容器中运行，方法有很多，下面讨论其中的一种。这是将 Python 项目打包为容器的众多方法之一，先来看看目录结构是什么样的：

```
├── Dockerfile
├── libs
│   ├── README.rst
│   ├── storage
│   └── web
├── Makefile
├── README.rst
├── setup.py
└── statusweb
    ├── __init__.py
    └── service.py
```

对于其中的 libs 目录，可以不予理会，因为它只是放置依赖的地方。这里显示它是为了方便在文件 setup.py 中引用，完全可将它放在其他仓库中，并通过 pip 远程安装其中的依赖。

在上面的目录结构中，有包含辅助命令的 Makefile、文件 setup.py 以及应用程序本身（位于目录 statusweb 中）。将应用程序打包时，会创建一个 requirements.txt 文件，并通过 pip install -r requirements.txt 来安装其中指定的依赖，而将库打包时，在 setup.py 文件中指定依赖，这是将应用程序和库打包时的一个常见差别。通常，在 Dockerfile 中指定如何确定安装哪些依赖，但为简单起见，这里假设只需安装 setup.py 文件指定的依赖就够了。这是因为处理依赖时，除这方面的考虑外，还有其他很多需要考虑的事项，如冻结包的版本、跟踪间接依赖、使用 pipenv 等额外工具等不在本章讨论范围之内的主题。另外，为保持一致性，通常让文件 setup.py 读取 requirements.txt。

文件 setup.py 指出了应用程序的一些细节，其内容如下：

```python
from setuptools import find_packages, setup


with open("README.rst", "r") as longdesc:
    long_description = longdesc.read()
```

```
install_requires = ["web==0.1.0", "storage==0.1.0"]

setup(
    name="delistatus",
    description="Check the status of a delivery order",
    long_description=long_description,
    author="Dev team",
    version="0.1.0",
    packages=find_packages(),
    install_requires=install_requires,
    entry_points={
        "console_scripts": [
            "status-service = statusweb.service:main",
        ],
    },
)
```

这个文件首先声明了应用程序的依赖，这些依赖是我们创建并放在目录 libs/中的包 web 和 storage，它们通过抽象让应用程序能够适应外部组件。这些包本身也有依赖，因此必须确保容器在创建镜像时安装所有必要的库，因为只有成功地安装这些库后，才能成功地安装这些包。

需要注意的第二点是传递给函数 setup 的关键字参数 entry_points 的定义。这并非绝对必要的，但创建入口是个不错的主意。包被安装到虚拟环境中时，它将与所有依赖共享参数 entry_points 指定的目录。虚拟环境是一个包含给定项目所有依赖的目录结构，其中有很多子目录，但最重要的是下面两个。

● <virtual-env-root>/lib/<python-version>/site-packages。
● <virtual-env-root>/bin。

其中第一个目录包含虚拟环境中安装的所有库。如果我们给这里的项目创建一个虚拟环境，目录<virtual-env-root>/lib/<python-version>/site-packages 将包含 web 和 storage 包以及它们的所有依赖，还有一些额外的基本依赖和这个项目本身。

第二个目录（/bin/）包含二进制文件以及虚拟环境处于活动状态时可用的命令，默认情况下，这包括 Python、pip 和一些其他的基本命令。如果创建了控制台入口，这个目录将包含一个名称与指定入口名称相同的二进制文件，因此在虚拟环境处于活动状态时，可执行与指定入口名称相同的命令。当你执行这个命令时，它将使用虚拟环境上下文运行指定的函数，这意味着可直接调用这个二进制文件，而无须关心虚拟环境是否处于活动状态以及是否在当前目录中安装了依赖。

入口的定义如下：

```
"status-service = statusweb.service:main"
```

等号左边为入口的名称，说明这里将有一个名为 status-service 的命令；等号右边指定如何运行命令，为此需要指定函数所在的包以及函数名，并用:符号分隔它们。在这里，命令将运行在 statusweb/service.py 中声明的函数 main。

下面我们来看看 Dockerfile，如下所示：

```
FROM python:3.9-slim-buster

RUN apt-get update && \
    apt-get install -y --no-install-recommends \
        python-dev \
        gcc \
        musl-dev \
        make \
    && rm -rf /var/lib/apt/lists/*
WORKDIR /app
ADD . /app

RUN pip install /app/libs/web /app/libs/storage
RUN pip install /app

EXPOSE 8080
CMD ["/usr/local/bin/status-service"]
```

这个文件首先指定了基础镜像——一个安装了 Python 的轻量级 Linux 镜像，再安装操作系统依赖，以便能够部署库。在这里，Dockerfile 直接复制这些库，但也可以根据 requirements.txt 文件安装它们。指定所有 pip install 命令后，这个 Dockerfile 复制工作目录中的应用程序，并指定 Docker 入口（CMD 命令，不要将它与 Python 入口混为一谈）——这个入口调用了启动进程的函数所在包的入口。为本地开发创建容器时，除 Dockerfile 外，我们还需定义一个 docker-compose.yml 文件，用于定义了所有服务（包括数据库等依赖）、基础镜像以及它们之间的关系。

定义好容器，我们便可启动它，并通过简单的测试来看看容器是如何工作的：

```
$ curl http://localhost:5000/status/1
{"id":1,"status":"dispatched","msg":"Order was dispatched on 2018-08-
01T22:25:12+00:00"}
```

下面我们来分析前述代码架构方面的特征。

1. 分析

从前面的实现，我们可以得出很多结论。这种方法看起来不错，但它在带来好处的同时也伴随着一些缺点，毕竟不存在十全十美的架构或实现。也就是说，这样的解决方案并非在任何情况下都是优良的，很大程度上取决于项目的具体情况、团队、组织等。

这个解决方案的主要理念是尽可能地抽象细节，但有些部分是不可能完全抽象的，另外，层之间的契约意味着抽象泄露。

毕竟，技术的发展都是循序渐进的。例如，如果要将实现从 REST 服务改为通过 GraphQL 来提供数据，就必须调整应用程序服务器的配置和构建方式，但总体结构依然与以前很像。即便做更激进的修改，如将服务改为 gRPC 服务器，依然可以使用以前的包，虽然必须调整一些胶水代码。应确保需要做的修改最少。

2．依赖链

注意，接近业务逻辑所在的核心时，依赖链是单向的（这可通过查看 import 语句来获悉）。例如，应用程序从存储服务包导入所需的一切，但没有出现相反的情况。

违反这个规则将导致耦合。当前的代码排列方式意味着应用程序和存储库之间存在弱依赖关系。使用的 API 要求有一个包含方法 get() 的对象，因此要连接到应用程序的存储服务必须实现这样的对象。换而言之，依赖被倒置——存储服务必须实现这个接口，以便能够按应用程序期望的方式创建对象。

3．局限性

不是什么都是可以抽象的。在有些情况下，这根本就不可能；在其他一些情况下，这可能不方便。我们先来说不方便的问题。

在这个示例中，有一个 Web 框架适配器，它向应用程序提供了整洁的 API。在更复杂的场景中，可能无法创建这样的适配器，即便能够，库的有些部分对应用程序来说依然是可见的。在这种情况下，根本就不可能与 Web 框架完全隔离，因此迟早得需要 Web 框架的某些特性或获悉其技术细节。

这里的重点不是适配器，而是尽可能隐藏技术细节的理念。这意味着在这个应用程序的代码中，呈现出的最大优点不是在我们的 Web 框架和实际 Web 框架之间有一个适配器，而是在可见的代码中根本就没有提及实际使用的 Web 框架。服务清楚地指出了 Web 框架只是一个依赖（被导入的细节），并揭示了它背后的意图。我们的目标是（像应用程序代码那样）揭示意图并尽可能推迟涉及细节。

现在来说一下无法隔离的问题。哪些东西无法隔离呢？就是那些与代码最接近的元素。在这里，Web 应用程序使用了以异步方式工作的对象，这是一个无法规避的硬约束。诚然，storage 包内的一切都可修改和重构，但不管做什么样的修改，接口都必须保持不变，其中包括异步接口。

4. 可测试性

与代码一样，架构也可受益于将各部分分成更小的组件。通过使用独立的组件，依赖得到了隔离和控制，这让主应用程序的设计更整洁，同时可轻松地忽略边界，从而专注于测试应用程序的核心。

例如，可创建模拟依赖的对象，从而编写更简单的单元测试（不需要数据库），也可启动整个 Web 服务。使用纯粹的域对象意味着代码和单元测试都更容易理解。对于适配器，也无须做太多的测试，因为其逻辑非常简单。

别忘了第 8 章提到的软件测试金字塔：单元测试必须有很多，组件测试少些，集成测试更少些。将架构划分为不同的组件对组件测试大有裨益，因为这样可模拟依赖，还可在隔离环境中对有些组件进行测试。

这种测试既便宜又快捷，但并不意味着根本不应进行集成测试。为确保最终的应用程序像期望的那样工作，必须进行集成测试，这种测试执行架构中的所有组件（微服务或包），并检查它们的协同工作情况。

5. 意图揭示

对代码来说，意图揭示是一个至关重要的概念，它指的是明智地选择每个名称，清楚地指出它是做什么用的。每个函数都应讲述一个故事。应确保函数简短、关注点得以分离、依赖得以隔离，并赋予每个抽象正确的价值。

优良的架构应揭示系统的意图，同时不提及打造系统时用到的工具，因为这些都是细节，而细节就应隐藏并封装起来，这在本章前面详细讨论过。

10.3　小结

优良软件设计原则适用于所有层级。要想编写可读性强的代码，我们必须注意代码的意图揭示方面，同理，架构也必须将其力图解决问题的意图表达出来。

所有这些理念都是相互关联的。要揭示意图，必须从域问题的角度定义架构，这促使我们尽可能抽象细节、创建抽象层、倒置依赖并分离关注点。

就重用代码而言，使用 Python 包是出色而灵活的方式。在你决定创建包时，内聚和单一职责原则等准则是重要的考虑因素。为了让组件内聚并承担较少的职责，微服务概念应运而生，本章演示了如何从经过打包的 Python 应用程序着手，在 Docker 容器中部署服务。

与软件工程的其他方面一样，也会有局限和例外的情况。并非在任何情况下，都能像希望的那样尽可能抽象并将依赖完全隔离。在有些情况下，根本无法遵守本书阐述的原则。此时读者应采纳本书最好的建议：它们只是原则，而不是律法。即便无法将框架隔离，这也不应该成为问题，别忘了本书一直引用的 Python 禅语——实用胜过纯粹。

10.4　参考资料

下面列出了本章涉及的文献，以供参考。

- SCREAM：*Screaming Architecture*。
- CLEAN-01：*The Clean Architecture*。
- HEX：*Hexagonal Architecture*。
- PEP-508：*Dependency specification for Python software packages*。
- Packaging and distributing projects in Python。
- PEP-440。
- REGISTER01。
- Python packaging user guide。
- AWS Builder's Library：*Going faster with continuous delivery*。

结语

　　本书通过示例阐述了软件设计准则，指出了每个决策背后的依据，并根据这些准则提供了可能的软件解决方案实现方式，供你参考。对于这些示例采用的方法，读者很可能不完全认同。

　　实际上，笔者鼓励大家提出不同的意见，因为只有百家争鸣，才能百花齐放。不管持什么样的观点，重要的是要明确：本书的内容绝非必须严格执行的命令，而只想呈现可能会有所帮助的解决方案和理念。

　　正如前言指出的，本书旨在帮助你养成批判性思维，而非提供可生搬硬套的菜谱或公式。惯用法和语法特性可能昙花一现，但核心软件理念和概念永存。有了这些工具和示例，你应该能更好地理解代码整洁的含义。

　　真诚地希望本书能让你成为更出色的开发人员，并祝愿你在项目开发中大获成功。